中等职业教育国家规划教材
全国中等职业教育教材审定委员会审定

中等职业教育农业部规划教材

DONGWU YINGYANG YU SILIAO

动物营养与饲料

第三版

刘国艳　李华慧　主编

中国农业出版社

内容简介

DONGWU YINGYANG YU SILIAO

　　本教材在第二版的基础上删繁就简,增加了"问题探究""走进生产""边学边练"等内容,使教材进一步结合生产实际,更为实用。全书共分为动物营养基础、饲料原料及其加工调制、饲料的常规分析、动物营养需要及饲料配合 4 个单元,动物与饲料、水的作用及合理供水等 21 个课题,21 个单元实训。书后附有动物的饲养标准和常用饲料成分及营养价值表及技能考核方案。本教材立足于培养学生手脑并用的能力,内容编排注重实用、够用,突出职业教育特色。既可作为中等职业学校养殖、畜牧兽医专业教材,也可作为农村成人培训教材和养殖专业户的自学读物。

第三版编审人员

主　　编　刘国艳　李华慧

副 主 编　王旭贞

编　　者（按姓名笔画排序）

　　　　　王旭贞　刘国艳　李同新　李华慧　金明昌

　　　　　姜淑妍　蔡兴芳

审　　稿　杨久仙

DONGWU YINGYANG YU SILIAO

第一版编审人员

主　　编　宁金友（青海畜牧兽医职业技术学院）
编　　者　焦小鹿（青海省畜牧兽医总站）
　　　　　宁金友（青海省湟源畜牧学校）
　　　　　王明文（黑龙江省北安农业学校）
　　　　　杨久仙（北京农业职业学院）
主　　审　张京和（北京农业职业学院）
责任主审　汤生玲
审　　稿　冯敏山　宋金昌

DONGWU YINGYANG YU SILIAO

第二版编审人员

主　　编　刘国艳
副主编　马海江　李华慧
编　　者　（以姓氏笔画为序）
　　　　　马海江（河北省邢台市农业学校）
　　　　　王旭贞（山西省畜牧兽医学校）
　　　　　刘国艳（贵州省畜牧兽医学校）
　　　　　李同新（河南省南阳农业学校）
　　　　　李华慧（广西柳州畜牧兽医学校）
　　　　　金明昌（四川省水产学校）
　　　　　姜淑妍（吉林省长春市农业学校）
审　　稿　宁金友（青海省畜牧兽医总站）
　　　　　李金魁（青海畜牧兽医职业技术学院）

中等职业教育国家规划教材出版说明

为了贯彻《中共中央国务院关于深化教育改革全面推进素质教育的决定》精神，落实《面向 21 世纪教育振兴行动计划》中提出的职业教育课程改革和教材建设规划，根据教育部关于《中等职业教育国家规划教材申报、立项及管理意见》（教职成〔2001〕1 号）的精神，我们组织力量对实现中等职业教育培养目标和保证基本教学规格起保障作用的德育课程、文化基础课程、专业技术基础课程和 80 个重点建设专业主干课程的教材进行了规划和编写，从 2001 年秋季开学起，国家规划教材将陆续提供给各类中等职业学校选用。

国家规划教材是根据教育部最新颁布的德育课程、文化基础课程、专业技术基础课程和 80 个重点建设专业主干课程的教学大纲（课程教学基本要求）编写，并经全国中等职业教育教材审定委员会审定。新教材全面贯彻素质教育思想，从社会发展对高素质劳动者和中初级专门人才需要的实际出发，注重对学生的创新精神和实践能力的培养。新教材在理论体系、组织结构和阐述方法等方面均作了一些新的尝试。新教材实行一纲多本，努力为教材选用提供比较和选择，满足不同学制、不同专业和不同办学条件的教学需要。

希望各地、各部门积极推广和选用国家规划教材，并在使用过程中，注意总结经验，及时提出修改意见和建议，使之不断完善和提高。

教育部职业教育与成人教育司

2001 年 10 月

第三版前言

　　本教材参考教育部 2001 年颁布的《中等职业学校重点建设专业教学指导方案》中养殖专业《畜禽营养与饲料》教学大纲并做适度调整而编写，供中等职业学校养殖、畜牧兽医专业的学生使用。

　　本教材在第二版的基础上删繁就简，增加了"问题探究""走进生产""边学边练""知识窗"等小栏目，使教材进一步结合生产实际，更为实用。将原来的大量理论知识定格为知识点，理论技能一体化，增强了版面活力。

　　本教材贯彻模块教学理念，以能力教育体系为目标，以职业素质为本位，以职业岗位能力培养为核心，以职业技能为重点。以单元、课题、知识点、单元实训的方式编排，后面是"走进生产"和"边学边练"，以便在讲解理论知识的同时，结合练习，巩固要求掌握的知识点，做到学练结合，融汇贯通。在考虑理论知识系统性的同时，兼顾了技能训练的通用性和实用性。在课题后留有教师对教材处理的空间，便于教师发挥主观能动性，灵活处理教材。

　　本教材分为动物营养基础、饲料原料及其加工调制、饲料的常规分析、动物营养需要及饲料配合 4 个单元，动物与饲料、水的作用及合理供水等 21 个课题，21 个单元实训。教材除编入一些常规的实训项目外，还结合生产实际，编入了"大豆饼粕中尿素酶活性的测定""饲料级鱼粉掺假鉴别""饲料中三聚氰胺的检测"和"饲养试验方案设计"等实训内容。在附录中编写了"技能考核方案"，以考核学生对基本技能的掌握情况，做到有的放矢。

　　本教材由刘国艳、李华慧主编。蔡兴芳负责编写第一单元课题一至五和该部分的小资料；姜淑妍负责编写第一单元课题六至八；李华慧负责编写第二单元课题一至四和单元实训1～3，负责制作本教材配套课件；王旭贞负责编写第二单元课题五至八和单元实训4～6；刘国艳负责编写第三单元和统稿；李同新负责编写第四单元课题一至四和单元实训1～3；金明昌负责编写第四单元课题五、小资料和单元实训 4、5（本教材可提供教学课件，如有需要可向出版社索要）。

　　在教材编写过程中，引用了许多作者的有关资料，同时也得到许多同行专家、学者和教师的指导与帮助；本教材由杨久仙审稿。在此一并表示衷心感谢。

　　由于编者水平有限，加之时间仓促，编写过程中错误、疏漏和不妥之处在所难免，恳请各位教师、专家及读者批评指正。

编　者
2014 年 1 月

DONGWU YINGYANG YU SILIAO

第一版前言

本教材是依据国家教育部 2000 年 12 月颁布的全国中等职业学校养殖专业《畜禽营养与饲料》教学大纲编写的。是面向 21 世纪中等职业教育国家规划教材，供养殖、畜牧兽医专业学生使用。

本教材吸取了中等农业职业学校三年制养殖专业整体改革方案的研究课题的成果和现代职业教育思想，把目标确定在培养学生掌握应职岗位所必需的畜禽营养与饲料方面的知识和操作技能上，使学生具备解决生产实践中一般性畜禽营养与饲料技术问题的能力和综合素质，成为农业进步、农村发展、农民增收的技术带头人。本教材根据教学计划和大纲设计要求，按模块形式编写。将大纲中的知识、技能选用三部分的内容相互融合、配套，加以综合，形成单元、课题、课主题三级目录结构，并将每一个课题的内容以目标、资料单、技能单和评估单的形式展开，便于教师开展灵活多样的教学活动，突出职业教育特色，培养学生的职业能力。

本教材分为畜禽营养基础、饲料及其加工利用、饲料常规分析和饲料配合 4 个单元，动物与植物、动物对饲料的消化等 39 个课题。在教材编写过程中，注意吸取最新科技成果和国内外中等职业教材的长处，突出教学内容上的新颖性、思想性、实用性、针对性；突出教学过程中的实践性、可操作性和学生的参与性；突出教学方法上的灵活性；注重学生素质教育和能力培养。本教材在创建具有 21 世纪特征的能力教育体系新模式、配套模块式教材方面进行了大量的探索和有益的尝试。

畜禽营养与饲料课程是养殖专业的基础和主干模块之一，它以动物营养学、饲料学和饲料分析等课程为基础，并与羊的生产与经营、猪的生产与经营、牛的生产与经营、禽的生产与经营、畜禽疫病防治等模块有密切关系。

本教材由青海畜牧兽医职业技术学院宁金友高级讲师任主编，并承担第二单元的编写；青海省畜牧兽医总站焦小鹿高级畜牧师承担第一单元的编写；黑龙江省北安农业学校王明文高级讲师承担第三单元的编写；北京农业职业学院杨久仙高级讲师承担第四单元及附录的编写。本教材由北京农业职业学院张京和高级讲师主审。

在编写过程中，得到北京市农业职业学院张金柱高级讲师和青海畜牧兽医职业技术学院阎文华推广研究员的大力支持和精心指导。

由于时间仓促，加之缺乏参考模式和水平有限，书中的错误和不当之处在所难免，恳请各位教师、专家及读者不吝批评指教。

编　者
2001 年 7 月

DONGWU YINGYANG YU SILIAO

第二版前言

《畜禽营养与饲料》自 2001 年 12 月出版以来，已印刷 9 次，深受广大读者的欢迎。为了适应动物营养与饲料方面新技术的快速发展和各职业学校教学改革的需要，中国农业出版社组织有关学校经过深入讨论，确定了第二版教材的修订大纲，并组织全国在畜牧兽医类专业教学一线的教师对第二版教材开展了修订编写工作，并更名为《动物营养与饲料》。

本教材贯彻模块教学理念，以能力教育体系为目标，以职业素质为本位，以职业岗位能力培养为核心，以职业技能为重点。以单元形式编排，每个分单元后附有作业及思考题，以便在讲解理论知识的同时，结合练习，巩固要求掌握的知识点，做到学练结合，融会贯通。在考虑理论知识系统性的同时，兼顾了技能训练的通用性和实用性，并将技能训练与理论知识融为一体，打破传统的二者分离的形式。

本教材分为动物营养基础、饲料及其加工调制、饲料的常规分析、动物营养需要及饲料配合 4 个单元，动物与植物、水的作用及合理供水等 40 个分单元。教材除编入一些常规的实训项目外，还结合生产实际，编入了"大豆饼粕中尿素酶活性的测定""饲料级鱼粉掺假鉴别""混合饲料混合均匀度的测定"和"饲养试验方案设计"等实训内容。在附录中编写了"技能考核方案"，以考核学生对基本技能的掌握情况，做到有的放矢。

本教材由刘国艳任主编，并负责编写第三单元及附录等；马海江和李华慧任副主编，马海江负责编写第一单元第 1～5 分单元，李华慧负责编写第一单元第 10 分单元、第二单元第 1～4 分单元；姜淑妍负责编写第一单元第 6～9 分单元、第四单元第 1 分单元；王旭贞负责编写第二单元第 5～11 分单元；李同新负责编写第四单元第 2～6、第 10 分单元；金明昌负责编写第四单元第 7～9 分单元。本教材由宁金友、李金魁负责审稿，并提出了宝贵的意见。

在教材编写过程中，引用了有关专家、学者的相关资料，同时也得到许多同行、学者和教师的指导与帮助，在此表示衷心的感谢。

由于编者水平有限，加之时间仓促，编写过程中不妥之处在所难免，恳请广大读者批评指正。

编　者
2009 年 4 月

目录

第一单元　动物营养基础

2 第二单元 饲料原料及其加工调制

3 第三单元　饲料的常规分析

4 第四单元　动物营养需要及饲料配合

动物营养基础

（1）在了解动物体与饲料化学组成的基础上，重点掌握各种营养素在动物体内的消化代谢特点及对动物的营养作用。

（2）能清晰叙述各种营养物质在动物营养中的相互关系和能量在机体内的转化过程。

（3）准确理解必需氨基酸、限制性氨基酸、微量矿物质元素、不饱和脂肪酸、消化能、代谢能等有关概念。

（4）能较准确地诊断典型营养缺乏症。

课题一　动物与饲料

问题探究　什么是营养素？饲料中营养素有何作用？

知识 1　动植物体的化学组成及化合物

动物和植物是自然界生态系统中两个重要组成部分。植物和大多数微生物能利用土壤和大气中的无机物合成自身所需要的有机物，属自养生物；动物则直接从外界环境中获得所需要的有机物，属异养生物。

经过人类长期驯化的家养动物，无论杂食动物、草食动物或肉食动物，都是不同食物链中的主要消费者。这种以营养为纽带的生态系统，不停地进行着能量和物质的交换，从而构成了自然界的物质循环。动物与植物则是物质循环的两个主要方面。

1. 组成动植物体的化学元素　实验证明，组成动植物体的化学元素基本相同。据测定，在动植物体内共含有 60 余种化学元素，在动物营养学中，通常按其在动植物体内含量的多少分为常量元素和微量元素两大类：动植物体内含量≥0.01％的化学元素称为常量元素，如碳、氢、氧、氮、钙、磷、钾、钠、硫、镁、氯等。其中，碳、氢、氧、氮 4 种化学元素在动植物体内的含量所占比重最大；动植物体内含量＜0.01％的化学元素称为微量元素，如铁、铜、锌、锰、碘、氟、钴、硒等。

2. 组成动植物体的化合物 动植物体虽然是由各种化学元素组成，但动植物体绝不是各种化学元素的简单堆积。构成动植物体的化合物有水分、粗灰分、粗蛋白质、粗脂肪、碳水化合物和维生素 6 种。

（1）水分。水是动植物体的重要组成成分，动植物体内水分一般有两种存在状态：一种与细胞结合不紧密，可以自由移动，称为游离水或自由水；另一种与细胞内胶体物质紧密结合，难以移动及挥发，称为结合水或束缚水。不同种类的动植物，其水分含量亦不相同。

（2）粗灰分。粗灰分是动植物体在 550～600℃ 高温电炉中充分燃烧后剩余的残渣。主要为矿物质氧化物及盐类等无机物，有时也含有少量泥沙，故称为粗灰分。

（3）粗蛋白质。粗蛋白质是动植物体内一切含氮物质的总称。它包括真蛋白质和非蛋白质含氮化合物（NPN），在动物营养学中又把非蛋白质含氮化合物简称为氨化物或非蛋白氮。如氨基酸、硝酸盐、铵盐、尿素等。

（4）粗脂肪。动植物体内脂类物质总称为粗脂肪。它是用乙醚浸出的全部醚溶类物质，除中性脂肪外，还包括游离脂肪酸、蜡质、磷脂、树脂及脂溶性维生素等，故称为粗脂肪或乙醚浸出物。

（5）碳水化合物。碳水化合物是粗纤维和无氮浸出物的总称。粗纤维是植物细胞壁的主要结构成分，它包括纤维素、半纤维素和木质素等，主要存在于植物的茎秆和种子的外壳中。无氮浸出物是碳水化合物中可溶部分，它包括单糖、双糖和多糖，其中的多糖主要是指淀粉，它存在于植物的种子、果实及块根块茎中。动物体内不含粗纤维，无氮浸出物含量也很低。

（6）维生素。维生素是一组在化学结构、生化特性和营养作用等方面各不相同的低分子有机化合物。动植物体内维生素的含量很少，但它在动植物体内物质代谢过程中起着重要的控制和调节作用。

动植物体化合物组成的不同之处是动物体与植物体所含的同名营养物质在组成成分和含量上存在着较大差异（表 1-1）。

表 1-1 植物体与动物体组成比较

化学成分	植 物 体（饲料）	动 物 体
干物质	主要为碳水化合物	主要为蛋白质，其次是脂肪
蛋白质	因种类不同含量差异大，非蛋白氮多	含量较高，含量较近似，13%～19%，多为真蛋白
脂肪	含量差异大，多为不饱和脂肪酸构成	含量近似，多为饱和脂肪酸构成
碳水化合物	含量高，主要为淀粉、粗纤维	含量低，低于 1%，主要为糖原和葡萄糖，不含粗纤维
维生素	不含维生素 A，有胡萝卜素	有维生素 A

知识 2　饲料中的营养物质

凡能提供给动物所需的某种或多种营养物质的天然或人工合成的可食物质均称为饲料。饲料中凡能被动物用以维持生命、生产产品的物质，称为营养物质或营养素，简称养分。国际上通常采用概略养分分析方案，将饲料中的养分分为六大类，即水分、粗灰分、粗蛋白质、粗脂肪、粗纤维、无氮浸出物（图1-1）。该分析方案概括性强，简单、实用，目前世界各国仍在采用。

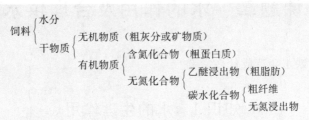

图 1-1　概略养分与饲料组成之间的关系

知识3　饲料中各种营养素的基本功能

1. 作为动物体的结构物质　营养物质是动物机体每一个细胞和组织的构成物质，如骨骼、肌肉、皮肤、结缔组织、牙齿、羽毛、角、爪等组织器官。所以，营养物质是动物维持生命和正常生产过程中不可缺少的物质。

2. 作为动物生存和生产的能量来源　在动物生命和生产过程中，维持体温、随意活动和生产产品，所需能量皆来源于营养物质。碳水化合物、脂肪和蛋白质都可以为动物提供能量，但以碳水化合物供能最经济。脂肪除供能外还是动物体贮存能量的最好形式。

3. 作为动物机体正常机能活动的调节物质　营养物质中的维生素、矿物质，以及某些氨基酸、脂肪酸等，在动物机体内起着不可缺少的调节作用。如果缺乏，动物机体正常生理活动将出现紊乱，甚至死亡。

4. 转化为肉、蛋、奶、皮、毛等产品　畜产品，如奶产品、肉产品、蛋产品等是动物摄食饲料后，经过消化代谢转化而成的。

◀ **走进生产**　动物体与饲料间的内在联系是通过它们内部所含的养分来实现的，饲料中的养分经过体内代谢转化为动物体本身的组分。饲料只是现象，是外形，是养分的载体，饲料中的养分是本质，我们只有抓住本质的东西，才能很好地提示饲料与动物体间养分供需关系。人们通过科技创新，不断提高饲料养分的利用率，充分发挥动物潜在的生产性能，从而节省饲料，降低成本，提高动物生产效益。

🔖 **边学边练**

1. 解释　营养素　常量元素　微量元素　粗蛋白质　粗脂肪　粗灰分

2. 填空

构成动植物体的化合物有＿＿＿＿＿、＿＿＿＿＿、＿＿＿＿＿、＿＿＿＿＿、＿＿＿＿＿和＿＿＿＿＿6种。概略养分分析方案将饲料中的养分分为六大类，即＿＿＿＿＿、＿＿＿＿＿、＿＿＿＿＿、＿＿＿＿＿、＿＿＿＿＿、＿＿＿＿＿。

3. 简答

饲料营养素的基本功能是什么？

课题二　水的作用及合理供水

问题探究　动物缺水会造成什么影响？

知识 1　水的生理作用

1. **水是动物体的主要组成成分**　动物体内的水大部分与亲水胶体相结合，直接参与组织细胞的构成。

2. **水是动物体内重要的溶剂**　各种营养物质的消化、吸收、转运、转化及代谢产物的排出等均需溶于水中才能进行。

3. **水是动物体内各种生化反应的媒介**　动物体内各种营养物质的分解与合成，几乎都需要水的参与。如水解、水合、氧化还原、有机化合物的合成和细胞的呼吸过程。

4. **水参与体温调节**　水的热容量高，可吸收体内产生的热量。水的蒸发热也高，动物可通过排汗和呼吸，蒸发体内的水分，排出多余的热量，维持体温恒定。

5. **水有润滑作用**　动物机体的关节、内脏及其他器官的运动，都需要有水的润滑作用。如泪液可防止眼球干燥，保护眼睛；关节囊液可润滑关节；浆膜腔内的浆液可减小心脏跳动、肺部的呼吸、消化道的蠕动等内脏器官运动时的摩擦。

知识 2　动物缺水的后果

动物失水 1%～2% 会表现干渴，食欲减退，生产力下降；幼年动物表现为生长缓慢，成年动物表现为生产力下降，特别是高产奶牛和蛋鸡最为明显。饮水不足，奶牛的产乳量急剧下降，母鸡产蛋量迅速减少；动物失水 8% 则表现为严重干渴，无食欲，抗病力下降；失水 10%，生理失常，代谢紊乱；失水 20%，动物死亡。

缺水的后果要比缺乏其他营养物质严重得多，因此，必须保证动物水分的充足供应。

知识 3　动物体内水的来源及排出

1. **动物体内水的来源**　动物体内的水来源于饮水、饲料水和代谢水。

（1）饮水。是动物获取水的主要来源，特别是现代化养殖场饲养的动物，采食的都是风干饲料，动物体内水分主要来源于饮水，在这些养殖场，都设有专门的饮水设备。

（2）饲料水。是动物获取水的另一来源，饲料中都含有水分，但因饲料种类不同，其含水量差别也很大。风干饲料含水量在 15% 以下，青绿饲料、块根块茎饲料和水生植物含水在 70%～95%。

（3）代谢水。是指动物机体内有机物质氧化分解或合成过程中所产生的水。如 100g 脂肪、碳水化合物、蛋白质在体内氧化时形成的水量分别为 107、60、41g。代谢水仅能满足机体需水量的 5%～10%。

2. 动物体内水的排出　动物体内水的排出途径为：粪尿排泄、汗腺分泌的汗液、肺部呼吸排出的水蒸气以及产奶、产蛋等动物产品的排出。动物水的摄入和排出受神经和激素的控制，通过饮水和排泄调节体内水的平衡。

知识 4　影响动物需水量的因素

1. 动物种类　大量排粪的动物需水量多，反刍动物＞哺乳动物＞鸟类。

2. 生产性能　产奶阶段需水量最高，产蛋、产肉需水相对较低。

3. 气温　气温高于 30℃，动物需水量明显增加，低于 10℃，则相反。

4. 饲料或日粮组成　含氮物质越高，需水量越高；粗纤维含量越高，需水量越高；盐，特别是 Na^+、Cl^-、K^+ 含量越高，需水量越高。

5. 饲料的调制类型　粉料＞干颗粒＞膨化料。

知识 5　动物的需水量及合理供水

1. 动物的需水量　受动物种类与品种、生产性能、日粮性质、环境温度等因素的影响，要确切估计动物的供水量比较困难。在生产实践中，常以动物采食饲料干物质的量来估计需水量。在适宜的温度条件下，每采食 1kg 饲料干物质，牛和羊需水 3～4kg，猪、马和家禽需水 2～3kg。奶牛可根据产奶量估计，一般每产 1kg 奶需水 4～5kg。一般养殖场都设有饮水设备，由动物根据需要自由饮水。

2. 合理供水　动物的饮用水要清洁卫生、无污染，要注意防止重金属、有机农药、病原微生物、有毒物质污染动物的饮用水。

←　走进生产　动物饮水时应注意：①饮水次数与饲喂次数基本相同，并先喂后饮；②放牧出圈前应给予充足饮水，以防出圈后饮脏水；③饲喂易发酵饲料，如豆类、苜蓿等时，应在喂完 1～2h 后饮水，以避免引起臌胀、疝痛等；④重役后的役用动物切忌马上饮冷水，以防感冒、胃肠痉挛和蹄部风湿等病症的发生，应休息 30min 后慢慢饮用；⑤初生 1 周内的动物最好饮用 12～15℃ 的温水；⑥夏季适当限制蛋鸡饮水量，是减少水样粪便和群体进食量的有效方法，为使断奶母猪回奶，也应该限制饮水。

边学边练

1. 解释　代谢水
2. 填空
(1) 当体内水分减少＿＿＿＿＿＿＿％时，就会导致严重的代谢紊乱。
(2) 动物体内的水来源于＿＿＿＿＿、＿＿＿＿＿＿和＿＿＿＿＿。

3. 简答

（1）水有哪些营养作用？

（2）影响动物需水量的因素有哪些？

（3）如何做到合理供水？

课题三　蛋白质与动物营养

问题探究　如何理解"生命是蛋白体的存在方式"？

知识 1　蛋白质的组成及营养作用

1. 蛋白质的组成　蛋白质是一种高分子有机化合物，是由碳、氢、氧、氮、硫等元素组成，有些蛋白质还含有磷、铁、铜等元素。测定样本中氮元素的含量，通常用含氮量间接估算样本中蛋白质含量。各种蛋白质平均含氮量为 16%，故估算公式如下：

$$样本中粗蛋白质含量＝样本中含氮量÷16\%＝样本中含氮量×6.25$$

蛋白质的基本结构单位是氨基酸。构成蛋白质的氨基酸有 20 多种，据其种类、数量以及氨基酸之间排列顺序不同，可形成不同的蛋白质。所以，蛋白质的营养实质上就是氨基酸的营养。

2. 蛋白质的营养作用

（1）蛋白质是构成动物体内组织、细胞的基本原料。动物的肌肉、神经、结缔组织、皮肤、体液以及各种内脏器官，如心、肺、脾、肾、肠、胃及生殖器官等，都以蛋白质为其主要组成成分。这些组织和器官在生命活动过程中担负着各种各样的生理功能，共同构成一个完整的有机体，所以，蛋白质是动物生长发育必需的重要营养物质。

（2）蛋白质是动物体内生物活性物质的主要成分。在动物生命活动和代谢过程中起催化作用的酶、起调节和控制作用的激素、具有免疫和防御功能的抗体等生物活性物质，都是以蛋白质为主要原料构成的。同时，蛋白质还参与维持体液正常的渗透压，为动物正常生命活动提供一个相对稳定的内环境。所以，蛋白质不仅是结构物质，也是维持生命活动的功能物质。

（3）蛋白质是组织更新、修补的必需物质。生命活动的基本特征是新陈代谢，即使在体重不变的情况下，体内的新陈代谢也没有停止，旧组织细胞不断分解，新组织细胞不断形成。这些组织的自我更新都以蛋白质的分解与合成为基础。据示踪原子法测定，动物机体全部蛋白质经 6～7 个月就有一半被更新。动物损伤组织修补也需要蛋白质参与。

（4）蛋白质可分解供能或转化为糖和脂肪。当动物体内碳水化合物和脂肪不足时，蛋白质可在体内分解、氧化产能，以维持机体正常代谢活动。当摄入的蛋白质过多或日粮氨基酸不平衡时，多余的蛋白质也可在体内转化为糖和脂肪贮存，以备营养不足重新分解供能。在实践中，为了降低饲料成本，应尽可能避免将蛋白质直接作为能源物质。

（5）蛋白质是形成动物产品的主要原料。肉、蛋、奶、皮、毛等动物产品主要成分是蛋白质。为增加动物产品的产量，提高养殖效益，必须满足动物蛋白质的供给量。

知识 2　蛋白质不足与过量的危害

1. 蛋白质不足的表现　日粮蛋白质不足或蛋白质品质低劣，满足不了动物正常需要时，就会影响动物健康，导致生产性能下降。

（1）消化机能紊乱。日粮中蛋白质供给不足，会影响动物消化道组织的正常代谢和消化液的正常分泌。动物会出现食欲下降，采食量减少，慢性腹泻及营养不良等现象。

（2）幼龄动物生长发育受阻。幼龄动物正处于生长发育的旺盛时期，各组织器官迅速生长发育，体内蛋白质代谢旺盛，对蛋白质的需求量大。若供应不足，可导致幼龄动物生长减缓、停滞甚至死亡。

（3）易患贫血及其他疾病。动物缺少蛋白质，体内不能合成足够的血红蛋白和血球蛋白而出现贫血症。另外，由于蛋白质的缺乏而导致血液中的抗体数量减少，使动物抗病力下降，容易感染各种疾病。

（4）生产性能下降。蛋白质供给不足，会使生长动物增重缓慢，甚至体重下降，泌乳动物泌乳量下降，产毛动物产毛量、家禽产蛋量减少。而动物产品的质量也会下降。

（5）动物繁殖能力降低。饲料中蛋白质含量不足，会使公畜性欲下降，精液品质下降，精子数目减少；母畜性周期失常，排卵数减少，卵子质量差，受胎率低；家禽产蛋率、受精率、孵化率和雏禽成活率均降低。

2. 蛋白质过量的危害　日粮中蛋白质供给过多，不仅会造成营养物质利用不合理和浪费，还会给机体带来不利影响。多余氨基酸会在肝脱氨基并形成尿素，尿素由肾随尿液排出，从而加重了肝和肾的负担，严重时会引起肝和肾疾患。

知识 3　蛋白质在单胃动物体内的消化代谢

饲料粗蛋白质被猪采食后进入胃，其中的蛋白质部分，受到胃酸和胃蛋白酶的作用分解为结构较为简单的多肽，然后连同未被分解的蛋白质一起进入小肠继续进行消化，在小肠中又依次受到胰蛋白酶、糜蛋白酶、羧基肽酶和肠肽酶的作用，经过多肽和肽的阶段，最后分解为构成蛋白质的基本单位——氨基酸。氨基酸被小肠壁吸收进入血液，输送到全身各组织细胞中合成体蛋白。在小肠中未被消化吸收的蛋白质和氨化物进入大肠，受到肠道细菌的作用，部分被分解为氨基酸和氨，细菌利用这些物质合成菌体蛋白，进一步被机体消化利用。未被消化的部分蛋白质，与消化道中未消化吸收的物质一起随粪便排出。

被吸收的氨基酸随血液被运送到各组织细胞中，其中大部分氨基酸被合成体蛋白和产品蛋白，以满足机体的生长、更新、修补和生产的需要。没有被组织细胞利用的氨基酸，在肝经过脱氨基作用释放出氨，脱掉的氨基最后生成尿素，脱掉氨基以后剩余的酮酸部分可进行氧化供能，或转化为糖原和脂肪（图1-2）。

猪体内蛋白质消化代谢的特点是蛋白质消化吸收的主要场所是小肠，整个消化过程需要一系列酶的作用，最终是以大量的氨基酸和少量短肽的形式被机体吸收利用。大肠内的细菌虽然可以将饲料中的部分氨化物合成菌体蛋白，但数量很少，且处于消化道末端，很难被机

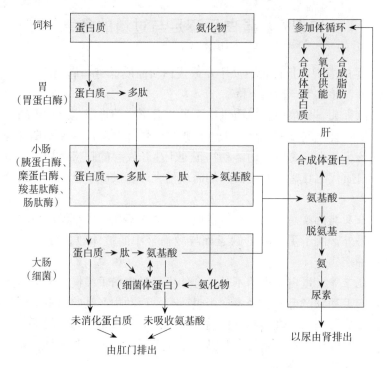

图 1-2　猪体内粗蛋白质消化代谢简图

体利用。因此，猪能利用饲料中的蛋白质，但不能很好地利用氨化物。

家禽的腺胃容积小，饲料停留时间短，故消化作用不大，而肌胃主要起机械消化作用，家禽蛋白质消化吸收的主要场所也是在小肠，其过程与猪大致相同。

知识4　蛋白质在反刍动物体内的消化代谢

反刍动物是复胃动物，特点是有一个庞大的瘤胃，瘤胃容积约占整个胃的80%。瘤胃中有大量的纤毛虫和细菌，这些微生物在蛋白质消化过程中起着重要作用。

反刍动物对蛋白质的消化从瘤胃开始，饲料中粗蛋白质进入瘤胃后，在细菌所分泌的酶类的作用下被分解为肽、氨基酸和氨，细菌利用这3种物质合成菌体蛋白。纤毛虫利用肽和氨基酸合成自身的体蛋白。在瘤胃中未被分解的蛋白质与瘤胃菌体蛋白和纤毛虫一起进入真胃，而进入真胃以后的消化过程与单胃动物蛋白质消化代谢过程基本相同。在真胃和小肠中，菌体蛋白、纤毛虫蛋白和瘤胃未被分解的饲料蛋白，在胃蛋白酶、肠蛋白酶等一系列消化酶的作用下，最后被分解为氨基酸并被小肠壁吸收，由血液运送到各组织细胞合成体蛋白。在小肠中未被消化吸收的蛋白质和氨化物进入大肠，受到肠道细菌的作用，部分被分解为氨基酸和氨，细菌利用这些物质合成菌体蛋白，进一步被机体消化利用。未被消化的部分蛋白质，与消化道中未消化吸收的物质一起随粪便排出。

饲料中的蛋白质和氨化物被瘤胃细菌分解生成的氨，一部分被细菌利用合成菌体蛋白；也有一部分被吸收进入肝合成尿素，其中大部分经肾随尿排出，小部分被运送到唾液腺，随唾液返回到瘤胃，再次被细菌利用。氨如此循环被反复利用的过程称为瘤胃氮素循环。这种循环对反刍动物利用蛋白质营养具有重要意义。既可提高饲料中蛋白质的利用率，又可使饲料中植物性粗蛋白质和氨化物反复转化为菌体蛋白供机体再利用，从而提高了饲料劣质粗蛋白质的品质（图1-3）。

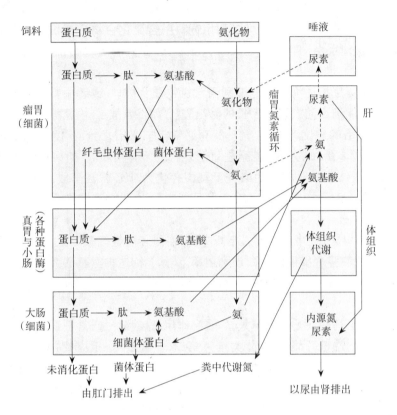

图1-3　反刍动物粗蛋白质消化代谢简图
（注：虚线处为瘤胃氨素循环）

综上所述，反刍动物蛋白质消化代谢的特点是：蛋白质消化的主要场所是瘤胃，在瘤胃微生物的作用下将植物粗蛋白质转化为微生物蛋白质，提高了蛋白质的品质。其次是在小肠，靠一系列消化酶的作用，将微生物蛋白质和在瘤胃中未被分解的饲料蛋白质降解为氨基酸，被吸收利用。由此可见，反刍动物利用的蛋白质营养主要是微生物蛋白质营养，它不仅能利用饲料中的蛋白质，而且还能很好地利用氨化物。

■ 小资料：蛋白质的营养实质上就是氨基酸的营养

蛋白质品质是对饲料蛋白质中各种氨基酸含量及比例的综合评价。饲料蛋白质中各种氨基酸含量及比例与动物需要越接近，品质就越好，反之则差。一般来讲，动物性饲料蛋白质品质要比植物性饲料蛋白质品质好。猪、禽对饲料蛋白质的消化代谢与反刍动物的差异较大，有些氨基酸不能在猪、禽体内合成，故猪、禽对日粮蛋白质品质有较高的要求。

必需氨基酸：是指在动物体内不能合成，或者能合成但合成的速度慢，数量少，不能满足动物的营养需要，必须由饲料供给的氨基酸。

成年猪必需氨基酸有 8 种， 即赖氨酸、 蛋氨酸、 色氨酸、 苯丙氨酸、 亮氨酸、 异亮氨酸、 缬氨酸和苏氨酸。 生长肥育猪的必需氨基酸有 10 种， 除以上 8 种外， 还有精氨酸和组氨酸。 雏鸡的必需氨基酸有 13 种， 除以上 10 种外， 还有甘氨酸、 胱氨酸、 酪氨酸。

成年反刍动物瘤胃中的微生物可以利用饲料中含氮化合物合成机体所需要的全部氨基酸， 故必需氨基酸对反刍动物营养意义不大。 但必需氨基酸对猪、 禽营养却有着十分重要的实际意义。

非必需氨基酸： 是指动物体内能够利用含氮物质合成， 或者由其他氨基酸转化代替， 不必由饲料供给也能满足动物正常生长的氨基酸。 如谷氨酸、 丙氨酸、 天门冬氨酸等。

从饲料营养供给的角度考虑， 氨基酸有必需与非必需之分。 但从动物营养需要的角度考虑， 所有组成体蛋白的氨基酸都是动物必需的营养物质。 如果日粮中缺少非必需氨基酸， 机体在合成体蛋白时将利用必需氨基酸转化为非必需氨基酸， 结果引起必需氨基酸的缺乏。 因此， 为动物提供的日粮应尽可能做到各种氨基酸数量足、 种类全、 比例适当。

限制性氨基酸： 限制性氨基酸是指当日粮中某种必需氨基酸不足时， 就会影响到其他氨基酸的利用， 并使整个日粮中蛋白质利用率下降， 称这种氨基酸为该日粮的限制性氨基酸。 常用植物性饲料最易缺乏的氨基酸有赖氨酸、 蛋氨酸、 色氨酸， 这 3 种氨基酸都属限制性氨基酸。

饲料中限制性氨基酸缺乏程度越大， 限制作用就越强。 通常把饲料中最易缺少的必需氨基酸称为第一限制性氨基酸， 以此类推为第二、 第三……限制性氨基酸。 不同种类饲料中所含氨基酸的种类和数量存在着很大的差别， 不同动物和不同生理状态下的同一动物， 对必需氨基酸的需要量也有明显的差异。 因此， 同一种饲料对不同动物或不同饲料对同一种动物来说， 限制性氨基酸的种类和排序可能不同 （表 1-2）。 如典型的玉米—豆粕型日粮， 对猪而言， 第一限制性氨基酸是赖氨酸， 但对蛋鸡而言， 第一限制性氨基酸则是蛋氨酸。

表 1-2　各种饲料限制性氨基酸

饲料名称	蛋白质（%）	猪			肉　鸡		
		第一限制性氨基酸	第二限制性氨基酸	第三限制性氨基酸	第一限制性氨基酸	第二限制性氨基酸	第三限制性氨基酸
玉　米	9.0	赖氨酸	色氨酸	蛋氨酸	赖氨酸	色氨酸	精氨酸
高　粱	4.5	赖氨酸	蛋氨酸		赖氨酸	精氨酸	蛋氨酸
小　麦	12.6	赖氨酸	蛋氨酸		赖氨酸	苏氨酸	精氨酸
大豆饼	46.0	蛋氨酸			蛋氨酸	苏氨酸	色氨酸
菜籽饼	35.3	蛋氨酸			亮氨酸	赖氨酸	精氨酸
棉籽油	36.1	蛋氨酸			赖氨酸	亮氨酸	蛋氨酸
鱼　粉	60.1	蛋氨酸	赖氨酸		精氨酸		
肉　粉	70.7				蛋氨酸		
肉骨粉	48.6	蛋氨酸	色氨酸	异亮氨酸	色氨酸	蛋氨酸	异亮氨酸

猪禽蛋白质营养主要取决于蛋白质的品质， 日粮中蛋白质品质由其所含氨基酸， 特别

是必需氨基酸和限制性氨基酸的数量及比例来决定（图1-4），可见，猪禽蛋白质营养的实质是氨基酸的营养。

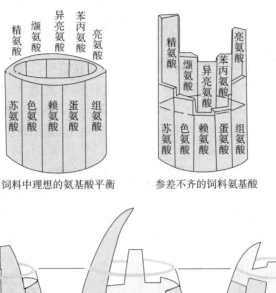

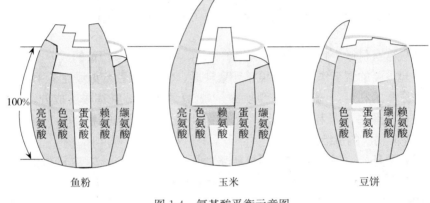

图1-4　氨基酸平衡示意图

注：将水桶比作蛋白质，那么桶板就可看作是必需氨基酸。如图所示，鱼粉必需氨基酸的含量为69%，玉米中的含量为33%，豆饼中的含量为55%，均由其中最低含量的氨基酸所决定

小资料：牛羊对尿素的利用

非蛋白含氮化合物又称非蛋白氮（NPN）或氨化物，是指不具氨基酸肽键结构的其他含氮化合物。由于反刍动物瘤胃微生物（细菌）能利用氨化物，所以，氨化物在反刍动物蛋白质营养上占有十分重要的地位。在生产中常用的非蛋白氮主要是尿素及其衍生物。反刍动物利用非蛋白氮的机制以尿素为例，非蛋白氮利用过程如下。

尿素 —细菌脲酶→ 氨＋二氧化碳

糖类 —细菌酶→ 酮酸＋挥发性脂肪酸

氨＋酮酸 —细菌酶→ 氨基酸 —细菌酶→ 菌体蛋白

菌体蛋白 —真胃和小肠消化酶→ 氨基酸（氨基酸被肠壁吸收）

反刍动物瘤胃细菌利用尿素作为氮源，以可溶性碳水化合物作为碳架和能量来源，合成菌体蛋白，进而在真胃和小肠消化酶的作用下与饲料蛋白一样被反刍动物消化利用。

尿素含氮量为 42%～46%。据测算，1kg 尿素经瘤胃细菌转化后，可提供相当于 4.5kg 豆饼的蛋白质。在成年反刍动物的日粮中添加部分尿素，可替代一部分蛋白质饲料，降低饲料成本。但是，如果在日粮中添加尿素量太大，或者饲喂方法不当，则很容易引起氨中毒。为了提高尿素的利用率，防止氨中毒，在饲喂尿素时应注意以下事项：

①日粮中必须含有适量易消化的碳水化合物。实践证明，碳水化合物的性质对尿素的利用效果有直接影响，在牛、羊日粮中单用粗纤维为能量来源时，尿素利用率仅为 22%，而供给适量粗纤维和一定量的淀粉时，尿素利用率可提高到 60% 以上。所以，添加尿素的日粮中应含有一定量的淀粉质精料，建议每 100g 尿素配 1kg 易消化的碳水化合物。

②日粮中应含有一定比例的蛋白质。添加尿素的日粮蛋白质水平在 10%～12% 为宜。据报道，当日粮中蛋白质含量超过 12% 时，尿素在瘤胃中转化为菌体蛋白的速度及利用程度显著降低。相反，如果日粮中蛋白质水平低于 10%，则又会影响细菌的生长繁殖。另外，饲料蛋白质中所含的赖氨酸和蛋氨酸具有调节细菌代谢的作用，能够促进细菌对尿素的利用。

③日粮中应含有供微生物活动所必需的矿物质。钴是维生素 B_{12} 的成分，维生素 B_{12} 在蛋白质代谢中起重要的调节作用，如果钴元素缺乏，瘤胃细菌合成维生素 B_{12} 受阻，必然会影响细菌对尿素的利用。硫元素是蛋氨酸、胱氨酸等含硫氨基酸的成分，而这些含硫氨基酸是合成菌体蛋白的原料。此外，还要保证细菌活动所必需的钙、磷、镁、铜、铁、锌、碘等矿物质的供给。

④控制尿素喂量。尿素喂量约为日粮粗蛋白质的 20%～30%，或日粮干物质的 1%，也可以按成年反刍动物体重的 0.02%～0.05% 计算添加量。一般成年牛每头每天喂给 60～100g，成年羊喂给 6～12g。如果尿素喂量过大，它在瘤胃中迅速分解生成大量氨，会被大量吸收进入血液，当吸收量超过肝将其转化为尿素的能力时，氨就会在血液中积蓄，出现典型的氨中毒症状。如不及时治疗，会很快死亡。生后 2～3 月内犊牛和羔羊，由于瘤胃机能尚不健全，不能饲喂尿素。

⑤饲喂方法。一是不能单独饲喂尿素或将其溶于水中饮用；二是严禁把生豆类、胡枝子种子等脲酶含量高的饲料，掺在含尿素的谷物饲料里一起饲喂。正确的饲喂方法是：把尿素均匀地混合在精粗饲料中饲喂。也可把尿素加到青贮原料中青贮后一起饲喂。刚开始饲喂时应少给，逐渐增加饲喂量，使动物有 5～10d 的适应期。

为了减缓尿素在瘤胃内的分解速度，提高细菌对尿素的利用率，也可将尿素、糖蜜、矿物盐混合并压制成块状，供牛、羊自由舔食。

◀ **走进生产**　与其他饲料相比蛋白质饲料，一般价格较贵，为了节省蛋白质饲料，合理利用有限的蛋白质资源，在畜牧业生产中常采用如下措施提高饲料蛋白质的利用率：

饲料种类多样化。多种饲料通过合理搭配组成的日粮，可使氨基酸起到互补作用，改善日粮中氨基酸的平衡状态，提高饲料蛋白质的利用率和饲养效果。如玉米蛋白质中赖氨酸含量低，蛋氨酸含量相对较高；而豆粕中赖氨酸含量较高，蛋氨酸含量相对较低。将玉米与豆粕按比例配合使用，就能达到赖氨酸与蛋氨酸的互补。

补充氨基酸添加剂。生产上常用的氨基酸添加剂有 L-赖氨酸盐和 DL-蛋氨酸。通过添加这些限制性氨基酸的添加剂，可改善日粮氨基酸的平衡状况，提高饲料蛋白质的利用率。

日粮中蛋白质与能量比例适当。在生产中，要合理确定日粮中蛋白质与能量的比例，供给足够的能量，尽可能避免动物把蛋白质分解为能量使用，从而使蛋白质利用率降低。

消除饲料中的抗营养因子。生豆饼中含有抗胰蛋白酶，此酶会抑制胰蛋白酶和糜蛋白酶的活性，影响饲料蛋白质的消化吸收。经热处理后可破坏抗胰蛋白酶，但加热时间不宜过长，温度不宜过高，一般控制在 130℃ 以下，否则会导致蛋白质中赖氨酸活性降低，使蛋白质品质下降。

补充与蛋白质代谢有关的维生素及微量元素。维生素 A、维生素 D、维生素 B_{12} 以及微量元素铁、铜、钴等与体内蛋白质代谢有密切关系，在日粮中适量添加，能有效提高蛋白质的利用率。

边学边练

1. 解释　必需氨基酸　限制性氨基酸　氨化物

2. 填空

（1）蛋白质由＿＿＿＿＿＿余种氨基酸构成，主要由＿＿＿＿＿、＿＿＿＿、＿＿＿＿＿、＿＿＿＿、＿＿＿＿＿5 种化学元素所组成。

（2）成年猪必需氨基酸有＿＿＿＿种，生长肥育猪的必需氨基酸有＿＿＿＿种，雏鸡的必需氨基酸有＿＿＿种。

（3）饲料蛋白质中各种氨基酸含量及比例与＿＿＿＿＿＿越接近，品质就越好，反之则差。

3. 简答

（1）蛋白质有哪些营养作用？

（2）蛋白质不足的后果和过量的危害是什么？

（3）猪体内蛋白质消化代谢的特点是什么？

（4）反刍动物蛋白质消化代谢的特点是什么？

（5）反刍动物日粮中添加尿素时应注意什么？

课题四　碳水化合物与动物营养

问题探究　牛吃青草为什么会上膘？猪吃玉米为什么会变肥？

知识 1　碳水化合物的组成及营养作用

1. 碳水化合物的组成　碳水化合物又称为糖类化合物，它主要由碳、氢、氧 3 种化学元素组成，其中大多数氢与氧的比例为 2∶1，与水的组成比例相同。不同种类的碳水化合物在物理和化学性质上存在着较大的差别。碳水化合物分类见图1-5。

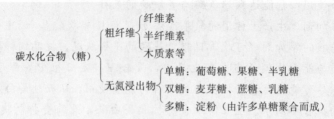

图 1-5　碳水化合物的分类

碳水化合物中的粗纤维包括纤维素、半纤维素和木质素等，它们是构成植物细胞壁的主要成分，存在于植物的茎叶、秸秆和秕壳中。碳水化合物中的无氮浸出物也称为可溶性碳水化合物，它包括单糖、双糖和多糖。主要存在于植物的籽实、块根、块茎和果实中，禾本科籽实中的无氮浸出物含量最高，且主要是淀粉。无氮浸出物易被动物消化吸收和利用。

2. 碳水化合物的营养作用

（1）碳水化合物是动物体内能量的主要来源。动物正常的生命活动，如维持体温恒定、心脏跳动、肺呼吸、肠胃蠕动、肌肉收缩以及内分泌等活动都需要能量。动物所需要的能量主要靠碳水化合物在体内氧化提供。多余时，便转化为肝糖原和肌糖原暂时贮存起来。动物体内糖和糖原在激素和神经系统的调节下，始终处于动态平衡状态，以维持稳定的血糖浓度。

（2）碳水化合物是动物体组织的构成物质。五碳糖是细胞核酸的组成成分，半乳糖与类脂肪是神经组织的必需物质，许多糖类与蛋白质结合成糖蛋白，碳水化合物的代谢产物——低级脂肪酸与氨基结合形成氨基酸，这些物质都是组成体组织的原料。

（3）碳水化合物是形成动物体脂肪、乳脂和乳糖的原料。血糖可转化为糖原，血糖达到正常水平还有多余时，也可转变为体脂肪，将能量贮存在体内。此外，碳水化合物还是合成乳脂和乳糖的原料。

（4）粗纤维是动物日粮中不可缺少的成分。粗纤维是反刍动物和单胃草食动物日粮中的必需成分，是为草食动物提供能量的重要营养物质。另外，粗纤维还可刺激消化道蠕动，维持消化道正常机能。

在饲养实践中，如果日粮碳水化合物供应不足，不能维持动物正常生命活动需要，就会动用体内的贮备物质，如糖原、体脂肪、蛋白质等，来满足动物生命活动所需要的能量。在这种情况下，就会出现消瘦、体重减轻、生产性能下降等现象。因此，必须满足碳水化合物的供应。

知识 2　碳水化合物在单胃动物体内的消化代谢

猪的唾液中含有淀粉酶且活性较强，饲料碳水化合物中的淀粉，在猪的口腔中受到淀粉酶的作用，其中一小部分被分解为麦芽糖，未被分解的与麦芽糖随着猪的吞咽动作进入胃中，但猪胃不分泌消化碳水化合物的酶，只是经过胃进入小肠。猪小肠是可溶性碳水化合物消化吸收的主要场所，淀粉和糖类在小肠中受到胰淀粉酶、肠淀粉酶、麦芽糖酶、蔗糖酶等消化酶的作用，把淀粉分解为麦芽糖，由麦芽糖再转变为葡萄糖。其他糖类则由相应的酶作用，最后也分解为葡萄糖，被小肠壁吸收由血液运送到机体各组织。在各组织细胞中葡萄糖经过三羧酸循环氧化供能。多余的葡萄糖可形成肝糖原和肌糖原，再多余时则转化为体脂肪。未被吸收的葡萄糖受到消化道微生物的作用分解为有机酸，其中一半以上为乳酸，其余为挥发性脂肪酸（乙酸、丙酸、丁酸），可被肠壁吸收参与体内的能量代谢。

饲料碳水化合物中的粗纤维在猪胃和小肠中没有发生大的变化。在猪的大肠内，纤维素和小肠内未被消化吸收的可溶性碳水化合物，经肠道微生物的发酵作用，分解产生挥发性脂肪酸和甲烷等气体。气体由肠道排出，挥发性脂肪酸可被大肠壁吸收，参与机体代谢。其中，丙酸被吸收后可合成葡萄糖或糖原；丁酸分解可转化成乙酸；乙酸直接参与体内的三羧酸循环氧化供能。未被消化吸收的粗纤维等由肛门排出。

猪对碳水化合物的消化代谢过程见图1-6。

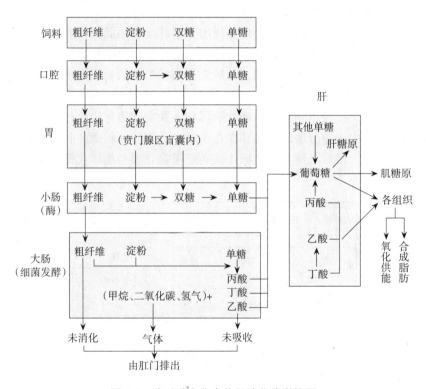

图1-6 猪对碳水化合物的消化代谢简图

猪对碳水化合物的消化代谢特点是：以葡萄糖代谢为主，其消化吸收的主要场所在小肠，靠酶的作用进行；以挥发性脂肪酸代谢为辅，在大肠中靠细菌发酵进行。因此，猪能很好地利用碳水化合物中的无氮浸出物，但不能大量利用粗纤维。

在养猪生产中，猪饲料粗纤维水平不宜过高，一般为5%～8%。据试验，生长肥育猪日粮中粗纤维占10%，会使日增重和饲料转化率显著降低。但在肥育后期，可适当提高日粮粗纤维含量，以限制猪的采食量，减少体内脂肪沉积，提高胴体瘦肉率。瘦肉型猪日粮粗纤维含量应控制在7%以下。

鸡对碳水化合物的消化代谢与猪相似。但鸡对粗纤维的利用能力比猪还差。鸡的日粮中粗纤维应控制在5%以下。

马属动物对碳水化合物的消化代谢与猪有不同之处，马属动物有发达的盲肠和结肠，故对饲料粗纤维的利用能力比猪强，但不如反刍动物。马在代谢过程中既可利用挥发性脂肪酸，又可利用葡萄糖，但马比猪能利用较多的挥发性脂肪酸。

知识3　碳水化合物在反刍动物体内的消化代谢

反刍动物唾液的淀粉酶很少且活性低。碳水化合物在反刍动物体内的消化从瘤胃开始，其庞大的瘤胃中有大量分解碳水化合物的细菌。这些不同的细菌也称为瘤胃不同的微生物区系，它们在碳水化合物特别是粗纤维的消化中起着重要作用。

粗纤维中的纤维素和半纤维素，在反刍动物瘤胃中受到细菌分泌的纤维素酶的作用，分解为乙酸、丙酸、丁酸等挥发性脂肪酸和二氧化碳、甲烷等气体。挥发性脂肪酸被胃壁吸收，参与体内代谢，气体则通过嗳气由口腔排出。粗纤维在小肠内没有变化，在瘤胃中未被分解的纤维性物质进入大肠后，又受到大肠内细菌的作用，分解产生一部分挥发性脂肪酸和气体，少量的挥发性脂肪酸被吸收利用。最后未被消化吸收的物质及所产生的气体一起由肛门排出体外。

碳水化合物中的无氮浸出物在反刍动物瘤胃和大肠中的消化吸收过程与纤维素的消化吸收过程相同。在瘤胃中未被分解的淀粉和糖在小肠中受到胰淀粉酶、肠淀粉酶、麦芽糖酶等一系列消化酶的作用，最后分解为葡萄糖，被肠壁吸收，参与机体代谢。反刍动物碳水化合物的消化代谢过程见图1-7。

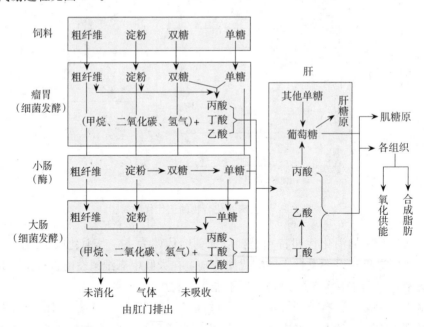

图1-7　反刍动物碳水化合物消化代谢简图

碳水化合物在反刍动物体内被消化的终产物是：乙酸、丙酸、丁酸和葡萄糖。这些终产物被消化道吸收后随血液运送到机体各组织器官，参与体组织代谢。葡萄糖可直接氧化供能，多余时可转化为糖原和体脂肪。挥发性脂肪酸在反刍动物体内的代谢有4条途径：一是直接氧化供能；二是合成体脂肪；三是转化为葡萄糖；四是为消化道微生物合成氨基酸提供碳架。

综上所述，反刍动物对碳水化合物的消化代谢特点是：以瘤胃消化为主，小肠、大肠为辅；以挥发性脂肪酸参与动物体代谢为主，以葡萄糖代谢为辅。因此，反刍动物不仅能大量利用饲料中的粗纤维，而且也能利用饲料中的无氮浸出物。

小资料：影响动物消化粗纤维的因素

粗纤维是动物不可缺少的营养物质，尤其是反刍动物和单胃草食动物，通过瘤胃和盲肠细菌对纤维素的酵解作用为机体提供主要能源。另外，动物日粮中适量粗纤维是维持正常消化生理机能所必需的。动物消化利用粗纤维受以下几个方面因素的影响：

动物种类：一般来讲，反刍动物消化粗纤维的能力最强，其次是马和兔，猪对粗纤维的消化能力低于草食动物，鸡对粗纤维的消化能力最差。

日粮中蛋白质水平：反刍动物蛋白质的营养水平是影响瘤胃消化粗纤维的重要因素。如用粗蛋白质含量为 3.28%～4.51% 的劣质干草喂绵羊，粗纤维的消化率为 43%，若补加少量含氮物质，可将粗纤维消化率提高 12.8%。

饲料中粗纤维含量：日粮中粗纤维含量越高，粗纤维本身的消化率就越低，同时还会降低日粮中其他营养物质的消化率。

矿物添加剂：日粮中加入不同种类的矿物质添加剂，可以提高粗纤维的消化率。试验证明，在日粮中添加适量食盐、钙、磷、硫等盐类，可促进瘤胃微生物繁殖，提高粗纤维消化率。

饲料加工调制：饲料加工调制方法不同，可影响粗纤维的消化率。粗饲料粉碎过细，使之通过瘤胃的速度加快，从而减少了瘤胃微生物作用于粗纤维的时间，会使粗纤维的消化率降低 10%～15%。秸秆类饲料经碱化处理，粗纤维的消化率可提高 25%～40%。

走进生产　牛瘤胃发酵形成的各种挥发性脂肪酸的多少以及相互之间的比例，因日粮组成而异，日粮中精料比例提高，淀粉数量增加时，瘤胃中产生的乙酸减少，丙酸增加。相反，日粮粗料比例提高时，瘤胃中产生的乙酸增多，而丙酸量下降。这对指导生产实践具有重要意义。在肉牛饲养中，适当提高日粮精料比例或将粗料磨成粉状饲喂，瘤胃中产生的丙酸增多，有利体脂合成，提高肉牛增重，改善肉质。在乳牛饲养中，适当增加日粮中优质粗饲料的含量，瘤胃中产生的乙酸增多，有利于乳脂的合成，提高牛乳的乳脂率。

边学边练

1. 填空

（1）碳水化合物包括_____和_____两大类物质。

（2）粗纤维中的_____和_____在反刍动物瘤胃微生物作用下，可被分解利用；_____完全不能被动物利用。

（3）猪能很好利用碳水化合物中_____，而不能大量利用_____。

（4）碳水化合物在反刍动物体内被消化的终产物是_____、_____、_____、_____。

2. 选择

（1）碳水化合物在动物营养上不属于（　　　）。

A. 能量物质　　　　B. 生物活性物质　　　　C. 结构性物质

（2）粗纤维的主要消化部位是（　　）。

A. 口腔　　　　　　B. 瘤胃和大肠　　　　　C. 小肠

（3）（　　）动物对粗纤维的利用率最高。

A. 马属动物　　　　B. 猪和家禽　　　　　　C. 反刍动物

3. 简答

（1）碳水化合物有哪些营养作用？

（2）猪对碳水化合物的消化代谢特点是什么？

（3）反刍动物对碳水化合物的消化代谢特点是什么？

（4）影响粗纤维消化率的因素有哪些？

课题五　脂肪与动物营养

问题探究　饲料中脂肪含量过多对猪肉品质会造成什么影响？

知识 1　脂肪的化学组成与特性

1. 脂肪的化学组成　饲料和动物体中均含有脂肪。除少数复杂的脂肪外，均由碳、氢、氧 3 种元素组成。根据其结构不同，通常把脂肪分为真脂肪和类脂肪两大类。由甘油和脂肪酸结合而成的脂肪称为真脂肪。由甘油、脂肪酸和其他氮、磷化合物结合成的脂肪称为类脂肪。脂肪不溶于水，但易溶于乙醚等有机溶剂。

脂肪酸是脂肪分子的重要组成部分，构成脂肪的脂肪酸不同，其理化性质也不相同。根据脂肪酸所含氢原子的多少，可分为饱和脂肪酸与不饱和脂肪酸。不饱和脂肪酸能够与氢结合转化为饱和脂肪，这种作用称为氢化作用。

2. 脂肪的特性　脂肪中含有不饱和脂肪酸越多，其硬度就越小，熔点也就越低。植物油脂中不饱和脂肪酸含量高于动物脂肪，因而在常温下植物油脂呈液体状态。而动物脂肪呈固体状态。

知识 2　脂肪的营养作用

1. 脂肪是构成动物体组织的重要成分　动物体的皮肤、骨骼、肌肉、神经、血液及内脏等各组织器官中均含有脂肪。主要是卵磷脂、脑磷脂、糖脂和胆固醇等类脂。脂肪与蛋白质按一定比例构成细胞的膜结构和原生质。这些类脂属结构性脂肪，它不同于贮存性脂肪，它有恒定和特有的成分，在任何情况下不受食入饲料脂肪的影响。

2. 脂肪是贮存能量的最好形式　脂肪是含能量最高的营养物质，在体内氧化时所产生的能量为同等质量碳水化合物的 2.25 倍。脂肪体积小而含能高，是动物贮存能量的最好形式。当动物摄入过量的含能物质时，便以体脂肪的形式将能量贮存起来。这对放牧动物安全越冬具有重要意义。

3. **脂肪是脂溶性维生素的溶剂**　饲料中的维生素 A、维生素 D、维生素 E、维生素 K 及胡萝卜素，必须溶于脂肪中才能被动物消化、吸收和利用。当日粮中缺乏脂肪时，这些脂溶性维生素不能被消化吸收，其代谢发生障碍，出现脂溶性维生素的缺乏症。

4. **脂肪供给幼年动物必需脂肪酸**　脂肪中的亚油酸、亚麻油酸和花生油酸，在动物体内不能合成，必须由饲料脂肪供给，故称为必需脂肪酸。必需脂肪酸对幼年动物具有重要的营养作用。是细胞膜结构的主要成分；是合成前列腺素的原料且与精子形成有关；它参与磷脂的合成和胆固醇的正常代谢。幼年动物缺乏时，常发生皮肤鳞片化、皮下出血水肿、尾部坏死、生长停滞等症状。

一般植物油均含有必需脂肪酸。成年反刍动物瘤胃微生物也能合成。

5. **脂肪对动物体具有保护作用**　动物体内的脂肪导热性差，动物皮下脂肪层在冬季可起到防止体热散失、维持体温恒定的作用。内脏器官周围沉积的脂肪具有固定和保护器官以及缓和外力冲击的作用。

6. **脂肪是动物产品的成分**　肉、蛋、奶、皮、毛等动物产品中含有一定数量的脂肪，但这些脂肪多由糖转化而来。

在饲养实践中，日粮脂肪含量以 3%～5% 为宜。绝大部分植物性饲料中脂肪含量均能满足动物需要，不必单独添加，只有长期单独饲喂脂肪含量很低的秸秆和根茎类饲料时，才有可能缺乏脂肪。

小资料：饲料脂肪性质与动物体脂肪品质的关系

反刍动物的饲料主要是牧草和秸秆类，这些粗饲料中的不饱和脂肪酸含量很高。但不饱和脂肪酸在反刍动物的瘤胃内可经细菌的氢化作用而转化为饱和脂肪酸，再经肠壁吸收后合成体脂肪。因此，反刍动物体脂肪中不饱和脂肪酸的含量很少，体脂肪较为坚实。这说明反刍动物体脂肪的品质受饲料脂肪性质的影响极小。

猪对不饱和脂肪酸不能进行氢化作用，它所采食饲料脂肪的性质直接影响体脂肪的品质。试验证明，在猪催肥期喂给含脂肪较多的玉米或米糠（植物性饲料中脂肪多为不饱和脂肪酸），可使猪体脂肪变软，易于酸败，不适于制作腌肉和火腿等肉制品。因此，在猪的肥育后期应少喂脂肪含量高的饲料，多喂富含淀粉的大麦等饲料，减少和控制含脂肪多的玉米和米糠的用量。采取这种措施，既可保证猪肉的优良品质（脂肪白色、硬度高），又可降低饲养成本。

走进生产　油脂是一种优质的高能饲料，具有多种饲用价值和功能。1953 年，美国最先在饲料中使用油脂。随着动物营养研究的不断深入和现代动物生产、动物福利要求的提高，日粮添加油脂日益受到推崇。

饲用油脂主要分为动物性油脂和植物性油脂，其饲用价值表现在：①除能提供能量外，尚能提供动物所必需的脂肪酸（亚油酸、亚麻酸和花生四烯酸）；②可促进脂溶性维生素 A、维生素 D、维生素 E、维生素 K 以及类胡萝卜素（色素）的有效吸收利用和转运；③改善饲料适口性和外部感观，提高采食量和日增重、改善饲料转化率，提高生产性能；④在饲料加工方面可减少粉尘和饲料浪费，减少机械磨损，防止饲料组分分级，提高颗粒饲料质量。

💧 **边学边练**

1. 解释 饱和脂肪酸 不饱和脂肪酸 必需脂肪酸

2. 填空

（1）根据脂肪结构不同，通常把脂肪分为_____和_____两大类。由甘油和脂肪酸结合而成的脂肪称为_____。

（2）不饱和脂肪酸能够与____结合转化为饱和脂肪，这种作用称为_____作用。

（3）脂肪中含有_____越多，其_____就越小，_____也就越低。

3. 简答

（1）脂肪有何营养作用？

（2）饲料脂肪性质与动物体脂肪品质有何关系？

（3）为提高动物产品品质，应如何调整日粮结构？

课题六　矿物质与动物营养

❓ **问题探究**　动物为什么需要矿物质元素？根据哪些症状判断其营养缺乏症？生产中如何满足供应而抑制其营养缺乏症发生？

必需矿物质元素按照在体内含量多少分为必需常量矿物质元素和必需微量矿物质元素两种。其中，必需常量矿物质元素包括钙、磷、钾、钠、氯、镁、硫等 7 种。必需微量矿物质元素包括铁、铜、钴、锌、锰、硒、碘、钼、氟等 20 种。

知识 1　必需常量矿物元素

一、钙 和 磷

1. 营养生理作用　机体中 99％的钙和 80％的磷存在于骨骼和牙齿中，为骨骼和牙齿的主要成分；钙抑制神经和肌肉兴奋性，当血钙含量低于正常水平时，神经和肌肉兴奋性增强，引起动物抽搐；钙可促进凝血酶的致活，参与正常血凝过程；钙是多种酶的活化剂或抑制剂。

磷除了参与骨骼和牙齿的构成外，还参与糖的氧化和酵解、脂肪酸的氧化和蛋白质分解等多种物质代谢；磷作为 ADP 和 ATP 的成分在能量贮存与传递过程中起着重要作用；磷还是 RNA、DNA 及辅酶Ⅰ、Ⅱ的成分，与蛋白质的生物合成及动物的遗传有关；另外，磷也是细胞膜和血液中缓冲物质的成分。

2. 钙、磷缺乏症

（1）食欲不振，生产力、繁殖力下降。

（2）异嗜癖。指动物喜欢啃食泥土、石头等异物，互相舔食被毛或咬耳朵。母猪吃仔猪，母鸡啄食鸡蛋等。缺磷时异嗜癖表现更为明显。

（3）幼年动物患佝偻症。幼年动物患佝偻症，表现为骨端粗大、关节肿大、四肢弯曲、呈"X"形或"O"形。肋骨有"念珠状"突起。骨质疏松，易骨折。幼猪多呈犬坐姿势（图1-8），严重时后肢瘫痪。犊牛四肢畸形、弓背。

（4）成年动物患软骨症。此症常发生于妊娠后期及产后母畜、高产奶牛和产蛋鸡。为供给胎儿生长或产奶、产蛋的需要，动物过多地动用骨骼中的贮备，造成骨质疏松。母牛、母猪常于分娩前后瘫痪（图1-9）。

图1-8　磷缺乏症的猪

图1-9　牛典型的生产瘫痪

3. 钙、磷的合理补充

（1）影响钙、磷吸收的因素。

①酸性环境。饲料中的钙可与胃液中的盐酸化合生成氯化钙被胃壁吸收。增强小肠酸性的因素均有利于钙、磷的吸收。

②钙、磷比例。一般动物，钙、磷比例为1～2∶1时吸收率高。

③维生素D。维生素D可促进钙、磷吸收与沉积。动物在冬季舍饲期间，满足维生素D的供应更为重要。

④饲粮中过多的脂肪、草酸、植酸的影响。饲粮中脂肪过多，易与钙结合成难溶的钙皂，甜菜叶等青绿饲料中的草酸和植物中的植酸均影响钙的吸收。反刍动物瘤胃中微生物水解植酸磷、分解草酸的能力很强，不影响其对钙、磷的吸收。

（2）钙、磷的来源与补充。

①饲喂富含钙、磷的天然饲料。钙、磷含量高的动物性饲料，如鱼粉、肉骨粉等。豆科植物，如大豆、苜蓿、花生秧等含钙丰富。

②补饲矿物质饲料。如含钙的蛋壳粉、贝壳粉、石灰石粉、石膏粉等。含钙、磷的蒸骨粉、磷酸氢钙等。

③加强动物的户外运动。多晒太阳，使动物被毛、皮肤、血液中的7-脱氢胆固醇大量转变为维生素D_3，或在饲粮中添加维生素D。

④对饲料地、牧草地多施含钙、磷的肥料，以增加饲料中钙、磷含量。

⑤优良贵重的种用动物可采用注射维生素D和钙的制剂或口服鱼肝油的方法补充钙、磷。

二、钾、钠与氯

这3种元素又称为电解质元素，主要分布于动物体液和软组织中。

1. 营养生理作用　钾可维持细胞内液渗透压的稳定、调节酸碱平衡；参与蛋白质和糖的代谢；提高神经肌肉的兴奋性。分布在畜体体液和软组织中的钠、氯，共同维持体液的渗透压和调节酸碱平衡，调控水的代谢。另外，钠、氯也可提高神经肌肉的兴奋性，并参与神经冲动的传递；以重碳酸盐形式存在的钠可抑制反刍动物瘤胃中产生过多的酸，为瘤胃微生物活动创造适宜环境；氯为胃液盐酸的成分，能激活胃蛋白酶，活化唾液淀粉酶，刺激唾液分泌，提高动物食欲。

2. 钾、钠、氯缺乏症及其过量的危害　植物性饲料，尤其是幼嫩植物中钾含量高。一般情况下，动物不会缺钾。动物缺少钠和氯表现为：食欲不振，被毛脱落，生长停滞，生产力下降。并表现拱土毁圈、喝尿、舔脏物、猪相互咬尾等异嗜癖。重役动物由汗液排出大量钠和氯，可发生急性食盐缺乏症。

钾过量则影响钠、镁的吸收，甚至引起"缺镁痉挛症"。食盐过多、饮水量少，会引起动物中毒。猪和鸡对食盐过量较为敏感，容易发生食盐中毒。

3. 钠和氯的来源与补充　除鱼粉、酱油渣等含盐饲料外，多数饲料中均缺乏钠和氯。食盐是动物钠和氯的最好来源。一般猪饲料中添加食盐的量占混合精料的 $0.25\%\sim0.5\%$，鸡占 $0.35\%\sim0.37\%$（应将食盐含量高的饲料中的含盐量计算在内）。

三、镁

1. 营养生理作用　约有 70% 的镁参与骨骼和牙齿的构成，以维持骨和牙的硬度；镁具有抑制神经和肌肉兴奋性及维持心脏正常功能的作用；镁是多种酶的活化剂；镁参与遗传物质 DNA、RNA 和蛋白质的合成。

2. 镁缺乏症　镁缺乏症主要见于反刍动物，乳牛、肉牛和绵羊均有发生。

反刍动物缺镁症可分为两种类型：一种类型是长期饲喂缺镁日粮，导致犊牛和羔羊痉挛，称为"缺镁痉挛症"；另一种类型是早春放牧的反刍动物，采食含镁量低（低于干物质的 0.2%）、吸收率也低（平均 7%）的青牧草而发生的"草痉挛"缺镁症，主要表现为神经兴奋性增高，肌肉痉挛，呼吸弱，厌食，生长受阻等。

3. 镁来源与补充　镁普遍存在于各种饲料中，尤其是糠麸、饼粕和青绿饲料中含镁量高。谷实类、块根块茎类中也含有较多的镁。缺镁地区的反刍动物，可采用氧化镁、硫酸镁或碳酸镁进行补饲。患"草痉挛"的反刍动物，早期注射硫酸镁或将 2 份硫酸镁混合 1 份食盐让其自由舔食均可以治愈。

四、硫

1. 营养生理作用　硫参与被毛、羽毛、蹄爪等角蛋白合成，参与碳水化合物代谢，参与胶原蛋白和结缔组织代谢。

2. 硫缺乏症　动物缺硫时表现为消瘦，角、蹄、爪、毛、羽生长缓慢。反刍动物用尿素作为唯一的氮源而不补充硫时，也可能出现缺硫症状，致使动物利用粗纤维的能力降低，食欲下降，体重减轻，生产性能下降。禽类缺硫易发生啄癖，影响羽毛质量。

3. 硫来源与补充　动物性蛋白质饲料中含硫丰富，如鱼粉、肉粉和血粉等含硫量可达 $0.35\%\sim0.85\%$。动物日粮中的硫一般都能满足动物需要，不需要额外补饲，但在动物脱毛、换羽期间，为加速脱毛、换羽的进行，以尽早恢复正常生产，可补饲硫酸盐。

一、铁、铜与钴

这 3 种元素的共同点是均参与造血功能，并参与体内抗体的形成。

1. 营养生理作用　铁是合成血红蛋白和肌红蛋白的原料；铁参与机体内的物质代谢及生物氧化过程，催化各种生化反应；转铁蛋白除运载铁以外，还有预防机体感染疾病的作用。

铜对造血起催化作用，促进合成血红素；直接参与体内代谢；铜参与骨的形成；铜在维持中枢神经系统功能上起着重要作用；铜影响被毛的生长并参与被毛中黑色素的形成过程；铜对维持动物的妊娠过程、繁殖率及种蛋的孵化率均有影响；增强机体免疫力。

钴是维生素 B_{12} 的成分，维生素 B_{12} 促进血红素的形成，在蛋白质、蛋氨酸和叶酸等代谢中起重要作用；钴与蛋白质和碳水化合物代谢有关。

2. 铁、铜、钴缺乏症及其过量的危害　成年动物不易缺铁。哺乳幼畜，尤其是仔猪容易发生缺铁症。初生仔猪体内储铁量为 30～50mg，正常生长每天需铁 7～8mg，而仔猪每天从母乳中仅得到约 1mg 的铁。如不及时补铁，3～5 日龄即出现贫血症状，表现为食欲降低、体弱、轻度腹泻、皮肤和可视黏膜苍白、血红蛋白量下降、呼吸困难，严重者 3～4 周龄死亡。

缺铜时，影响动物正常的造血功能；血管弹性硬蛋白合成受阻、弹性降低，从而导致动物血管破裂死亡；长骨外层很薄，骨畸形或骨折；羔羊表现为"摆腰症"；羊毛生长缓慢，失去正常弯曲度，毛质脆弱；有色毛褪色，黑色毛变为灰白色；免疫力下降；繁殖力降低。

铜过量可危害动物健康，甚至中毒。每千克饲料干物质含铜量：绵羊超过 50mg、牛超过 100mg、猪超过 250mg、雏鸡 300mg 均会引起中毒。

动物缺钴或维生素 B_{12} 合成受阻，表现为食欲不振、生长停滞、体弱消瘦、黏膜苍白等贫血症状。反刍动物瘤胃中微生物能利用钴合成维生素 B_{12}。

3. 铁、铜与钴来源和补充　幼嫩青绿饲料、鱼粉、血粉等含铁丰富，仔猪出生后 2～3d 注射右旋糖酐铁钴合剂，对预防仔猪贫血十分有效。也可用硫酸亚铁、氯化铁、酒石酸铁、葡萄糖酸铁等补饲。还可用新鲜红黏土让仔猪拱食。

饲料中铜分布广泛，尤其是豆科牧草，大豆饼、禾本科籽实及副产品中含铜较为丰富，动物一般不易缺铜。缺铜地区的牧地可施用硫酸铜化肥或直接给动物补饲硫酸铜。在生长猪饲粮中，补饲大剂量的铜（150～250mg/kg），已被证明有促进生长和增重、改善肉质、提高饲料转化率的作用。

各种饲料均含微量的钴，一般都能满足动物的需要。

二、硒

1. 营养生理作用　硒参与体内抗氧化作用；保护细胞膜结构完整和功能正常；促进脂类和脂溶性物质消化吸收；促进蛋白质、DNA 与 RNA 的合成并刺激动物的生长；硒与肌肉的生长发育和动物的繁殖密切相关；对胰腺的组成和功能也有重要影响；增强机体免疫力；有颉颃和降低汞、镉、砷等元素毒性的作用，并可减轻维生素 D 中毒引起的病变。

2. 硒缺乏症与硒中毒　实际生产中缺硒具有明显的地区性，我国东北、西北、西南及华东等省区为缺硒地区。缺硒时，猪和兔多发生肝细胞大量坏死而突然死亡，仔猪在 3～15 周龄易发生，死亡率高；3～6 周龄雏鸡患"渗出性素质病"，表现为胸腹部皮下有蓝绿色的体液聚集，皮下脂肪变黄，心包积水，严重缺硒时会因胰腺萎缩导致其分泌的消化液明显减少；幼年动物（尤以羔羊发病率高）缺硒患"白肌病"，因肌球蛋白合成受阻，致使骨骼肌和心肌退化萎缩，肌肉表面有白色条纹；缺硒时家畜的繁殖力下降；缺硒还会加重缺碘症状，并降低机体免疫力。

每千克饲粮中含有 0.1～0.15mg 的硒，动物就不会出现缺硒症；动物长期摄入每千克含 5～8mg 硒的饲料时，可发生慢性中毒；摄入 500～1 000mg 时，可发生急性中毒。

3. 预防或治疗缺硒症　可用亚硒酸钠维生素 E 制剂，作皮下或深度肌内注射，或将亚硒酸钠稀释后，均匀拌入饲粮中补饲。家禽可将亚硒酸钠溶于水中饮用，但要严格控制供给量。

三、锌

1. 营养生理作用　参与体内多种代谢过程；在蛋白质和核酸的生物合成中起重要作用；参与维持上皮组织健康与被毛正常生长；与动物呼吸有关；促进性激素的活性；与视力有关；参与骨骼和角质的生长并能增强机体免疫和抗感染力，促进伤口愈合。

2. 锌缺乏症　动物缺锌表现为食欲降低、采食量下降，生产性能降低，皮肤和被毛受损；繁殖性能降低、骨骼异常；皮肤不完全角质化症是很多动物缺锌的典型表现。此外，缺锌动物外伤愈合缓慢；缺锌机体免疫力下降。

3. 锌来源与补充　锌的来源广泛，幼嫩植物、酵母、鱼粉、麸皮、油饼类及动物性饲料中含锌均丰富。猪、鸡易缺乏。

四、锰

1. 营养生理作用　锰是酶的成分或激活剂，参与蛋白质、碳水化合物、脂肪及核酸代谢；锰参与骨骼生长；锰与动物繁殖有关；锰还与造血机能密切相关，并维持大脑的正常功能。

2. 锰缺乏症　以玉米为主食的猪、鸡易缺锰。缺锰时，采食量下降、生长发育受阻、骨骼畸形、关节肿大、骨质疏松、繁殖机能下降、神经受损、共济失调等。骨异常是缺锰的典型表现。生长鸡缺锰患"滑腱症"、腿骨粗短症，胫骨与跗骨接头肿胀，后腿腱从踝状突滑出，鸡不能站立，严重时死亡。反刍动物一般不易缺锰。

3. 锰来源与补充　植物性饲料中含锰较多，尤其糠麸类、青绿饲料中含锰较丰富。生产中采用硫酸锰、氧化锰等补饲。补饲蛋氨酸锰效果更好。

五、碘

1. 营养生理作用　碘在动物体内主要存在于甲状腺中。主要作用是形成甲状腺素，参与机体几乎所有物质的代谢过程。对动物生长发育、繁殖、红细胞生长和血液循环等起调控作用。

2. 碘缺乏症　缺碘会降低动物基础代谢，导致甲状腺肿大。碘缺乏症多见于幼龄动物，表现为生长缓慢，骨架小的"侏儒症"；妊娠动物缺碘，可导致胎儿发育受阻。母牛缺碘发情无规律，甚至不孕；雄性动物缺碘，精液品质下降，影响繁殖。

3. 碘来源与补充　缺碘地区动物要注意补碘。缺碘动物常用碘化食盐（含 $0.01\%\sim0.02\%$ 碘化钾的食盐）补饲。

📖 **知识窗**

预防幼龄动物贫血症的措施

铁、铜、钴可预防幼龄动物贫血症，生产中通常采用以下措施：

（1）补充铁、铜、钴。①仔猪生后 2d 内，在颈侧肌肉分点注射右旋糖酐铁钴合剂。②将 0.25% 的硫酸亚铁和 0.1% 的硫酸铜混合溶液滴在母猪乳头上让仔猪吸入。另外，给妊娠母猪和哺乳母猪添加铁蛋氨酸、铜蛋氨酸、钴蛋氨酸螯合物，效果更好。

（2）设置矿物质补饲槽。在槽内放入食盐或硫酸亚铁、硫酸铜、氯化钴等盐类，供动物自由舔食。

（3）开食与放牧。对仔猪应尽早地开食和放牧，以便仔猪从中获得铁、铜、钴等微量元素。

（4）饲喂幼龄动物富含蛋白质、维生素 B_6、维生素 B_{12} 和叶酸的饲料。

◀ **走进生产**　带领学生到饲养现场观察，或者在多媒体教室播放幻灯片，通过对动物缺乏症状的观察，达到能正确识别动物矿物质营养缺乏症的目的。

🌀 **边学边练**

1. 解释　必需矿物元素　微量元素　佝偻症　白肌病
2. 填空
（1）矿物元素中与调节机体渗透压和酸碱平衡有关的元素是：_____、_____、_____。
（2）幼龄动物长期缺钙，表现为_____，成年动物长期缺钙，则表现为_____。
3. 简答
（1）影响钙、磷吸收的因素有哪些？
（2）预防幼龄动物贫血症的综合措施有哪些？

课题七　维生素与动物营养

❓ **问题探究**　维生素在维持动物正常生理功能方面起到哪些作用？生产中如何避免动物维生素缺乏症的发生？

维生素是维持动物正常生理功能所必需的低分子有机化合物。它作为生物活性物质，在代谢中起调节和控制作用。根据其是否溶于水，分为脂溶性维生素和水溶性维生素两类。

知识 1　脂溶性维生素

一、维生素 A（抗干眼症维生素、视黄醇）

1. 理化特性　维生素 A 为黄色晶体，是不饱和一元醇。维生素 A 来源于动物体，植物中含有维生素 A 原，即类胡萝卜素，其中 β-胡萝卜素活性最强。类胡萝卜素在动物体内能转变成具有生理活性的维生素 A。维生素 A 和类胡萝卜素在阳光照射下或在空气中加热蒸煮时，或与微量元素及酸败脂肪接触条件下，极易被氧化而失去生理作用。

2. 营养生理作用与缺乏症

（1）维持动物在弱光下的视力。缺乏维生素 A 时动物在弱光下视力减退或完全丧失，患"夜盲症"。

（2）维持上皮组织的健康。缺乏维生素 A，上皮组织干燥和过度角质化，易受细菌侵袭而感染多种疾病。泪腺上皮组织角质化，发生"干眼症"，母猪流产及产瞎眼仔猪（图 1-10）；呼吸道或消化道上皮组织角质化，生长动物易引起肺炎或下痢；泌尿系统上皮组织角质化，易产生肾结石和尿道结石。

（3）促进幼龄动物的生长。维生素 A 能调节碳水化合物、脂肪、蛋白质及矿物质代谢。缺乏时，造成幼龄动物精神不振，食欲减退，生长发育受阻。

（4）参与性激素的形成。维生素 A 缺乏时动物繁殖力下降，妊娠母畜流产、难产、产弱胎、死胎或瞎眼仔畜。

（5）维持骨骼的正常发育。缺乏维生素 A 时，严重影响软骨骨化过程；骨骼造型不全，压迫中枢神经，出现运动失调、痉挛、麻痹等神经症状。

（6）具有抗癌作用。维生素 A 对某些癌症有一定治疗作用。如给动物口服或局部注射维生素 A 类物质，发现乳腺、肺、膀胱等组织上皮细胞癌前病变发生逆转。

（7）增强机体免疫力和抗感染能力。

3. 过量的危害　维生素 A 过量易引起动物中毒。对于非反刍动物及禽类，维生素 A 的中毒剂量是需要量的4～10 倍，反刍动物为需要量的 30 倍。

4. 合理供应　动物性饲料，如鱼肝油、肝、乳、蛋黄、鱼粉中均含有丰富的维生素 A。青绿饲料和胡萝卜中胡萝卜素最多，红、黄心甘薯、南瓜与黄色玉米中也较多。冬季，优质干草和青贮饲料是胡萝卜素的良好来源。

二、维生素 D（抗佝偻症维生素）

1. 理化特性　维生素 D 为无色晶体，性质稳定，耐热，不易被酸、碱、氧化剂所破坏。但紫外线过度照射、酸败的脂肪及碳酸钙等无机盐可破坏维生素 D。

维生素 D 种类很多，对动物有重要作用的有维生素 D_2（麦角钙化醇）和维生素 D_3（胆钙化醇），其天然来源：

植物体中：麦角固醇 $\xrightarrow{\text{紫外线}}$ 维生素 D_2。

动物体中：7-脱氢胆固醇 $\xrightarrow{\text{紫外线}}$ 维生素 D_3。

2. 营养生理作用与缺乏症　维生素 D 的主要功能是促进肠道钙、磷的吸收，促进钙、磷在骨骼和牙齿中沉积，有利于骨骼钙化。此外，维生素 D 与免疫功能有关。

缺乏维生素 D 易导致动物钙、磷代谢失调，幼年动物易患"佝偻症"；成年动物，尤其妊娠母畜和泌乳母畜易患"软骨症"；家禽除骨骼变化外，喙变软，蛋壳薄而脆或产软壳蛋，产蛋量及孵化率下降。

3. 过量的危害　对于大多数动物，连续饲喂超过需要量 $4\sim10$ 倍以上的维生素 D_3 可出现中毒症状。

图 1-10　妊娠母猪由于缺乏类胡萝卜素所产的瞎眼仔猪
（引自姚军虎，《动物营养与饲料》，2001）

4. 合理供应　动物性饲料，如鱼肝油、肝粉、血粉、酵母中都含有丰富的维生素 D，经阳光晒制的干草含有较多的维生素 D_2；加强动物的舍外运动，让其多晒太阳，或在饲粮中补饲维生素 D_3，雏鸡更应加强日光照射；对病畜可注射骨化醇。

三、维生素 E（抗不育症维生素、生育酚）

1. 理化特性　维生素 E 为黄色油状物，不易被酸碱及热所破坏，但却极易被氧化。它可在脂肪等组织中贮存。

2. 营养生理作用与缺乏症

（1）抗氧化作用。维持膜结构的完整和改善膜的通透性。

（2）维持正常的繁殖机能。缺乏时雄性动物繁殖力下降，甚至不孕不育、胎儿发育不良，胎儿早期被吸收或死胎；母鸡的产蛋率和孵化率均降低。

（3）保证肌肉的正常生长发育。缺乏时各种幼龄动物患"白肌病"，仔猪常因肝坏死而突然死亡。

（4）维持毛细血管结构的完整和中枢神经系统机能健全。雏鸡缺少维生素 E 时，毛细血管通透性增强，致使大量渗出液在皮下积蓄，患"渗出性素质病"。肉鸡饲喂高能量饲料缺少维生素 E，患"脑软化症"（图 1-11）。

（5）参与机体内物质代谢。

（6）增强机体免疫力和抵抗力。

（7）改善肉质。

3. 合理供应　谷实类的胚中维生素 E 含量丰富，青绿饲料、优质干草中含量也较多。

图 1-11　患"脑软化症"的肉鸡
（引自全国职业高中畜禽养殖类专业教材编写组，《畜禽营养与饲料》，1994）

四、维生素 K（抗出血症维生素）

1. 理化特性　维生素 K 是一类萘醌衍生物。维生素 K_1 和维生素 K_2 是天然产物，维生素 K_3 是人工合成的产品，其中大部分溶于水，效力高于维生素 K_2。维生素 K 耐热，但易被光、辐射、碱和强酸所破坏。

2. 营养生理作用与缺乏症　主要作用是参与凝血活动，加速血液凝固；与钙结合蛋白的形成有关，并参与蛋白质和多肽的代谢；具有利尿、强化肝解毒功能及降低血压等作用。

动物缺乏维生素 K 时，凝血时间延长，皮下、肌肉及胃肠道易出血。维生素 K 的缺乏症主要发生于禽类，母鸡缺少维生素 K 时，所产的蛋壳有血斑，孵化时，鸡胚也常因出血而死亡。

3. 合理供应　各种植物性饲料中均含有维生素 K_1（叶绿醌），尤其是青绿饲料中含量最为丰富。维生素 K_2 除动物性饲料中含量丰富外，还能在动物消化道（反刍动物在瘤胃，猪、马在大肠）中经微生物合成。因此，正常情况下家畜不会缺乏，而家禽因其合成能力差，特别是笼养鸡不能从粪便中获取维生素 K，易产生缺乏症。生产中常补饲维生素 K_3。

知识 2　水溶性维生素

一、B 族维生素

1. 维生素 B_1（硫胺素，抗神经炎维生素）　维生素 B_1 的分子结构中含有硫和氨基，故称硫胺素。维生素 B_1 是白色晶体粉末，在干燥和酸性溶液中很稳定，受热、遇碱易被破坏。

维生素 B_1 参与能量代谢；维持神经组织和心脏正常功能；维持胃肠正常消化机能；影响神经系统能量代谢和脂肪合成。

当维生素 B_1 缺乏时，动物会出现神经症状。头部后仰，神经变性和麻痹。鸡和犊牛都呈角弓反张，特别是生长速度快的鸡最易发生。现多将鸡的这种症状称为"观星状"（图 1-12）。猪缺乏维生素 B_1 时运动失调，厌食呕吐，消化紊乱。

此外，维生素 B_1 缺乏也可引起繁殖力下降，甚至丧失。

维生素 B_1 来源广泛，酵母是维生素 B_1 最丰富的来源，大多数饲料中维生素 B_1 含量都很丰富，特别是禾谷类籽实的加工副产品中更为丰富。

2. 维生素 B_2（核黄素）　维生素 B_2 由一个黄色素和一个核糖组成，故称核黄素。维生素 B_2 为橘黄色，耐热，易受紫外线及碱的破坏。

图 1-12　鸡维生素 B_1 缺乏症（"观星状"）

（引自杨久仙、宁金友，《动物营养与饲料加工》，2006）

维生素 B_2 的营养作用是通过辅酶来参与调节糖类的代谢、蛋白质代谢及脂肪代谢等。

猪缺乏维生素 B_2 时，表现为食欲减退，生长停滞，被毛粗乱，并常为脂腺渗出物所黏结，眼角分泌物增多及白内障。鸡缺乏维生素 B_2 时，典型症状为卷爪麻痹症（图 1-13）足爪向内弯曲，用跗关节行走，腿麻痹，母鸡产蛋率、孵化率下降。

维生素 B_2 在动物体内不能合成，只能由酵母菌、真菌等微生物合成。一般的青绿饲料、动物肝和酵母中含量较多。

图 1-13　鸡卷爪麻痹症

（引自杨久仙、宁金友，《动物营养与饲料加工》，2006）

3. **维生素 B_3（泛酸）**　维生素 B_3 广泛存在于植物界，故而也称泛酸或遍多酸。它在水中对热、氧化剂、还原剂都很稳定，但遇酸、碱、干热易被破坏。

维生素 B_3 是辅酶 A 的成分，在糖类、脂肪和蛋白质的三大营养物质代谢中起重要作用。

缺乏维生素 B_3 时，猪生长缓慢、运动失调，典型症状是出现"鹅步症"（图 1-14）、鳞片状皮炎、脱毛、肾上腺皮质萎缩；鸡生长受阻、皮炎、羽毛生长不良；雏鸡眼分泌物增多，眼睑周围结痂；母鸡产蛋率与孵化率下降。

图 1-14　猪的"鹅行步伐"

（引自姚军虎，《动物营养与饲料》，2001）

4. **维生素 B_5（维生素 PP，抗癞皮症维生素）**　维生素 B_5 包括烟酸（尼克酸）和烟酰胺（尼克酰胺），为白色结晶粉末，稳定性强，耐热、酸、碱和潮湿，在饲料中能长期存在。烟酸广泛存在于糠麸、酵母及青绿饲料中。在家畜体内可由色氨酸合成。

尼克酸在动物体内转变成尼克酰胺，动物以此合成许多脱氢酶的辅酶，在生物氧化中起传递氢的作用，参与视紫红质的合成；参与糖类、脂肪和蛋白质三大营养物质的代谢；促进铁吸收和血细胞的生成；维持皮肤的正常功能和消化腺分泌等；参与蛋白质和 DNA 合成。

缺乏维生素 B_5 时，生长猪患"癞皮症"、皮肤发炎、结"黑痂"、被毛粗乱、生长缓慢、消化机能紊乱、呕吐、腹泻；鸡表现为口腔炎、皮炎、羽毛蓬乱、生长缓慢、下痢；母鸡产蛋率和孵化率下降。

5. 维生素 B_6（吡哆醇、吡哆醛、吡哆胺）　维生素 B_6 包括吡哆醇、吡哆醛和吡哆胺。在酸性溶液中稳定，而在碱性溶液中极易被破坏，极易被光所破坏，在空气中颇稳定。

在氨基酸代谢中可形成转氨酶、脱羧酶的辅酶，参与氨基酸、蛋白质、脂肪和碳水化合物代谢；促进血红蛋白中原卟啉的合成。

缺乏维生素 B_6 时，幼龄动物食欲下降、生长发育受阻、皮肤发炎、心肌变性；猪贫血、皮肤粗糙、生长停滞、运动失调、阵发性抽搐或痉挛；鸡则发生眼睑水肿，使眼闭合，羽毛粗糙、脱落，也表现异常兴奋、惊跑、种蛋孵化率下降。猪在应激状态应补充维生素 B_6。

维生素 B_6 广泛存在于谷物、豆类、种子外皮中，酵母、肝、肌肉、乳清和蔬菜等都是维生素 B_6 的丰富来源。

6. 维生素 B_7（生物素）　维生素 B_7 在动物体内以各种羧化酶的形式广泛参与糖类、蛋白质、脂肪 3 种有机物代谢，主要起传递 CO_2 的作用，它和碳水化合物与蛋白质转化为脂肪有关，与溶菌酶活化和皮脂腺功能有关。

动物缺乏维生素 B_7，常表现为生长不良、皮炎及被毛脱落等症状。猪后腿痉挛、皮肤干燥、鳞片和以棕色渗出物为特征的皮炎；鸡喙及眼周围发生皮炎、生长缓慢、种蛋孵化率降低。

维生素 B_7 广泛存在于动、植物界，常温下相当稳定，但高温和氧化剂易使其丧失活性。一般情况下，动物不会缺乏。

7. 维生素 B_{11}（叶酸）　维生素 B_{11} 广泛存在于植物界，因绿叶含量丰富，故称为叶酸。叶酸为黄色结晶粉末，在碱性和中性条件下对热稳定，在水溶液中易被光破坏。一般情况下，动物不会缺乏。

叶酸能促进血细胞、白细胞的形成和成熟，抗贫血，它与体内一碳基团转移酶系统的辅酶参与核酸的代谢。

动物缺乏叶酸的特征是呈现营养性贫血、生长缓慢及停滞，慢性下痢，被毛粗乱，繁殖机能和免疫机能下降，皮炎等。

8. 维生素 B_{12}（钴胺素，抗恶性贫血维生素）　维生素 B_{12} 因分子中含有氨基和三价的钴，故又称钴胺素，是唯一一种分子中含有金属元素的维生素。维生素 B_{12} 为深红色结晶粉末，对热较稳定，但在强酸、强碱、光照、氧化剂、还原剂条件下易被破坏。

维生素 B_{12} 在体内参与一碳基团的转移、某些氨基酸的合成以及碳水化合物和脂肪的代谢；促进红细胞的发育成熟、维持神经系统的完整。

维生素 B_{12} 缺乏时，会产生恶性贫血及代谢障碍，动物最明显的症状是生长受阻，继而表现为步态的不协调和不稳定。母畜受胎率、繁殖率和产后泌乳量下降。鸡缺乏维生素 B_{12} 的主要表现为生长迟缓、饲料利用率降低、种蛋孵化率下降，雏鸡在缺乏维生素 B_{12} 的同时，若缺乏胆碱或甲硫氨酸，可出现"滑腱症"。

二、胆　碱

胆碱是类脂的成分，具有明显的碱性。胆碱对热稳定，但在强酸条件下不稳定，吸湿性强，也易溶于水，胆碱可在肝中合成，组成乙酰胆碱，在动物代谢过程中具有很重要的作用。

1. 营养生理作用与缺乏症 胆碱是构成和维持细胞的结构，保证软骨基质成熟必不可少的物质，并能防治骨短粗病的发生；胆碱参与肝脂肪代谢，防止脂肪肝的形成；胆碱在机体内作为甲基的供体参与甲基转移；胆碱还是神经递质—乙酰胆碱的重要成分，参与神经冲动的传导。

动物缺乏胆碱时，表现为生长发育缓慢、贫血、衰竭无力、关节肿胀、运动失调、消化不良等。脂肪代谢障碍，易发生肝脂肪浸润而形成脂肪肝；鸡缺乏胆碱时，比较典型的症状是"骨粗短病"和"滑腱症"。母鸡产蛋量减少，甚至停产，孵化率下降；猪缺乏胆碱时，后腿叉开站立，行动不协调。

2. 合理供应 胆碱广泛存在于各种饲料中，以绿色植物、豆饼粕、花生饼、谷实类、酵母、鱼粉、肉粉及蛋黄中最为丰富。因此，一般不易缺乏。

三、维生素 C（抗坏血病维生素、抗坏血酸）

维生素 C 为己糖衍生物。为白色或微黄色粉状结晶，有酸味，在弱酸中稳定，而在碱性及氧化剂存在下易被破坏。动物均能在肝、肾、肾上腺及肠中利用单糖合成，而人体不能合成。

1. 营养生理作用与缺乏症 维生素 C 参与细胞间质胶原蛋白的合成；在机体生物氧化过程中，起传递氢和电子的作用；可缓解铅、砷、苯及某些细菌毒素的毒性，阻止体内致癌物质亚硝基胺的形成，有预防癌症及抗氧化作用；促进铁的吸收；可促进叶酸变为具有活性的四氢叶酸，并刺激肾上腺皮质素等多种激素的合成；维生素 C 还能促进抗体的形成和白细胞的噬菌能力，增强机体免疫功能和抗应激能力。

维生素 C 缺乏时，毛细血管的细胞间质减少，通透性增强而引起皮下、肌肉、肠道黏膜出血。骨质疏松易折、牙龈出血、牙齿松脱、创口溃疡不易愈合、患"坏血症"；动物食欲下降、生长阻滞、体重减轻、活动力丧失、皮下及关节弥漫性出血、被毛无光、贫血、抵抗力和抗应激力下降；母鸡产蛋量下降、蛋壳质量降低。

2. 合理供应 维生素 C 来源广泛，青绿饲料、块根鲜果中含量均丰富。况且，动物体内又能合成。因此，饲养中一般不用补饲，但动物处在高温、寒冷、运输等应激状态下必须额外补充。日粮中能量、蛋白质、维生素 E、硒和铁等不足时，也会增加对维生素 C 的需要量。

四、影响维生素需要量的因素

1. 动物因素 动物对维生素的需要量在很大程度上取决其种类、年龄、生理时期、健康与营养状况及生产水平等。

2. 维生素颉颃物 饲料中含有某种维生素颉颃物时，维生素的需要量会增加。

3. 应激因素 各种应激因素均可增加维生素的需要量，尤其是维生素 C。

4. 集约化饲养 集约化饲养导致动物日光照射不足，进而导致维生素 D 缺乏。

5. 日粮中营养成分 如日粮中脂肪含量不足时，脂溶性维生素的吸收受到影响，其需要量增加；雏鸡饲料锰含量不足时，尼克酸不易利用；蛋白质的供给量增加时，维生素 B_6 的需要量随之增加。

→ **走进生产**　带领学生到饲养现场观察，或者在多媒体教室播放幻灯片，通过对动物维生素缺乏症状的观察，达到能正确识别动物维生素营养缺乏症的目的。

边学边练

1. 填空

（1）微量元素硒、维生素 E 的主要缺乏症有＿＿＿＿＿、＿＿＿＿＿、＿＿＿＿＿和＿＿＿＿＿。

（2）根据其是否溶于水，可将维生素分为：＿＿＿＿＿和＿＿＿＿＿两类。

（3）脂溶性维生素包括＿＿＿＿＿、＿＿＿＿＿、＿＿＿＿＿、＿＿＿＿＿。水溶性维生素包括＿＿＿＿＿、＿＿＿＿＿、＿＿＿＿＿。

（4）缺少维生素 A，在弱光下，动物视力减退或完全丧失，患＿＿＿＿＿。

（5）缺乏维生素＿＿＿＿＿易导致动物钙、磷代谢失调，幼年动物患"佝偻症"。成年动物，尤其妊娠母畜和泌乳母畜易患＿＿＿＿＿。

（6）雏鸡缺少维生素＿＿＿＿＿时，毛细血管通透性增强，致使大量渗出液在皮下积蓄，患"渗出性素质病"。

（7）当＿＿＿＿＿缺乏时，动物会出现神经症状。头部后仰，神经变性和麻痹。鸡和犊牛都呈角弓反张，特别是生长速度快的鸡最易发生。现多将鸡的这种症状称为＿＿＿＿＿。

2. 判断并改错

（1）当猪缺乏维生素 B_1 时，猪生长缓慢，运动失调，典型症状是出现"鹅步症"。（　　　）

（2）缺乏尼克酸时生长猪患"癞皮症"。（　　　）

（3）维生素 B_7 是唯一一种分子中含有金属元素钴的维生素。（　　　）

（4）反刍动物日粮中一定要供应水溶性维生素。（　　　）

3. 综合分析异食癖、佝偻病、仔猪贫血症的发病原因，并结合生产实际提出解决办法。

课题八　能量与动物营养

? **问题探究**　生产中如何提高饲料能量利用效率？

知识 1　动物体内能量的来源与衡量单位

1. 动物体内能量来源　动物所需要的能量来源于饲料中的 3 种有机物：碳水化合物、脂肪和蛋白质。3 种主要有机物的平均能值为：碳水化合物 17.35kJ/g，蛋白质 23.64kJ/g，脂肪 39.54kJ/g。虽然碳水化合物的能值较蛋白质、脂肪低，但其来源广泛，因此，动物能量的主要来源是碳水化合物。碳水化合物中的各种淀粉、寡糖是单胃动物能量的主要来源，而反刍动物除从这些物质中得到能量外，主要是通过瘤胃中微生物对碳水化合物中粗纤维素的发酵，得到它所需要的大部分能量。脂肪是特殊情况时动物所需能量的补充。动物在绝食、产奶、产蛋等过程中也可动用体内贮存的糖原、脂肪和蛋白质供能。但是，这种方法供能比直接用饲料供能效率低。

2. 能量的衡量单位　能量用千焦（kJ）、兆焦（MJ）表示。

知识2　饲料能量在动物体内的转化

一、饲料能量在动物体内的转化

饲料中3种有机物在动物体内的代谢实际上是伴随着能量的转化过程进行的。动物食入的能量、损耗的能量及沉积的能量，是按照能量守恒定律进行的，称为能量平衡。

1. 饲料中的能量在动物体内的转化过程（图1-15）。

2. 能量在动物体内的转化规律

（1）总能（GE）。饲料中3种有机物质完全燃烧（体内为氧化）所产生的能量总和称为总能。其表示单位，一般用千焦/克或兆焦/千克。含脂肪高的饲料，总能值也高。总能是评定能量代谢过程中其他能值的基础。

（2）消化能（DE）。饲料的可消化营养物质中所含的能量为消化能。动物采食饲料后，未被消化吸收的营养物质等由粪便排出体外，粪便燃烧所产生的能量为粪能（FE）。

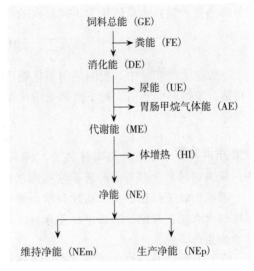

图1-15　饲料能量在动物体内的转化过程

饲料表观消化能（ADE）＝饲料总能（GE）－粪能（FE）

表观消化能低于真消化能，但生产实践中多应用表观消化能。

（3）代谢能（ME）。饲料的可利用营养物质中所含的能量称为代谢能。也可以表示为饲料消化能减去尿能及消化道可燃气体的能量后剩余的能量。

饲料中被吸收的营养物质，在利用过程中有两部分能量损失。一是尿中蛋白质的尾产物尿素、尿酸等燃烧所产生的尿能；二是碳水化合物在消化道经微生物酵解所产生的气体中甲烷燃烧所产生的能量，即胃肠甲烷气体能。这些气体经肛门、口腔和鼻孔排出。则：

代谢能（ME）＝消化能（DE）－尿能（UE）－胃肠气体能（AE）

或：代谢能（ME）＝总能（GE）－粪能（FE）－尿能（UE）－胃肠气体能（AE）

通常所说的代谢能，系指表观代谢能。用代谢能评定饲料的营养价值和能量需要，比消化能更进一步明确了饲料能量在动物体内的转化与利用程度。

（4）净能（NE）。净能是饲料中用于动物维持生命和生产产品的能量，即饲料的代谢能减去体增热即为净能。

净能（NE）＝代谢能（ME）－体增热（HI）

或：净能（NE）＝总能（GE）－粪能（FE）－尿能（UE）－胃肠气体能（AE）－体增热（HI）

　　代谢能在动物体内转化过程中，还有部分能量以体增热的形式损失掉。体增热又称热增耗（HI），是指绝食动物在采食后，短时间内体内产热高于绝食代谢产热的那部分热能，它由体表散失。例如，犬在绝食状态下，体表散发热能为 418.4kJ，而给犬饲喂含 418.4kJ 热能的肉，数小时后体表散发热能为 547.69kJ，所增加的 129.29kJ 热能即为犬的体增热。

　　净能是指饲料总能中完全用来维持动物生命活动和生产产品的能量。前者称为维持净能（NE_m），后者称为生产净能（NE_p）。

　　由上可见，动物采食饲料能量后，经消化、吸收、代谢及合成等过程，大部分能量（70%～80%）以各种废能的形式（粪能、尿能、气体能、体增热、维持净能）损失掉，仅有少部分食入饲料能量转化为不同形式的产品净能供人类使用。

二、动物的能量体系

　　一般在生产实践中，我国采用消化能作为猪、羊的能量指标，以表示猪、羊对能量的需要和猪、羊饲料的能值。对于禽则采用代谢能作为能量指标。对反刍动物则采用净能作为能量指标。

　　走进生产　合理利用饲料能量，提高饲料能量利用效率是动物饲养中的一项重要任务。提高饲料能量利用率的营养学措施包括以下 3 个方面：

　　①减少能量转化损失。通过科学合理的饲料配制、加工及饲喂技术，可减少能量在转化过程中粪能、尿能、胃肠甲烷气体能、体增热等各种能量的损失，减少动物的维持消耗，以增加生产净能。

　　②全面满足动物营养需要。合理选择饲料原料，依据饲养标准，科学配制饲粮，尤其应供给动物氨基酸平衡的蛋白质营养及适宜的粗纤维水平。

　　③减少维持需要。生产实践中，可采取多种措施减少维持需要。例如，对育肥动物，在保证健康的前提下，减少不必要的运动；创造适宜的圈舍温度，做到冬暖夏凉；蛋用禽类和种用动物的体重控制为标准体重；合理的饲养水平；适宜的饲养密度，加强动物的饲养管理，以减少或防止疾病带来的能量消耗。

边学边练

　　1. 解释　总能　消化能　净能　体增热　代谢能

　　2. 简答

　　（1）简述能量在动物体内的转化过程。

　　（2）提高饲料能量利用率的营养学措施有哪些？

　　课堂讨论：反刍动物酮病发生的原因分析。

第二单元

饲料原料及其加工调制

 学习目标

（1）理解饲料概念；国际饲料分类法的依据；粗饲料的种类及营养特性；青绿饲料的营养特性；能量饲料的概念与分类；常见谷实类和糠麸类饲料的营养特点及其饲用价值；蛋白质饲料的概念与种类；常见蛋白质饲料的营养特点及其饲用价值；常用矿物质饲料的补充形式；饲料添加剂的概念与分类；常用添加剂的种类。

（2）掌握青干草调制、贮藏及品质鉴定技术；农副产品氨化调制及品质鉴定技术；青贮饲料的制作、品质鉴定和使用技术要点。

课题一 饲料的概念与分类

问题探究 生产中饲料种类繁多，组成复杂，养分差别大，如何掌握饲料特性？

知识 饲料的概念与分类

能提供饲养动物所需养分、保证健康、促进生长和生产，在合理使用下不发生有害作用的可食物质，称为饲料。某些能强化饲养效果的非营养性添加剂等也划归在饲料范围之内。饲料是畜牧业的物质基础，动物产品如肉、奶、蛋、皮、毛，役用动物劳役所需能量等，都是动物采食饲料后其养分在体内转化而产生的。

全世界可用作饲料的原料多种多样，包括人类食品生产的副产品共有2 000种以上。对饲料进行系统地、准确地分类和命名是饲料生产商品化后的必然要求。

一、国际饲料分类法

以各种饲料干物质中主要营养特性为依据，将饲料分为八大类。

1. **粗饲料** 是指饲料干物质中粗纤维含量≥18%，以风干物为饲喂形式的饲料。植物地上部分经收割、干燥制成的干草或随后加工而成的干草粉；脱谷后的农副产品，如秸秆、

秕壳、藤蔓、荚皮、秸秧等；农产品加工副产物糟渣类，加工提取原料中淀粉或蛋白质等物质后的饲料等，均属粗饲料。

2. 青绿饲料　是指天然水分含量在45%以上的新鲜青绿的植物性饲料。如以放牧形式饲喂的人工栽培牧草、天然草地牧草、鲜树叶、水生植物及菜叶等，均属于青绿饲料。

3. 青贮饲料　是指青饲原料在厌氧条件下，经过乳酸菌发酵调制和保存的一种青绿多汁饲料，如玉米、甘薯藤等青贮饲料。

4. 能量饲料　凡饲料干物质中粗纤维含量低于18%，粗蛋白质含量在20%以下，每千克含消化能在10.46MJ以上的饲料，均称为能量饲料，如玉米、小麦等谷实类饲料。

5. 蛋白质饲料　凡饲料干物质中粗纤维含量<18%，粗蛋白质含量≥20%的饲料，均称为蛋白质饲料。如大豆饼粕、花生饼粕、鱼粉等。

6. 矿物质饲料　是指可供饲用的天然矿物质及化工合成无机盐类。如食盐、石粉等。贝壳粉和骨粉来源于动物，但主要用来提供矿物质营养素，故也划入此类。

7. 维生素饲料　是指由工业合成或提纯的维生素制剂，但不包括富含维生素的天然青绿饲料在内。维生素A、B族维生素等均属此类。

8. 饲料添加剂　是指在配合饲料中加入的各种少量或微量成分。如氨基酸、抗氧化剂、防霉剂、着色剂等。

二、中国饲料分类法

中国饲料分类法是在国际饲料分类法的基础上，结合中国传统饲料分类习惯将饲料划分为17个亚类，两者结合，对每类饲料冠以相应的中国饲料编码，编码分3节，共7位数，其首位为八大类分类编号。第2、3位为亚类编号，第4~7位为具体饲料顺序号。例如，吉双4号玉米的分类编码是4-07-6302，表明是第4大类能量饲料，07则是表示属谷实，6302则是吉双4号玉米籽实饲料属性相同的科研成果平均值的个体编码。我国现行饲料分类见表2-1。

表2-1　中国现行饲料分类及第2、3位编码

第2、3位码	饲料种类名称	前三位分类码的可能形式
01	青绿植物	2-01
02	树叶	1-02，2-02
03	青贮饲料	3-03
04	块根、块茎、瓜果	2-04，4-04
05	干草	1-05
06	农副产品	1-06
07	谷实	4-07
08	糠麸	4-08，1-08
09	豆类	5-09，4-09
10	饼粕	5-10，4-10
11	糟渣	1-11，4-11，5-11
12	草籽、树实	1-12
13	动物性饲料	5-13
14	矿物质饲料	6-14
15	维生素饲料	7-15
16	饲料添加剂	8-16
17	油脂类饲料及其他	8-17

三、按饲料的来源分类

按饲料的来源分类可将饲料分为植物性饲料（如玉米、牧草等），动物性饲料（如鱼粉、骨粉等），矿物质饲料（如石粉、磷酸氢钙）和特种饲料（如尿素）四大类。

1. 植物性饲料　包括青绿饲料、青贮饲料、青干草、秸秆饲料、块根块茎瓜果类、籽实及其加工副产品饲料。

青绿饲料：包括各种天然牧草、人工栽培牧草、青绿饲料作物、田间杂草、水生植物、嫩枝、树叶和蔬菜边叶等。

青贮饲料：包括用各种青绿饲料调制成的青贮饲料。

青干草：包括各种青绿饲料经自然或人工干燥调制而成的青干草。

稿秕饲料：包括各种农作物收获籽实后所剩下的秸秆和秕壳。

块根、块茎及瓜类饲料：包括马铃薯、甘薯、胡萝卜、南瓜等。

籽实饲料：包括玉米、大麦、高粱、大豆等。

加工副产品饲料：包括小麦麸、米糠、玉米皮等糠麸类饲料；大豆饼、花生饼、菜籽饼、等榨油工业副产品油饼、油粕类饲料；啤酒糟、淀粉渣、豆腐渣等酿造及制糖工业副产品糟渣类饲料。

2. 动物性饲料　包括全乳、脱脂乳、鱼粉、肉渣、肉骨粉、血粉、蚕蛹、蚯蚓、羽毛粉等。

3. 矿物质饲料　包括食盐、骨粉、蛋壳粉、贝壳粉、石粉、磷酸氢钙，以及含有多种微量元素的无机盐混合物等。

4. 特种饲料　包括尿素、氨水、氨基酸、维生素等化学合成产品。

这种按饲料来源分类的方法，简单、易于掌握，且国内使用已久。但它不能反映各种饲料营养特性的内在关系，不便于在配合饲料中使用。

◀ **走进生产**　国际饲料分类法主要依据饲料的营养特性来分类，符合人们的习惯；同时又有量的规定，如对水分、粗纤维、粗蛋白质等含量的限制，因而更能反映各类饲料的营养价值及在动物饲养中的地位。科学合理搭配饲料，可使动物获得较为全面的营养。

🖌 **边学边练**

1. 解释　饲料　青贮饲料　能量饲料　蛋白质饲料

2. 选择

按国际分类法，_____属于粗饲料，_____属于能量饲料，_____属于青贮饲料；按饲料来源分类法，_____属于植物性饲料，_____属于动物性饲料，_____属于矿物质饲料。

A. 青干草　　　B. 豆粕　　　C. 菜籽粕　　　D. 玉米　　　E. 玉米青贮

F. 麦麸　　　G. 鱼粉　　　H. 食盐　　　I. 稻草　　　J. 石粉

K. 肉骨粉

3. 简答

按国际分类法可将饲料分为哪八大类？

课题二　粗　饲　料

问题探究　青绿饲料与秸秆的营养价值有何区别？怎样提高秸秆的营养价值？

知识 1　粗饲料的概念及种类

1. **粗饲料的概念**　粗饲料是指在饲料干物质中粗纤维含量≥18％，并以风干物形式饲喂的饲料。粗饲料主要包括青干草、秸秆和秕壳等。

2. **粗饲料的种类**　青干草是以细茎的牧草，野草或其他植物为原料，在结籽前割下全部地上部分，经自然晾晒干或机械烘干，可长期贮存的成品。秸秆是各种作物收获籽实后的茎叶部分，可分为禾本科、豆科和十字花科等类型。禾本科类包括玉米、稻草、麦秸等；豆科类包括大豆秸、蚕豆秸、豌豆秸等；十字花科类的有油菜秸。秕壳饲料是作物脱粒碾扬后的副产品，包括种子的外稃，荚壳，部分瘪籽，杂草种子等。

知识 2　粗饲料的营养特点

1. **粗纤维含量高**　青干草粗纤维含量为25％～30％，秸秕类25％～30％以上。木质素含量较高，消化率低。如苜蓿干草消化率只有45％，大豆秕壳为36％。

2. **粗蛋白质的含量差异大**　豆科干草、秸秆、荚壳及甘薯蔓等粗蛋白质含量较多，禾本科干草中等，禾本科秸秆、秕壳含量最低。如豆科干草和甘薯蔓含粗蛋白质8％～18％，禾本科干草为6％～10％，秸秆、秕壳仅为3％～5％。

3. **钙、磷含量丰富**　如甘薯藤含钙在1.69％以上，豆科干草和秸秆、秕壳含钙在1.5％左右，禾本科干草和秸秆含钙较低，为0.2％～0.4％。磷的含量，各种干草含量为0.15％～0.3％。

4. **各种维生素含量不等**　维生素 D 含量丰富，其他维生素含量则较少。优质干草胡萝卜素丰富，秸秆和秕壳几乎不含胡萝卜素。豆科干草如苜蓿干草核黄素含量丰富，秸秆类缺乏 B 族维生素。各种粗饲料，特别是日晒的豆科干草含有大量维生素 D_2。

走进生产　奶牛日粮中必须有一定数量的粗饲料，才能保证瘤胃健康，维持牛奶正常的乳脂率，精料只能作为高生产性能时的补充。粗饲料采食量最好不低于日粮总干物质采食量的50％。

青干草是草食动物最基本、最主要的饲料。生产实践中，干草不仅是草食动物的必备饲料，而且还是一种贮备形式，可以调节青绿饲料供给的季节，以旺补淡，缓冲枯草季节青绿饲料的不足。将干草与多汁饲料混合喂奶牛，可增进干物质及粗纤维采食量，保证产奶量和乳脂含量。有条件的情况下，将青干草制成颗粒饲用，可明显提高利用率。粗蛋白质含量低的青干草可配合尿素使用，有利于补充牛羊粗蛋白质摄入不足。

在猪日粮中添加适宜的粗饲料，可降低饲养成本、提高生猪生产性能。否则集约化养殖易导致生猪出现消化功能障碍、便秘等"富贵病"，直接影响养猪生产效益。幼嫩的青干草，粉碎后制成草粉可作为鸡、猪、鱼配合饲料的原料。

边学边练

1. 解释　粗饲料　青干草

2. 填空

（1）粗饲料主要包括_____、_____、_____等。

（2）粗饲料的营养特点是_____、_____、_____、_____等。

（3）奶牛粗饲料采食量最好不低于日粮总干物质采食的_____。

（4）生产实践中，_____不仅是草食动物的必备饲料，而且还是一种贮备形式，可以调节青绿饲料供给的季节，以旺补淡，缓冲枯草季节青绿饲料的不足。

3. 简答

（1）常见的粗饲料有哪些？

（2）粗饲料的营养特点是什么？如何提高粗饲料的营养价值？

单元实训1　青干草的调制、贮藏及品质鉴定

一、青干草的调制

青干草调制包括收割和干燥两个步骤。干燥可分为自然干燥和人工干燥。

【材料与用具】新鲜的牧草、牧草烘干机、鼓风机、翻晒牧草工具等。

【方法步骤】

1. 自然干燥　一般分两个阶段，第一阶段，采用"薄层平铺暴晒法"，青草刈割后即可在原地或另选一地势较高处将青草摊开暴晒 4～5h，中途注意翻草若干次，使草中水分迅速蒸发，降至 40% 左右，以使植物细胞死亡，停止呼吸，减少损失。第二阶段，采用"小堆或小垄晒制法"，把青草集成约 1m³ 的小堆，每天翻动 1 次，使其逐渐风干。

此法既可晒干原料，又可减少日晒，避免紫外线破坏维生素及胡萝卜素等。待水分降至 14%～17%，即可堆垛保存。自然干燥制成的干草营养物质损失较多，但增加了维生素 D_2。

2. 人工干燥　人工干燥是用各种干燥机具，在较短的时间内使原料迅速干燥而成，由于时间短，故可减少营养物质的损失。人工干燥制成的干草不含维生素 D_2。

（1）常温鼓风干燥法。可在室外露天堆贮场或干草棚中进行，堆贮场、干草棚都安装常温鼓风机。散干草或干草捆经堆垛后，通过草堆中设置的栅栏通风道，用鼓风机强制吹入空气，以达到干燥的目的。在干草棚中干燥时分层进行，第 1 层草先堆 1.5～2m 高，经过 3～4d 干燥后，再堆上高 1.5～2m 的第 2 层草，如果条件允许，可继续堆第 3 层草，但总高度不超过 5m。为防止草堆的温度超过 40～42℃，每隔 6～8h 鼓风降温 1h。

此法适于在干草收获时期，相对湿度低于 75% 和温度高于 15℃ 的地方使用。

（2）高温干燥法。将切碎的牧草置于牧草烘干机中，通过高温空气，使牧草的含水量由 80% 左右迅速降到 15% 以下。

此法的干燥过程一般分为 4 个阶段，即预热段、等速干燥段、降速干燥段和冷却段。高温干燥过程中，重要的是调控烘干设备使其进入最佳工作状态。烘干机的工作状态取决于原料种类、水分含量、进料速度、滚筒转速、燃料和空气的消耗量等。为获取优质干草，干燥机出口温度不宜超过 65℃，干草含水量不低于 9%。

二、青干草的贮藏

【材料与用具】 塑料薄膜、绳索、干草棚等。

调制好的干草应及时妥善贮藏。青干草的贮藏方法是否合理，对青干草品质影响很大。若青干草含水量较高，营养物质易发生分解和破坏，严重时会引起干草发酵、发热、发霉，大大降低其营养价值。收藏方法可因具体情况和需要而定，无论采用什么方法，都应尽量缩小干草与空气的接触面，减少日晒雨淋等影响。

【方法步骤】

1. 散干草的贮藏

（1）露天堆垛。是最经济、较省事的贮存青干草的方法。选择离畜舍较近、平坦、干燥、易排水、不易积水的地方，做成高出地面的平台，台上铺厚约 30cm 的树枝、石块或作物秸秆，作为防潮地垫，四周挖好排水沟，堆成圆形或长方形草堆。长方形草堆，一般高 6～10m，宽 4～5m；圆形草堆，底部直径 3～4m，高 5～6m。堆垛时，第 1 层先从外往里堆，使里边的一排压住外面的稍部。如此逐排内堆，成为外部稍低，中间隆起的弧形。每层 30～60cm 厚，直至堆成封顶。封顶用绳索纵横交错系紧。堆垛时应尽量压紧，加大密度，缩小干草与外界环境的接触面，用薄膜封顶，以防日晒漏雨，减少损失。上垛的干草含水量一定要在 15% 以下。堆大垛时，为了避免垛中产生的热量难以散发，应在堆垛时每隔 50～60cm 垫放一层硬秸秆或树枝，以便于散热。

（2）草棚堆藏。气候湿润或条件较好的牧场应建造简易的干草棚或青干草专用贮存仓库，避免日晒、雨淋。堆草方法与露天堆垛基本相同，要注意干草与地面、棚顶保持一定距离，便于通风散热。也可利用空房或屋前屋后能遮雨的地方贮藏。

2. 压捆青干草的贮存　生产中常把青干草压缩成长方形或圆形的草捆，然后一层一层叠放贮藏。草捆垛的大小，可根据贮存场地加以确定，一般长 20m，宽 5m，高 18～20 层干草捆，每层应有 0.3m³ 的通风道，其数目根据青干草含水量与草捆垛的大小而定。

此法干草体积小，便于贮运，并使损失减至最低限度并保持干草的优良品质。

三、青干草的品质鉴定

【方法步骤】

1. 根据饲草品种组成评定　青干草中豆科牧草的比例超过 5% 为优等；禾本科及杂草占 80% 以上为中等；有毒杂草含量在 10% 以上为劣等。

2. 根据叶片保有量评定　青干草的叶片保有量在 75% 以上的为优等；在 50%～75% 的为中等；低于 25% 的为劣等。

3. 根据综合感官评定（表 2-2）。

表 2-2　青干草感官评定标准

等级	颜色	气味	质地
优等	色泽青绿	香味浓郁，没有霉变和雨淋	将干草束用手握紧或搓揉时无干裂声，干草拧成草辫松开时干草束散开缓慢，且不完全散开，弯曲茎上部不易折断
中等	色泽灰绿	香味较淡，没有霉变	紧握干草束时发出破裂声，松手后迅速散开，茎易折断
低劣	色泽黄褐	无香味，有轻度霉变	紧握干草束后松开，干草不散开

单元实训 2　氨化饲料的调制及品质鉴定

一、氨化饲料的调制

（一）窖（池）氨化法

窖（池）氨化法是我国日前推广应用最为普遍的一种秸秆氨化方法。该方法节省塑料膜的用量，降低成本；便于管理和确定氮源（如尿素）的用量，可以一池多用，既可用来氨化秸秆，又可用来青贮。

【**材料与用具**】新鲜的秸秆、尿素、氨水或无水氨、无毒的聚乙烯薄膜（厚度在 0.2mm以上）、水桶、喷壶、秤、铁锹、泥土等。

窖的容量确定：窖的大小根据饲养家畜的种类和数量而定。一般每立方米的窖装切碎的风干秸秆（麦秸、稻草、玉米秸）150kg 左右，牛日采食秸秆为其体重的 2%～3%。例如，1 头 200kg 的架子牛，日采食秸秆 4～6kg，则年需氨化秸秆 1.5～2t。如用窖（池）氨化法制作氨化饲料，每立方米可制作 650kg（秸秆干物质 25%）左右。窖的形式多种多样，可建地上式或半地下式。建窖以长方形为好，如在窖的中间砌一隔墙，即成双联池则更好，双联池可以交替使用。

【**方法步骤**】先将秸秆切至 2cm 左右。粗硬的秸秆（如玉米秸）可切短些，较柔软的秸秆可稍长些。每 100kg 秸秆（干物质）用 3～5kg 尿素、40～60L 水。把尿素溶于水中搅拌，待完全溶化后分数次均匀地洒在秸秆上，入窖前后喷洒均匀。如果在入窖前将秸秆摊开喷洒则更加均匀。边装窖边踩实，待装满踩实后用塑料薄膜覆盖密封，再用细土等压好即可（图 2-1）。

尿素氨化所需时间大体与液氨氨化相同或稍长。用尿素作氮源，要考虑尿素分解为氨的速度。它与环境温度、秸秆内脲酶多少有关。温度越高，尿素分解为氨的速度越快，宜在温暖的地区或季节采用。

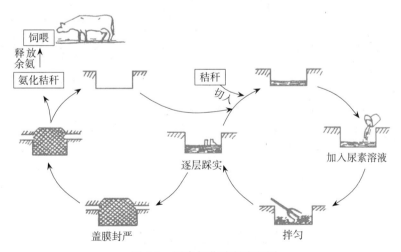

图 2-1　尿素氨化秸秆流程图

（引自刘建新，《干草秸秆青贮饲料加工技术》，2003）

（二）堆垛氨化法（秸秆氨化）

堆垛氨化法是将秸秆堆成垛、用塑料薄膜密封进行秸秆氨化处理的方法（图 2-2）。

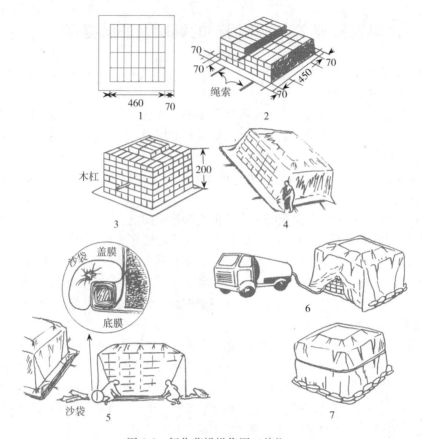

图 2-2　氨化草垛操作图（单位：cm）

1. 铺塑料膜　2. 堆垛　3. 堆成的草垛　4. 盖塑料膜
5. 卷压垛边　6. 液氨槽车通氨　7. 密封好的氨化垛

（引自邢廷铣，《农作物秸秆饲料加工与应用》，2005）

【材料与用具】新鲜的秸秆、尿素、氨水或无水氨、无毒的聚乙烯薄膜（厚度在0.2mm以上）、水桶、喷壶、注氨管、秤、铁锹、泥土等。

【方法步骤】

1. 清场和堆垛　整理场地，用铲挖成锅底形坑，便于积蓄氨水，防止外流。铺上厚度为0.2mm以上的塑料薄膜，将秸秆放于其上。积垛时，在塑料薄膜的四周要留出80cm的边，作折叠压封用。若用氨水处理的秸秆，可一次堆垛到顶。方形的垛，顶部呈馒头状；长方形的垛，顶部呈脊形。若用无水氨处理的秸秆，要随堆垛填埋塑料注氨管。

2. 注入氨或喷洒尿素溶液　氨水的注入量与浓度有关，不同浓度的氨水其用量也不同（表2-3）。

表 2-3　不同浓度氨水的注氨量（%）

名称	氨浓度	注氨量（占麦秸重）	相当于氨	含氨量	相当粗蛋白质
无水氨	100	3	3	2.47	15.44
1.5%氨水	1.5	100	1.5	1.24	7.72

（续）

名称	氨浓度	注氨量（占麦秸重）	相当于氨	含氨量	相当粗蛋白质
19%氨水 *	19	12	2.28	1.88	11.73
20%氨水 *	20	10	2	1.65	10.29
20%氨水 *	20	12	2.4	1.98	12.35

* 为经常使用浓度。

3. 密闭氨化　注入氨或喷洒尿素溶液后，可将塑料薄膜顺风打开盖在秸秆垛上，尽量排出里面的空气，四周可用湿土抹严，以防漏气或风吹雨淋，最后要用绳子捆好，压上重物。

4. 氨化时间　氨水与秸秆中有机物质发生化学反应的速度与温度有很大关系，温度高，反应速度加快；温度低，速度则慢。氨化时间见表 2-4。

表 2-4　不同温度条件下氨化所需的时间

外界温度（℃）	30 以上	20～30	10～20	0～10
需要天数（d）	5～7	7～14	14～28	28～56

5. 放氨　氨化好的秸秆，开垛后有强烈的刺激性气味，牲畜不能吃，掀开遮盖物，待呈糊香味时，方可给牲畜食用。

■ 小贴士　注意事项

①为了使动物习惯采食氨化饲料，开始时少给勤添，逐渐增加饲喂量，一般经过 1 周可以适应。对于产奶牛，开始阶段可以将氨化秸秆与其他粗饲料掺和饲喂，适应后可大量喂给。②饲喂前，必须将余氨放净。否则，容易引起动物氨中毒。放氨的方法是选择晴朗无雨的天气，打开氨化窖或氨化垛，摊放 1～2d 就可以饲喂家畜了。③饲喂前，应剔除霉变秸秆，否则会引起动物中毒。

二、氨化饲料的品质鉴定

饲用氨化饲料前，要进行品质鉴定。只有在确保其品质优良后，方可饲用。

【材料与用具】不同等级的氨化饲料。

【方法步骤】（感官鉴定法）

1. 用手抓一把具有代表性的氨化饲料样品，紧握于手中，再放开，观察秸秆颜色、结构、闻闻氨味，评定其质地优劣。

2. 可根据秸秆的颜色、气味、质地、温度等几个方面综合判断。优质的氨化秸秆，打开时有强烈氨味，放氨后呈糊香或微酸香味，颜色变成棕色、深黄或浅褐色，质地变软，温度不高。劣质的氨化秸秆发红、发黑、发黏、有霉云和腐烂味等，不能饲喂家畜。

课题三　青绿饲料

❓ 问题探究　为什么牛羊仅靠牧草就能长得膘肥体壮？猪和禽类能这样饲养吗？你所知道的青绿饲料有哪些？

知识 1 青绿饲料的概念及种类

一、青绿饲料的概念及种类

青绿饲料是供给动物饲用的幼嫩青绿的植株、茎叶或叶片等，富含叶绿素。该类饲料幼嫩多汁、易于消化、适口性好，各种动物都喜欢采食，种类繁多，资源十分丰富，价格便宜，利用时间长。适用于饲喂多种动物，在养殖业生产中具有重要作用。

青绿饲料主要包括天然草地牧草、人工栽培牧草、叶菜类、非淀粉质块根块茎瓜果类和水生植物等。

1. 天然草地牧草 天然牧地的牧草种类很多。其中，主要的是禾本科、豆科、菊科、莎草科四大类。它们的干物质中无氮浸出物的含量在 40%～50%；粗蛋白质含量以豆科牧草较高，为 15%～20%；莎草科次之，为 13%～20%；菊科与禾本科为 10%～15%（图 2-3）。

2. 人工栽培牧草

（1）紫花苜蓿（图 2-4）。我国目前栽培最多的牧草为苜蓿，主要分布于北方各省区。苜蓿质地好，产量高而稳定，在良好的管理条件下，一年能收获 3～5 茬，若水肥条件较好，每年每公顷可产 75 000kg 以上，但管理粗放时一般每公顷产 37 500～45 000kg。紫花苜蓿的营养价值与收割时间关系很大。幼嫩时含水量多，粗纤维少；收割过迟，茎增加，叶占比重下降，饲用价值降低。

紫花苜蓿是各类家畜的上等饲料，无论青饲放牧还是调制成干草，适口性均好，营养丰富。幼嫩苜蓿是反刍动物和草食动物最好的蛋白质饲料。在放牧条件下，苜蓿对各种家畜的饲养效果都较好。因紫花苜蓿茎叶中含有一种被称为皂角的物质，有抑制消化酶的作用。牛、羊大量采食鲜嫩苜蓿后，可在瘤胃内形成大量泡沫物质，引起臌胀病。所以，放牧时要注意预防牛、羊的膨胀病。

图 2-3 天然草地牧场

图 2-4 紫花苜蓿

（2）紫云英。我国南方各地广泛种植，是水稻产区的绿肥牧草。紫云英产量高，蛋白质、矿物质、维生素含量丰富，幼嫩多汁，适口性好，是喂猪的好饲料。现蕾期的干物质中，粗蛋白质含量可高达 31.76%，粗纤维只有 11.82%，开花期品质仍优良，盛花期后则较差。紫云英青饲、青贮、制干草粉均可。

（3）青刈玉米。玉米乳熟、蜡熟时刈割作青绿饲料。玉米青刈在单位面积上所获得的总营养物质比成熟后收割者高 15%，胡萝卜素高 20 倍以上；青刈使收割期提前 20d 左右，可增加土地利用率，提高复种指数；青刈玉米的营养成分及消化率比成熟玉米高；青刈玉米产量高，播种期长。

青刈玉米的营养特点是：富含碳水化合物，有较多的易溶糖类，稍有甜味，家畜喜采食，如与豆科青草混合饲喂，效果更佳。青刈玉米可青饲，也可制成优质的青贮饲料。

（4）矮象草（图 2-5）。矮象草是美国选育成功的一个高产优质的新草种。栽培品种名为摩特。矮象草是热带和亚热带地区的一种高产的多年生牧草。1987 年从美国引进我国广西。每年可刈割6~8 次，一般每公顷年产鲜草 75~150t，高者每公顷可达 225~300t。产草量高，利用年限长。适期刈割，柔软多汁，

图 2-5　矮象草

适口性好，利用率高，牛尤其喜食。幼嫩期的矮象草也是养猪、养鱼的好饲料。矮象草除四季供给家畜青绿饲料外，也可调制成干草或青贮。

矮象草的特点为产量高、分蘖多、再生能力强。在中等水肥条件下，年割青4~6 次，每兜分蘖 40~60 株。每公顷年产鲜草在 75~150t。产草量比在同等水肥条件下的苏丹草要高40%~60%。品质好、叶量多、饲喂效果好（表 2-5）。

表 2-5　矮象草的营养价值

再生天数（d）	粗蛋白质（g/kg）	粗脂肪（g/kg）	粗纤维（g/kg）	无氮浸出物（g/kg）
45	61.5	61.2	58.8	58.6
60	61.0	57.0	54.3	54.8

（5）苏丹草。苏丹草是一种很有价值的高产优质青绿饲料作物，适应性广，适口性好，再生能力强。苏丹草宜在抽穗到盛花期刈割。由于茎叶比玉米、高粱柔软，故饲养效果好。但饲喂中应注意防止氢氰酸中毒。

3. 叶菜类　甘薯和瓜类秧蔓、甜菜的叶，以及甘蔗叶、甘蓝、白菜等，适时采收，质地柔嫩，动物喜食。嫩叶菜的干物质含量不足 10%，水分含量均较高，单位重量所提供的能量和营养物质有限。在农区和水面较广的地方，这类青绿饲料是重要的饲料来源。

4. 非淀粉质块根块茎饲料　胡萝卜产量高，易栽培，营养丰富，是各种动物冬春季的重要饲料。胡萝卜的营养价值很高，尤其无氮浸出物含量多，并含有蔗糖和果糖，故具有甜味，蛋白质含量也较其他块根类饲料高，胡萝卜素含量更高，少量喂给便可满足各种动物对胡萝卜素的需要。胡萝卜适口性好，各种家畜都喜食。若在奶牛的饲料中添加胡萝卜，则有利于提高产奶量、改善奶的品质。胡萝卜应生喂，贮存时应防冻害。

5. 水生植物　常用的水生植物主要有水浮莲、水葫芦（图 2-6）、水花生、绿萍及海藻

类。水生植物具有生长快、产量高、不占耕地、利用时间长等优点，且质地柔软，幼嫩多汁，但干物质少，生喂易感染寄生虫，故饲用时必须注意合理搭配与消毒，并定期给猪驱虫，肥料下田应经腐熟。水生植物的营养价值一般低于陆生青绿饲料。如以干物质计，则蛋白质和矿物质的含量高，纤维素的含量低，故容易消化。水生植物主要用来喂猪，生喂或熟喂均可。

图 2-6　水葫芦

知识 2　青绿饲料的营养特点

1. 含水量高　陆生植物的水分含量在 75%～90%，而水生植物在 95% 左右，因此鲜草的干物质含量较低。青绿饲料含有酶、激素、有机酸等，有助于消化。青绿饲料具有多汁性与柔嫩性，适口性好，草食动物在牧场可直接大量采食。

2. 蛋白质含量较高　按干物质计算，一般禾本科牧草和蔬菜类饲料的粗蛋白质含量在 13%～15%，豆科青绿饲料在 18%～24%，含赖氨酸较多，可补充谷物饲料中赖氨酸的不足。青绿饲料中的氨化物（游离氨基酸、酰胺、硝酸盐）占总氮量的 30%～60%。对单胃动物，其蛋白质营养价值接近纯蛋白质，对反刍动物可由瘤胃微生物转化为菌体蛋白质，因此蛋白质品质较好。

3. 粗纤维含量较低　青绿饲料含粗纤维较少，木质素低，无氮浸出物较高。青绿饲料干物质中粗纤维不超过 30%，菜叶类不超过 15%，无氮浸出物在 40%～50%。粗纤维的含量随着植物生长期延长而增加，木质素含量也显著地增加。一般来说，植物开花或抽穗之前，粗纤维含量较低，木质素每增加 1%，有机物的消化率下降 4.7%。

4. 钙、磷含量丰富，比例适当　按干物质计含钙 0.2%～2.0%；含磷 0.2%～0.5%，多为植酸磷。豆科植物含钙量较多，且钙、磷比例接近平衡。青绿饲料中钙、磷主要集中于叶片中。在一般情况下，以青绿饲料为主的家畜不易出现钙、磷缺乏现象。

5. 维生素含量丰富　特别是胡萝卜素含量较高，每千克青绿饲料中含 50～80mg，高于其他饲料。青绿饲料中 B 族维生素、维生素 C、维生素 K、维生素 E 的含量较丰富，但维生素 B_6 很少，缺乏维生素 D。

知识 3　利用青绿饲料应注意的问题

1. 防止有害物质中毒　青绿饲料中都含有硝酸盐。硝酸盐本身无毒，但在细菌作用下，会将其还原为亚硝酸盐而具有毒性。如青绿饲料堆放时间过长，发霉腐败，或在锅里加热或煮后焖在锅或缸里过夜，都会促使细菌将硝酸盐还原为亚硝酸盐。在高粱苗、马铃薯、木薯中含有较多的氢氰酸，尤其是高粱再生苗中含量较多。蔬菜园、棉花地、水稻田刚喷过农药后，及临近的杂草或蔬菜不能用作饲料。等下过雨或隔 1 个月后再割草利用，谨防农药中毒。防止误食有毒植物，如夹竹桃、嫩栎树菜、青枫叶等。

2. 青绿饲料收割宜嫩不宜老　青绿饲料的老嫩决定着其营养价值的高低，柔嫩的青绿饲料营养丰富，易消化，老的青绿饲料木质化程度高，不利于家畜利用。

3. 青绿饲料宜加工后饲喂　一般宜将青绿饲料切短后饲喂牛、羊。喂猪，可打浆后饲喂。可减少家畜只择食嫩茎叶的现象，减少饲料浪费。

4. 青绿饲料应新鲜清洁饲喂　饲喂的青绿饲料应不带泥土、无污染，并保证新鲜。青绿饲料不宜久贮，存放过久易产生有害有毒物质。妊娠母畜冬季不能饲喂带冰霜的饲料，防止流产。

走进生产　青绿饲料是反刍动物和草食动物的主要能量来源。高产优质的青绿饲料能弥补动物配合饲料中维生素易氧化、易流失、不稳定的缺点，特别为种用家畜供给繁殖所需的维生素 A、维生素 D、维生素 E 等。青绿饲料因富含矿物质，并极易被动物利用，对母畜、仔畜非常有利。还可以解决夏季家畜因高温导致采食量减少进而引起的营养缺乏问题。

边学边练

1. 填空

（1）青绿饲料是指天然水分含量在_____的青绿植物、树叶及非淀粉质的根茎瓜果类。

（2）青绿饲料主要包括 _____、人工栽培牧草、_____、非淀粉质 _____、_____植物。

（3）青绿饲料堆放时间过长、发霉腐败，或在锅里加热或煮后焖在锅或缸里过夜，饲喂时应防止_____毒。

2. 简答

（1）青绿饲料主要包括哪些种类？

（2）简述青绿饲料的营养特点。

（3）利用青绿饲料应注意哪些问题？

课题四　青贮饲料

问题探究　怎样才能保证牲畜在冬季吃到营养丰富的青绿多汁饲料？保存青绿饲料的方式有哪些？

知识 1　青贮饲料的概念及特点

1. 青贮饲料的概念　青贮饲料是指以天然新鲜青绿植物性饲料为原料，在密闭、无氧条件下，饲料中的糖分经过以乳酸菌为主的微生物发酵后调制成的青绿多汁饲料。

2. 青贮饲料的特点　青贮饲料柔软多汁、气味芳香、营养丰富、容易贮藏，可于冬春季饲喂家畜。青贮饲料最大限度地保持了青绿饲料的营养物质，适口性好、消化率高、鲜嫩多汁，还可调剂青绿饲料供应的不平衡问题，可净化饲料，保护环境。青贮饲料除此之外，青贮饲料还有以下显著特点：

（1）有效地保存青绿植物的营养成分。据试验，一般青绿饲料在晒干后营养价值降低30%～50%，而调制成青贮饲料后，只降低3%～10%，尤其有效地保存了青绿饲料中的蛋白质和胡萝卜素。例如，新鲜的甘薯藤，每千克干物质中含有168.2mg的胡萝卜素，青贮8个月，仍然保持90mg，但晒成干草则只剩2.5mg，损失率达98%以上。

（2）延长青饲季节。我国西北、东北、华北地区，青饲季节不足半年，冬、春季节缺乏青绿饲料。而采用青贮的方法可以做到以旺补淡、以丰补歉，四季均衡供应，保证了草食家畜养殖业的优质高产和稳定发展。

（3）开发饲料资源。一些家畜不喜欢采食或不能采食的野草、野菜、树叶等无毒青绿植物，经青贮发酵后，其口味得到改善，适口性得到提高，变为家畜喜食的饲料。例如，向日葵、菊芋、蒿草、玉米秸等。有的青绿饲料新鲜时有臭味，有的质地较粗硬，家畜多不喜食或利用率很低。如果将其调制成青贮饲料，不但可以改变其口味，并且可软化秸秆，增加可食部分的数量。通过青贮还能去除原料大部分有毒物质，如菠萝渣经青贮后可消除菠萝表皮作为抵御其他物种侵入的毒素和抗营养物质。

（4）青贮可以杀灭饲料中的寄生虫及有害菌。很多危害农作物的害虫多寄生在收割后秸秆上越冬，如果把秸秆铡碎青贮，因其缺氧环境酸度较高，能杀灭青绿饲料中的寄生虫及细菌微生物。

（5）保存时间长。只要青贮饲料贮藏合理，可以长期保存，不易变质。

知识2　青贮原理及发酵条件

1. 青贮原理　青贮饲料在厌氧条件下，利用乳酸菌发酵产生乳酸，当pH下降到3.8～4.2时，包括乳酸菌在内的所有微生物都停止活动，处于被抑制的稳定状态，从而达到保存青绿饲料营养价值的目的。整个发酵过程分3个阶段。

（1）植物细胞有氧呼吸阶段。该阶段植物细胞保持生活状态，进行呼吸，温度上升，在镇压良好而水分适当时，青贮容器内的温度维持在20～30℃。如青贮料不加镇压，且水分过少，温度高达50℃时，青贮饲料品质变劣。好气性细菌及霉菌等作用而产生醋酸，此阶段甚短，此阶段越短对青贮饲料越有利。

（2）乳酸菌厌氧发酵阶段。由于青贮料在重压下更紧实，并逐渐排出空气，氧气被二氧化碳所代替，好气性细菌停止活动，此时在厌气性乳酸菌作用下进行糖酵解产生乳酸，发酵过程开始。

（3）青贮饲料稳定阶段。该阶段乳酸菌迅速繁殖，形成大量乳酸，酸度增大，pH小于4.2，腐败菌、丁酸菌等死亡，乳酸菌的繁殖也被自身产生的酸所抑制。如果产生足够的乳酸，即转入稳定状态，青贮料可长期保存而不腐败。

2. 青贮发酵的条件　根据青贮的基本原理，制作青贮的主要环节是掌握青贮饲料中微生物生长发育的特性和规律，利用乳酸菌在厌氧条件下发酵，把糖转变成乳酸作为一种防腐剂长期保存饲料。因此，制作青贮饲料的关键是为乳酸菌创造必要的条件。常规青贮时必须满足以下3个条件：

（1）青贮原料应含有适当的水分。适宜的水分是保证青贮过程中乳酸菌正常活动的重要条件之一。一般青贮的原料含水量应在 65%～75%，水分过多或过少都会影响发酵过程和青贮饲料品质。

判断青贮原料水分含量的简单方法为扭折法和揣握法。扭折法是指将青贮原料在切碎前用手扭折茎秆不折断，且其柔软的叶子也无干燥迹象，这表明原料的含水量适当。揣握法是指抓一把切碎的饲料用力揣握，然后将手慢慢放开，观察汁液和团块变化情况。如果手指间有汁液流出，则表明原料水分含量高于 75%；如果团块不散开，且手掌有水迹，则表明原料水分在 65%～75%；如果团块慢慢散开，手掌潮湿，则表明水分含量在 60%～68%，是制作青贮饲料的最佳含水量；如果原料不成团块，而是像海绵一样突然散开，则表明其水分含量低于 60%。

（2）青贮原料应含有适宜的糖分。适宜的含糖量是乳酸菌发酵的营养物质基础。青绿饲料含糖量过低时，有利于梭状芽孢杆菌的生长繁殖，会使蛋白质腐败变质。玉米、高粱、禾本科牧草、甘薯藤等饲料含有丰富的糖分，易于青贮；苜蓿、三叶草等豆科牧草含糖量较低，不宜单独青贮。

（3）创造厌氧条件。为了给乳酸菌创造良好的厌氧生长繁殖条件，应特别注意装填原料时的镇压及封窖时的覆盖压实工作，密封越严越好，并尽量缩短装窖时间。近年来出现的牧草包裹青贮技术，采用了机械辅助及专用拉伸膜袋，这样可使被贮饲料密度高，压实密封性好，可以制作出高品质的青贮饲料。

知识 3　青贮设备及原料

一、青贮设备

主要有青贮塔、青贮窖、青贮壕和塑料青贮袋等。

1. 青贮场所及设备选用的原则

（1）青贮场所应选在地势高且干燥、土质坚实、地下水位低、靠近养殖场、远离水源和粪坑的地方。

（2）青贮设备的采用应因地制宜，采用不同形式。可修建永久性的建筑，也可挖掘临时性的土窖，还可利用闲置的贮水池、发酵池、氨水池及废井等。我国南方养殖专业户常利用木筒、水缸、塑料袋等；在地下水位较低、冬季寒冷的北方地区，可采用地下或半地下式青贮窖或青贮壕。各地还可采用在地面上用塑料薄膜覆盖的堆贮。总之，要遵循取材容易，建筑简便，造价低廉的原则。

（3）青贮设备应不透气、不漏水、密封性好，内壁表面光滑平坦。

2. 常用青贮设备的建造

（1）青贮塔。是用砖和水泥建成的圆形塔，有 1.2～1.4m 的窗口，以便装取饲料。底部有排液结构或装置。青贮塔耐压性好，便于压实饲料，具有耐用、贮量大、损耗小、便于填装与取料等特点。但青贮塔的制作成本较高。

青贮塔有地上式和半地上式两种。国外多采用钢制的圆立式。高 12～14m 或更高，直径 3.5～6m。在一侧每隔 2m 留 1 个 0.6m×0.6m 的窗口，以便装取饲料。一般附有抽真空设备，此种结构密闭性能好，厌氧条件理想。青贮塔耐压性好，便于压实饲料。具有耐用、贮量大、损耗少、便于装填与取料的机械自动化等优点。但青贮塔的成本较高。用这种密闭式青贮塔调制低水分的青贮饲料，其干物质的损失仅为 5%，是当前世界上保存青贮饲料最好的一种设备，国外已有定型的产品出售。如图 2-7。

图 2-7　大型青贮塔

大型青贮塔塔内应配置相应的饲料升降装卸机。装料时，将切碎的青绿饲料由塔旁的吹送机将其吹入塔内，塔内的装卸机以塔心为中心作圆周运动，将饲料层层压实。取料时又能层层挖出，并能通过窗口管道卸出塔外。

（2）青贮窖。随着饲料青贮方法的不断改进，目前青贮窖已有多种类型。常见的有青贮地窖和地面青贮窖。

①青贮地窖。可建成土窖，也可建成水泥窖，是一种地壕式的结构。土窖建造成本低，在雨水较少和排水良好的山区较为适用；水泥窖窖壁用砖或石块砌成，高出地面 20～30cm，内壁用水泥抹面，成本较高。地窖的四壁要光滑平直，窖的上端必须比底部宽，以免四周塌土；窖底须形成斜坡，以利于排出饲草中过多的汁液。把塑料薄膜铺在挖好的地窖内，使所贮的饲草全部被塑料薄膜包裹起来。

用地窖制作青贮饲料时，要注意防止泥土混入饲草中，泥土混入可导致饲草腐烂变质，造成损失；同时，地窖不宜过大，每个窖内青贮饲料的数量不宜过多，可挖建多个，用完一个再启用一个，以保证青贮饲料的质量。

②地面青贮窖。青贮窖应用最普遍，在雨水较多和地下水位较高的地区较为适用，有条件的地区，也可用砖和水泥在地面建成永久窖。青贮窖底部在地面以上或稍低于地面，整个窖壁和窖底都用石块或砖砌成，内壁用水泥抹面，使之平直光滑。窖壁一般高 2.5～3m，窖长 10～50m。窖底部不能渗水，除有一定坡度外，窖的四周应有较好的排水道，特别要防止地面水从一端的入口处灌入。同时，窖的高度要合适，不能过高，过高则装料和踩实都很困难，而且容易使铡草机直接吹入窖内的饲草从顶部飘散造成浪费。

（3）青贮壕。是水泥坑道式结构，适于短期内大量保存青贮饲料。大型青贮壕长 30～60m、宽 5m 左右、高 5m 左右。在青贮壕的两侧有斜坡，便于运输车辆工作。底部为混凝土结构，两侧墙与底部接合处修有 1 条水沟，以便排出青贮料渗出液。青贮壕的底面应向一侧倾斜，以利于排水。青贮壕最好用砖石砌成永久性的，以保证密封和提高青贮效果。

青贮壕的优点是便于人工或机械装填、压紧和取料。拖拉机和青贮拖车驶过青贮壕，既卸了料又能压实饲料。取用时可从任一端开窖取用，对建筑材料要求不高，造价低。缺点是密封面积大，密封性较差，贮存时养分损失率高，耗费劳力较多，在恶劣的天气取用不方便。

国外多数牧场用青贮壕，而且已从地下发展至地上，这种"壕"是在平地建两堵平等的水泥墙，两墙之间便是青贮壕。这种青贮壕不但便于机械化作业，而且避免了积水的危险

（图 2-8）。

（4）青贮袋。利用塑料袋形成密闭环境，进行饲料青贮。袋贮的优点是方法简单，贮存地点灵活，饲喂方便，袋的大小可根据需要调节。小型塑料袋青贮装袋依靠工人，压紧也需要踩实，效率很低，这种方法适合于农村家庭小规模青贮调制。

20 世纪 70 年代末，国外兴起了一种大塑料袋青贮法，每袋可贮存数十吨至上百吨青贮饲料。可使用专用的大型袋装机，高效地进行装料、压实和取料作业，劳动强度大为降低。大袋青贮的优点是节省投资，贮存损失小，贮存地点灵活（图2-9）。

图 2-8　青贮壕

二、青贮原料

青贮原料是各种新鲜青绿饲料。在调制青贮饲料时，应注意采用产量高、品质好、调制容易的青绿饲料作为青贮原料。优质的青贮原料是调制优质青贮饲料的基础。

1. 玉米　玉米产量高，干物质含量及可消化的有机物质含量均较高，还富含蔗

图 2-9　塑料袋青贮

糖、葡萄糖和果糖等可溶性碳水化合物，很容易被乳酸菌发酵而成乳酸。

玉米全株青贮，可用带穗的玉米全株，以蜡熟期收获为宜。此时，玉米籽实将近成熟，大部分茎叶呈绿色，水分为 65%～75%，符合青贮条件，含糖量较高，青贮后可获得品质优良的青贮饲料。

2. 高粱　一般在蜡熟期收割，茎秆含糖 17% 以上，能调制成优良的青贮饲料。

3. 象草　象草具有产量高、管理粗放、利用时间长等特点，为南方青绿饲料的来源。象草生长旺季，每隔 20～30d 即可刈割 1 次。富含可溶性糖类物质，易于青贮。除单独青贮外，常还与豆科牧草混合青贮。

4. 其他禾本科牧草　包括黑麦草、鸭茅、猫尾草、高丹草、苏丹草、皇草等。它们实际含糖量一般高于最低需要含糖量，其青贮糖多为正数，是容易青贮的饲料，可以单独作为青贮原料。

5. 紫花苜蓿　苜蓿是世界上种植最早的牧草。目前，我国西北、华北、内蒙古和南方各地均有种植。苜蓿营养价值很高，粗蛋白质、维生素和矿物质含量丰富，氨基酸组成比较齐全。

6. 其他豆科牧草　包括红三叶、白三叶、红豆草、紫云英、蚕豆和箭舌豌豆等。其青贮糖差是负数，属于不易青贮的饲料，故不能单独青贮，必须与禾本科植物混合青贮，才能获得品质优良的青贮饲料。

7. 饲用植物及各种副产品　主要有胡萝卜缨子、萝卜缨子、白菜帮子、甘蓝叶、菜花叶、红薯藤、南瓜蔓、马铃薯秧、花生秧等。因其含水量较高，故需要青贮前晾晒或与糠

麸、干草粉混贮。

工业加工副产品，如甜菜渣、马铃薯渣、玉米渣、木薯渣、酒糟及啤酒糟等，都可作为青贮原料。

知识 4　青贮饲料的利用

1. 取用　青贮饲料一般在调制后 30d 左右即可开窖饲用。一旦开窖，最好天天取用，要防雨淋或冻结。取用时应从上往下逐层或从一端逐段取用，每天按动物实际采食量取出，切勿全面打开或掏洞取用，尽量减少与空气的接触，以防霉烂变质。已发霉的青贮饲料不能饲用。结冰的青贮饲料应慎喂，以免引起家畜消化不良，母畜流产。

2. 喂法　青贮饲料适口性好，但汁多轻泻，不宜单独饲喂，应与干草、秸秆和精料搭配使用。开始饲喂青贮饲料时，要让家畜有一个适应过程，喂量由少到多逐渐增加。奶牛最好挤奶后投喂，以免影响牛奶气味。饲喂妊娠家畜时应小心，用量不宜过大，以免引起流产，产前产后 20～30d 不宜喂用。

3. 喂量　每种动物每天每头青贮饲料喂量大致如下：产奶成年母牛 25kg、断奶犊牛 5～10kg、种公牛 15kg、成年绵羊 5kg、成年马 10kg、成年妊娠母猪 3kg。

← 走进生产　青贮饲料可以作为反刍动物和草食动物的主要饲料，尤其在一些大型养殖场，可作为"当家"饲料，但应将其与青干草等其他粗饲料搭配饲喂。青贮饲料的品质直接影响动物健康，甚至造成养殖业的损失。由于青贮饲料含有大量有机酸，具有轻泻作用，因此母畜妊娠后期应慎喂或停喂。

边学边练

1. 填空

（1）青贮发酵的主要条件是_____、_____、_____。

（2）常用青贮设备有_____、_____、_____和_____。

（3）常见青贮原料有_____、高粱、_____、其他禾本科牧草、_____、其他豆科牧草、_____。

2. 简答

（1）青贮饲料的优越性有哪些？

（2）如何正确利用青贮饲料？

单元实训 3　青贮饲料的调制及品质鉴定

一、青贮饲料的调制

【材料用具与设施设备】

1. 青贮原料　玉米秸秆、高粱、禾本科牧草等。

2. 设施及用具　青贮切割机、动力、电源、运输、压实工具等。

3. 青贮设备　青贮窖、青贮壕、青贮塔、青贮袋等设备。

4. 人力　组织足够的人力和运输力。

【方法步骤】　调制的步骤包括切短、装填、压实、密封、管护等5个步骤。

1. 切短　为便于青贮时压实，提高青贮窖的利用率，排出原料间隙中的空气，有利于乳酸菌生长发育，是提高青贮饲料品质的一个重要环节。一般将原料切成1～2cm较为适宜。原料的含水量越低，切得越短；反之，则可切长一些。

切碎机可采用青贮联合收割机、青绿饲料切碎机和滚筒铡草机等。

2. 装填　青贮原料应随切碎，随装填。装填青贮原料之前，要将已经用过的青贮设施清理干净。一般要求是，1个青贮设施要在1～2d装满，装填时间越短越好。要求边装填边压实，每装填20～30cm踩实1遍，应将原料装至高出窖沿30～60cm，然后再封窖，这样原料塌陷后，能保持与窖口平齐。装入青贮壕时，可酌情分段，顺序装填。

装填前，可在青贮窖或青贮壕底铺一层10～15cm的切短秸秆或软草，以便吸收青贮汁液。窖壁四周铺一层塑料薄膜，以加强密封性，避免漏气和渗水。

3. 压实　装填原料的同时，如为青贮壕，必须用履带式拖拉机或用人力层层压实，尤其要注意窖或壕的四周和边缘。在拖拉机漏压或压不到的地方，一定要上人踩实。青贮料压得越实越容易造成厌氧环境，越有利于乳酸菌活动或繁殖。

4. 密封　青贮料装满后，须及时密封和覆盖，以隔绝空气继续与原料接触，防止雨水进入。拖延封窖，会使青贮窖原料温度上升，原料营养损失增加，降低青贮饲料的品质。一般在窖面上覆上塑料薄膜后，再覆上30～50cm的土，踩踏成馒头形或屋脊形。

5. 管护　密封后，要注意后期的管护，应经常检查。发现裂缝、漏气处要及时覆土压实，杜绝透气并防止雨水渗入。在我国南方多雨地区，应在青贮窖或壕上搭棚。注意鼠害，发现覆盖物破损后应及时修补。

二、青贮饲料的品质鉴定

青贮饲料在饲用前，要进行品质鉴定。只有在确保其品质优良后，才可饲用，青贮饲料的鉴定应按一定的操作程序及方法进行。

【材料与用具】

1. 不同等级的青贮饲料。

2. 滴瓶、吸管、玻璃棒、搪瓷杯、白瓷比色盘、试管、烧杯和铁丝等。

3. 甲基红指示剂：称取甲基红0.1g，溶于18.6mL的0.02mol/L氢氧化钠溶液中，用蒸馏水稀释至250mL。

4. 溴甲酚绿指示剂：称取溴甲酚绿0.1g，溶于7.15mL的0.02mol/L氢氧化钠溶液中，再用蒸馏水稀释至250mL。

5. 混合指示剂：甲基红指示剂与溴甲酚绿指示剂按1∶1.5的体积混合即成。

6. 盐酸（相对密度1.19）、酒精（95％）、乙醚等。

【方法步骤】　取样时，先去除堆压的黏土、碎草等覆盖物和上层霉烂物，再从整个表面取出一层青贮饲料后，按照饲料样品的采集与制备中要求的方法进行采集。取样后，立即覆盖，以免过多空气侵入。在冬季还要防止青贮饲料冻结。

1. 感官鉴定法　用手抓一把有代表性的青贮饲料样品，紧握于手中，再放开观察颜色、结构，闻闻酸味，评定其质地优劣（表2-6）。根据青贮饲料的颜色、气味、质地和结构等指标评定其品质等级。

表 2-6　青贮饲料感官鉴定标准

等级	气味	酸味	颜色	质　地
优良	芳香酸味，给人以舒适感	较浓	接近原料颜色，一般呈绿色或黄绿色	柔软湿润，保持茎、叶花原状，叶脉及绒毛清晰可见，松散
中等	芳香味弱，稍有酒精或酪酸味	中等	黄褐色或暗绿色	基本保持茎、叶、花原状柔软，水分稍多或稍干
低劣	有刺鼻腐臭味	淡	褐色或黑色	茎叶结构保持极差，黏滑或干燥，粗硬，腐烂

2. 实验室鉴定法　pH 测定：将待测样品切断，装入陶瓷杯或烧杯中至 1/2 处，以蒸馏水或凉开水浸没青贮饲料，然后用玻璃棒不断地搅拌，静止 15～20min 后，将水浸物经滤纸过滤。吸取滤液 2mL，移入白瓷比色盘内，加 2～3 滴混合指示剂，用玻璃棒搅拌，观察盘内浸出液的颜色。根据以下标准判断出近似 pH，并评定青贮饲料的品质等级（表 2-7）。

表 2-7　近似 pH 与颜色对照表

品质等级	颜色反应	近似 pH
优良	红、乌红、紫红	3.8～4.4
中等	紫、紫蓝、深蓝	4.6～5.2
低劣	蓝绿、绿、黑	5.4～6.0

三、青贮饲料腐败的鉴定

如果青贮饲料腐败变质，则其中含氮物分解后形成游离氨。鉴定方法是：在试管中加入相对密度为 1.19 的盐酸 2mL、95% 的酒精 6mL 和乙醚 2mL，将中部带有一铁丝的软木塞塞入试管中。铁丝的末端弯成钩状，钩一块青贮饲料，铁丝的长度距离试液 2cm。如有氨存在时生成氯化铵，会在钩上的青贮饲料表面形成白雾。

课题五　能量饲料

问题探究　生产中常用的能量饲料有哪些种类?能量饲料的营养特点和使用方法是什么?

按照《饲料工业通用术语》定义：干物质中粗纤维含量小于18%，粗蛋白质含量低于20%，每千克饲料含干物质代谢能 10.46MJ 以上的饲料原料称为能量饲料。这类饲料主要包括谷实类、糠麸类、淀粉质块根块茎类和其他加工副产品（糖蜜、动植物油脂、乳清粉等）。

知识 1　谷实类饲料

谷实类饲料是禾本科作物籽实的统称。此类饲料无氮浸出物含量较高，一般占干物质的70%以上，主要是淀粉；粗纤维含量低，一般在 5% 以内，只有带颖壳的大麦、燕麦、稻和粟等可达 10% 左右；粗蛋白质含量低，为 8%～13%。且品质不佳，氨基酸组成不平衡，缺乏赖氨酸和蛋氨酸等。玉米中色氨酸和麦类中苏氨酸含量少；脂肪含量少，一般占 2%～

5%，且以不饱和脂肪酸为主，亚油酸和亚麻酸的比例较高，这对于保证猪、鸡的必需脂肪酸供应有一定好处；矿物质中钙含量低（在 0.1% 以下）、磷含量较高（达0.31%～0.45%），比例极不符合动物需要。磷多以植酸磷的形式存在，单胃家畜利用率很低。大麦含锌多，小麦含锰多，玉米含钴多；含有丰富的维生素 B_1 和维生素 E，缺少维生素 C 和维生素 D。除黄玉米和粟谷外，其他都缺胡萝卜素。大麦含烟酸较多，但利用率极低，所有谷实类饲料中都不含维生素 B_{12}。

一、玉　米

玉米是使用最普遍而且用量最大的一种饲料原料。70%～80% 的玉米都用于饲料，在美国高达 90%，故有"饲料之王"的美称。现在由于使用大量的玉米生产燃料乙醇，用于饲料的比例下降。

1. 玉米的分类

（1）按籽粒形状、胚乳性质、成分及稃壳有无，可将玉米分为：硬粒型、马齿型、半马齿型、甜质型、爆裂型、粉质型、蜡质型、有稃型、高油玉米、高赖氨酸玉米。

（2）按籽粒的颜色可将玉米分为黄玉米、白玉米和混合色玉米（黄白色）。

2. 玉米的营养特性

（1）玉米的有效能值高，在谷实饲料中含量最高。玉米的粗纤维很少，仅 2%，而无氮浸出物高达 72%，而且无氮浸出物主要是易消化的淀粉。玉米的粗脂肪含量一般为 3%～4.5%，但高油玉米中粗脂肪含量可达 8% 以上，主要是甘油三酯，构成的脂肪酸主要为不饱和脂肪酸，是小麦和大麦的 2 倍。

（2）玉米亚油酸含量较高，主要是十八碳二烯酸，能提供动物所必需的脂肪酸。动物缺乏亚油酸时，生长受阻，皮肤病变，繁殖机能受到损害。玉米含有 2% 的亚油酸，在谷实类中含量最高。猪、鸡日粮，要求亚油酸含量为 1%，如玉米在日粮中配比达到 50% 以上时，则仅玉米即可满足动物对亚油酸的需要。

（3）玉米的蛋白质含量低，一般为 7%～9%，比小麦、大麦含量少，与高粱接近，其品质较差，其原因是必需氨基酸赖氨酸、蛋氨酸和色氨酸非常少，赖氨酸的含量几乎为零。故在配制玉米为主体的全价配合饲料时，常与大豆饼粕和鱼粉搭配。同时，在添加剂预混料中加大烟酸或烟酰胺的用量，可提高色氨酸的利用率。

（4）玉米矿物质约 80% 存在于胚部，钙非常少，只有 0.02%。磷约含 0.25%，但约有63% 的磷以植酸磷形式存在，单胃家畜利用率很低。其他矿物质的含量也较低。

（5）玉米脂溶性维生素中维生素 E 较多，约为 20mg/kg，黄玉米中胡萝卜素含量较高。几乎不含维生素 D 和维生素 K。水溶性维生素中含维生素 B_1（硫胺素）较多，核黄素和烟酸含量较少，且烟酸以结合状态存在。玉米适口性好，无使用限制。

▊知识窗

黄玉米中色素的作用

黄玉米胚乳中主要含 β-胡萝卜素、叶黄素和玉米黄质。β-胡萝卜素是维生素 A 的前体，也是牛的体脂和乳脂色素来源；叶黄素和玉米黄质对蛋黄颜色、脚色和肤色等有良好的着色效果。白玉米除色素含量非常少外，其他成分与黄玉米相近。

玉米的饲用

玉米是鸡最重要的饲料原料，其热能值高，最适于肉用仔鸡的肥育，在产蛋鸡饲料中也广为使用，但应避免过量使用，否则肉鸡腹腔内过量蓄积脂肪会使屠体品质下降。

玉米养猪的效果也很好，但要避免过量使用，以防热能太高而使背脂增厚，胴体的品质下降，甚至产生"黄膘肉"。当玉米粒过硬或过于干燥时，20kg 以内的小猪须以细碎为宜，但粉碎过细有可能诱发胃溃疡。大猪则以粗粒为好。由于玉米缺少赖氨酸，所以任何阶段的猪日粮中均应添加赖氨酸。

玉米可大量用于牛、羊、兔的精料补充料中。但最好与其他体积大的糠麸类并用，以防积食引起臌胀。高赖氨酸玉米对牛不像猪、鸡那样效果明显。用整粒玉米喂奶牛，因为不能嚼得很碎，有 18％～33％ 未经消化而排出体外，所以对小牛或奶牛来说，饲喂碎玉米效果较好。但对于 330kg 左右的肉牛，玉米粉碎与否差异不大。玉米压片后饲喂肉牛，在饲料转化率及生长方面都优于整粒、细碎或粗碎的玉米。

玉米的贮存

玉米籽实在收获时虽然已达到成熟期，籽粒饱满，但含水量很高，可达 30％ 以上。又因玉米籽实外壳有一层釉质，可以防止籽实内水分的散发，故很难干燥。而入仓贮存玉米，必须进行干燥脱水，使含水量降至 14％ 以下，否则容易滋生霉菌而变质。玉米极易感染黄曲霉，因此黄曲霉毒素 B_1 是玉米的必检项目。玉米发霉的第 1 个征兆就是胚轴变黑，然后胚变色，最后整粒玉米成烧焦状。发霉变质的玉米不能用作饲料，也无需再贮存。

玉米籽实粉碎后，由于失去了防止水分进出的保护层，很容易吸水、结块、发热、被霉菌污染，所以粉碎后不能久存。在高温高湿地区，更易变质，配料时应使用防霉剂。

二、大　麦

大麦（图 2-10）是重要的谷物之一，广泛种植于欧洲北部、北美和亚洲西部地区，全世界总产量仅次于小麦、稻谷和玉米而居第 4 位，其中约 50％ 供饲料用，约 30％ 供酿酒用。

1. 大麦的分类

（1）按栽培季节分，可将大麦分为春大麦和冬大麦。

（2）按有无麦稃分，可将大麦分为有稃大麦（皮大麦）和裸大麦（裸麦、元麦或青稞）。

2. 大麦的营养特性　大麦的蛋白质含量高于玉米，氨基酸中除亮氨酸及蛋氨酸外均比玉米含量高，而利用率却低于玉米。大麦中赖氨酸含量接近玉米的

图 2-10　大　麦

2 倍，但猪对其的消化率仅为 73.3％，而对玉米中赖氨酸的消化率为 82％。但大麦的可消化赖氨酸总量仍高于玉米。

大麦籽实包有一层质地坚硬的颖壳，故粗纤维含量高，为玉米的 2 倍左右，因此有效值能较低，代谢能约为玉米的 89％，净能约为玉米的 82％。淀粉及糖类比玉米少，含有其他

谷实所没有的 β-1，3 葡聚糖。

大麦脂肪含量约 2%，为玉米的一半，饱和脂肪酸含量比玉米高，亚油酸含量只有 0.78%。

大麦所含的矿物质主要是钾和磷。其中，63% 为植酸磷，利用率为 31%，高于玉米中磷的利用率。其次为镁、钙及少量的铁、铜、锰、锌等。

大麦富含 B 族维生素，包括维生素 B_1、维生素 B_2、维生素 B_6 和泛酸，烟酸含量较高，但利用率较低，只有 10%。脂溶性维生素 A、维生素 D、维生素 K 含量低，少量的维生素 E 存在于大麦的胚芽中。

大麦中含有抗胰蛋白酶和抗胰凝乳酶，前者含量低，后者可被胃蛋白酶分解，故对动物一般影响不大。此外，大麦经常有许多由霉菌感染的疾病，其中最重要的是麦角病，可产生多种有毒的生物碱，会阻止母猪乳腺发育，导致产科疾病。

走进生产　　　　　　**大 麦 的 饲 用**

大麦对鸡的饲养效果明显比玉米差，因能值低而导致鸡采食量和排泄量增加。有报告指出，将大麦用水浸泡后，加入纤维素酶或 β-葡聚糖酶，会提高能值及消化率，进而促进鸡的生长。蛋鸡饲喂大麦，虽不影响产蛋率，但因能值低而导致饲料转化率明显下降。大麦不含色素，对蛋黄、皮肤无着色功能，因而大麦不是鸡的理想饲料。

因大麦中粗纤维含量较高、含较多 β-1，3 葡聚糖、阿拉伯木聚糖之故，大麦不适合喂仔猪。但经脱壳、压片及蒸汽处理的大麦片可取代部分玉米，并可改善饲养效果。大麦喂肉猪可增加胴体瘦肉率，能生产白色硬脂肪的优质猪肉。但大量使用会使增重和饲料转化率降低。所以用大麦取代玉米不得超过 50%，或在配合饲料中所占比例不得超过 25%。在猪饲粮中玉米和大麦以 2∶1 比例配合，可获得最佳效果。大麦宜粉碎后喂，否则不易于消化，但不能粉碎得太细，太细适口性下降。

大麦是肉牛、奶牛及羊的优良精饲料，反刍家畜对大麦中所含的 β-1，3 葡聚糖有较高的利用率。大麦用于肉牛肥育与玉米价值相近，饲喂奶牛可提高乳和黄油的品质。大麦粉碎太细易引起瘤胃臌胀，但用水浸数小时或压片后饲喂可起到预防作用。此外，大麦进行压片、蒸汽处理可改善适口性及肥育效果，微波以及碱处理可提高消化率。

三、高　粱

高粱是世界上四大粮食作物之一，高粱与玉米之间有很高的替代性，其用量可根据两者差价及高粱中单宁含量而定。

1. 高粱的分类

（1）按用途分，可将高粱分为粒用高粱、糖用高粱、帚用高粱和饲用高粱。

（2）按籽粒颜色分，可将高粱分为褐高粱、白高粱、黄高粱（红高粱）和混合型高粱。

2. 高粱的营养特性　高粱粗蛋白质含量略高于玉米，一般为 9%～11%，但品质不佳，且不易消化，缺乏赖氨酸和色氨酸。高粱所含脂肪低于玉米，亚油酸含量也较玉米低，约为 1.13%。高粱淀粉含量与玉米相近，但高粱淀粉粒受蛋白质覆盖程度较高，故消化率较低，致使高粱的有效能值低于玉米；矿物质中磷、镁、钾含量较多而钙含量少。其中，磷 40%～

70％为植酸磷；维生素 B_1、维生素 B_6 含量与玉米相同，泛酸、烟酸、生物素含量多于玉米。烟酸以结合状态存在，利用率低。生物素在肉用仔鸡的利用率只有 20％。

高粱含有的单宁，是水溶性的多酚化合物，单宁又称鞣酸或单宁酸。高粱籽实中的单宁为缩合单宁，一般含单宁 1％以上者为高单宁高粱，低于 0.4％的为低单宁高粱。单宁含量与籽粒颜色有关，色深者单宁含量高。

单宁的抗营养作用主要是苦涩味重，影响适口性，与蛋白质及消化酶类结合，干扰消化过程，影响蛋白质及其他养分的利用率。高粱单宁的某些毒性作用经过肠道吸收后出现，有报道，饲喂蛋鸡高单宁水平的日粮，出现以腿扭曲、跗关节肿大为特征的腿异常，这可能是单宁影响了骨有机质的代谢。故在配合饲料中高粱比例不宜过大，应控制在 15％以下，否则还会引起便秘。

高粱单宁会降低反刍家畜的增重率、饲料转化率和代谢能值，但降低的程度低于非反刍家畜。有时单宁可与饲料蛋白质形成复合物，减少瘤胃微生物对蛋白质的降解；如在苜蓿和草木樨等豆科牧草地放牧时，可减少家畜瘤胃膨气的发生等。

去掉高粱中的单宁，可采用水浸或煮沸、氢氧化钠、氨化等处理。也可通过饲料中添加蛋氨酸或胆碱等含甲基的化合物来缓和。

← 走进生产

高 粱 的 饲 用

一般认为高粱的饲用价值为玉米的 95％左右，当高粱的价格为玉米价格的 95％以下时，可考虑使用高粱。鸡的日粮中要求单宁含量不超过 0.2％，所以高单宁的褐色高粱用量宜在 10％～20％以下；低单宁的浅色高粱可用到 40％～50％。高粱中含叶黄素等色素比玉米低，对鸡皮肤和蛋黄无着色作用，应与苜蓿草粉、叶粉搭配使用。

用高粱饲喂肉猪或种猪，与玉米相比没有多大差别，如果饲喂得法，可达到玉米饲用价值的 90％～95％，但必须与优质的蛋白质饲料配合使用，同时补充维生素A。近来报道，对生长猪以 25％及 50％高粱取代玉米，其日增重及饲料转化率均优于全玉米，但完全取代玉米则饲料转化率及生长速度略减。高粱籽粒小且硬，整粒喂猪效果不好，但粉碎太细，影响适口性，且易引起胃溃疡，所以以压扁或粗粉碎效果为好。

高粱的成分接近玉米，用于反刍家畜有近似玉米的营养价值。高粱整粒饲喂时，有一半左右不消化而被排出体外，所以须粉碎或压扁。很多加工处理，如压片、水浸、蒸煮及膨化等均可改善反刍家畜对高粱的利用率，可提高利用率 10％～15％。

四、燕　麦

燕麦是我国高寒地区种植的主要饲料作物之一。燕麦因含稃壳的比例大，粗纤维高达 10％～13％。淀粉虽是其主要成分，但与其他谷物相比却少得多，为玉米淀粉含量的 1/3～1/2，因而能值很低。另外，也有培育出的稃壳极少的品种，饲用价值与玉米等同，但产量低，且油脂高而易氧化酸败，贮存困难。燕麦含脂肪比其他谷物高，而且多属于不饱和脂肪酸，主要分布在胚部。燕麦蛋白质及其氨基酸的含量与比例均优于玉米，而且赖氨酸含量高达 0.4％左右，故蛋白质品质优于玉米。富含B族维生素，但烟酸比小麦少，脂溶性维生素和矿物质含量均低。

◀ **走进生产**

燕 麦 的 饲 用

燕麦对鸡的饲用价值较低。不能大量用于肉仔鸡、高产蛋鸡和雏鸡饲料中，仅用于控制种鸡的体重时饲用。此外，燕麦对啄羽等异嗜现象有一定的预防作用。

燕麦一般不宜用作肥育猪的饲料，喂量较多时会使肥育猪背脂变软，影响胴体品质。种猪饲料用 10%～20% 为宜。燕麦对猪具有预防胃溃疡的效果，使用前应加以粉碎，但不宜粉碎太细。颗粒、压片均可改善饲养效果，添加纤维素酶也可提高燕麦的饲用价值。

燕麦是反刍家畜很好的饲料，适口性好，粉碎即可饲用。对奶牛饲喂效果最好，但因其含壳多，用于饲喂肉牛，育肥效果比玉米还差，精料中使用 50%，其效果约为玉米的 85%。绵羊也嗜食燕麦，可整粒喂给。燕麦是马属动物最具代表性的饲料，特别是赛马的最好饲料。

五、其他谷类饲料

稻谷、粟谷和荞麦均有纤维质颖壳，营养价值与大麦相近。脱壳后则为优质能量饲料。荞麦含一种光敏物质，动物大量采食后在日光照射下可引起皮肤过敏性红斑。小黑麦因抗逆性强、产量高，且蛋白质含量高于玉米，近年来颇受重视。

知识 2　糠麸类饲料

一般谷实的加工分为制米和制粉两大类。制米的副产物称作糠，制粉的副产物则为麸。糠麸类是动物的重要能量饲料原料，主要有米糠、小麦麸、大麦麸、燕麦麸、玉米皮、高粱糠及谷糠等。其中，米糠与小麦麸占主要位置。糠麸类主要是由籽实的种皮、糊粉层与胚组成。营养价值的高低随加工方法而异。

糠麸类共同的营养特点是无氮浸出物比谷实少，占 40%～50%，与豌豆和蚕豆相近；粗纤维含量比籽实高，约占 10%；粗蛋白质的数量与质量均介于豆科与禾本科籽实之间；米糠中粗脂肪含量达 13.1%，其中不饱和脂肪酸含量高；矿物质中磷含量较多（1% 以上），钙较少（0.11%），且磷多以植酸磷的形式存在；维生素 B_1、烟酸及泛酸含量较丰富，缺乏其他维生素。

一、小 麦 麸

俗称麸皮，是小麦的加工副产品，由种皮、糊粉层和一部分胚及少量胚乳组成。小麦麸来源广，数量大，是我国北方动物常用的饲料原料。

每千克小麦麸干物质含消化能 9.37MJ（猪），代谢能 6.82MJ（鸡），根据小麦加工程度的不同，其主产品面粉可分为精粉（70 粉）、特二粉（75 粉）和标准粉（85 粉）等，因此其副产品小麦麸的成分及营养价值也有所不同。出粉率越高，麸皮中的胚和胚乳的成分越少，麦麸的营养价值、能值及消化率则越低。

麸皮成分与脱脂米糠相似，但氨基酸组成较佳，赖氨酸含量可达 0.6% 左右。粗纤维含量较高，可达 10% 左右，能值较低，粗蛋白质 12%～16%。含脂肪 4% 左右，以不饱和脂肪酸居多，易变质生虫。B 族维生素及维生素 E 含量高，维生素 B_1 达 8.9mg/kg，维生素 B_2 达 3.5mg/kg，维生素 A、维生素 D 的含量少。矿物质较丰富，钙磷比例不适宜，磷多属于植酸磷，约占 75%，但含植酸酶，故吸收率优于米糠（猪约为 35%）。

← 走进生产　　　　　小 麦 麸 的 饲 用

　　小麦麸的代谢能较低，不适于用作肉鸡饲料，但种鸡、蛋鸡在不影响热能的情况下可尽量使用，一般在 10% 以下。为了控制生长蛋鸡及后备种鸡的体重，在其饲料中可使用 15%～25%，这样可降低日粮的能量浓度，防止鸡只体内脂肪沉积过多。

　　小麦麸质地松散，容积大、适口性好，含有轻泻性盐类，有助于家畜胃肠蠕动，还有通便润肠作用，所以是妊娠后期和哺乳母猪的良好饲料。用于肉猪肥育效果较差，有机物质消化率只有 67% 左右，但有报道认为，小麦麸可提高肉猪的胴体品质，产生白色硬体脂，一般使用量以不超过 15%。小麦麸用于幼猪时不宜过多，以免引起幼猪消化不良。

　　小麦麸容积大，纤维含量高，适口性好，是奶牛、肉牛及羊的优良的饲料原料。奶牛精料中使用 25%～30%，可增加泌乳量，但用量不宜太多。肉牛精料中可用到 50%。

二、稻　糠

　　稻谷的加工副产品称为稻糠。稻糠可分为砻糠、米糠和统糠三类。砻糠是粉碎的稻壳；米糠是稻谷脱壳后精磨制米的副产物，也称细米糠；统糠是米糠和砻糠的混合物。其营养价值因加工程度不同而异，加工的精米越白，则进入米糠的胚乳越多，其能值越高。

　　1. 米糠　粗蛋白质含量约为 13%，品质比玉米好，赖氨酸含量高达 0.55%，含有较多的含硫氨基酸。米糠的粗脂肪含量可高达 15%，比同类饲料高得多，为麦麸、玉米糠的 3 倍多，因而能值也位于糠麸类饲料之首。其脂肪酸的组成多为不饱和脂肪酸，油酸和亚油酸占 79.2%，脂肪中还含有 2%～5% 的天然维生素 E。米糠除富含维生素 E 外，B 族维生素含量也很高，但缺乏维生素 A、维生素 D、维生素 C。米糠粗灰分含量高，但钙、磷比例极不平衡，含磷量比钙高 20 倍，但所含磷约有 86% 属植酸磷，利用率低且影响其他元素的吸收利用。此外，锰、钾、镁、铁、锌含量丰富。

　　米糠中含有胰蛋白酶抑制因子，加热可使其失活，采食过多易造成蛋白质消化不良。此外，米糠中脂肪酶活性较高，长期贮存易引起脂肪变质。

← 走进生产　　　　　米 糠 的 饲 用

　　米糠可补充鸡所需的 B 族维生素、锰及必需脂肪酸。用米糠取代玉米喂鸡，其饲养效果随用量的增加（20%～60%）而下降。原因是米糠中存在胰蛋白酶抑制因子，用高压蒸汽加热等处理使抑制因子失活，即可提高饲料转化率。用大量米糠饲喂雏鸡，会导致雏鸡胰肿大，如将米糠加热高压处理则可减轻肥大程度。一般鸡饲料以使用 5% 以下为宜，颗粒饲料可酌量增至 10% 左右，用量太高不仅影响适口性，还会因植酸过多而影响鸡只对钙、镁、铁、锌等矿物元素的利用。

米糠适于饲喂各种家畜，但由于其油脂含量较高，易氧化酸败不宜贮藏，在饲粮中配比过高会引起腹泻及体脂肪发软。一般在猪饲料中应控制在20%以下。仔猪不宜使用，以免引起腹泻。

米糠用作牛饲料并无不良反应，适口性好，能值高，在奶牛和肉牛饲粮中可用到20%左右，喂量过多会影响牛奶和牛肉的品质，使体脂和乳脂变黄变软，尤其是酸败的米糠还会引起适口性降低，并导致腹泻。

2. 砻糠与统糠　砻糠是稻谷加工糙米时脱下的谷壳（颖壳）粉，是稻谷中最粗硬的部分，粗纤维含量达46%，属于品质差的粗饲料。有机物质的消化率仅为16.5%，仅高于木屑，按消化率折算，20kg砻糠才抵得上0.9kg米糠。灰分含量很高，达21%，但大部分是硅酸盐，严重地影响钙、磷的吸收利用。砻糠营养价值极低，不适于饲喂猪、鸡。

统糠有两种类型，一种是稻谷一次加工成白米分离出的糠，这种糠占稻谷的25%～30%，其营养价值介于砻糠与米糠之间，粗纤维含量较高，达28.7%～37.6%。另一种是将加工分离出的米糠与砻糠人为地混合而成。根据其混合比例的不同，又可分为一九统糠、二八统糠、三七统糠等。统糠的成分及营养价值取决于砻糠与米糠的比例，砻糠的比例愈高，营养价值愈低。

此外，还有高粱糠、玉米皮等。高粱糠消化能高于小麦麸。对猪、鸡应限制喂量；饲喂奶牛和肉牛效果较好。玉米皮因粗纤维含量较高，对猪和鸡的有效能值较低，不宜喂仔猪，但可作为奶牛和肉牛饲料。

知识3　淀粉质块根、块茎饲料

常见的有甘薯、马铃薯、木薯、甜菜渣等，其饲料干物质中主要是无氮浸出物，而粗纤维、粗蛋白质、粗脂肪、粗灰分等较少或贫乏。

1. 甘薯　干物质中淀粉占85%以上，高于其他块根类。甘薯蛋白质含量较低，且含有胰蛋白酶抑制因子，但加热可失活。甘薯类宜喂猪，熟喂时其蛋白质的消化率较高，饲料利用率也高，采食量可增加10%～17%。甘薯保存不妥时，碰伤处易受微生物侵染而出现黑斑或腐烂。黑斑甘薯有毒，家畜食后有腹痛和喘息症状，重者致死。用病薯制粉或酿酒后的糟渣也含有毒性黑斑霉酮，不能饲用。将甘薯切片晒干和粉碎后可做为配合饲料组分，替代部分玉米等籽实。

2. 马铃薯　干物质中淀粉占80%左右，鲜马铃薯中维生素C丰富，但其他维生素贫乏。对反刍家畜，马铃薯可生喂；对猪，熟喂较好。马铃薯的幼芽、芽眼及绿色表皮含有龙葵素，大量采食可导致家畜消化道炎症和中毒。饲用时须清除皮和幼芽或蒸煮，但煮水不能供家畜饮用。

知识4　其他能量饲料

1. 油脂

（1）油脂的分类。按来源可将油脂分为动物油脂、植物油脂、饲料级水解油脂、粉末状油脂。植物油脂与动物油脂是常用的液体能量饲料。植物油的代谢能为 37MJ/kg，用于肉仔鸡的增重效果好于动物油脂。常用的有大豆、玉米油等。动物油脂的代谢能略低于植物油，约为 35MJ/kg，这类油脂多由胴体的某些部分熬制而来，如猪油、牛油、鱼油。

（2）油脂的营养特性。

①油脂是高热能来源。油脂蕴含很高的能量，约相当于碳水化合物和蛋白质的 2.25 倍，油脂的代谢能水平为玉米的 2.5 倍，添加油脂很容易配制成高能量饲料，对肉用仔鸡和仔猪尤为重要。

②油脂是必需脂肪酸的重要来源之一。必需脂肪酸缺乏会造成动物受损，出现角质化，生长抑制，繁殖机能障碍，生产性能下降等。油脂特别是植物性油脂可提供丰富的必需脂肪酸。

③油脂具有额外热能效应。添加油脂与基础日粮中的油，在脂肪酸组成上发生了协同作用，得以互相补充；另外，是添加油脂促进了非脂类物质的吸收。

④油脂能促进色素和脂溶性维生素的吸收。饲料中的色素及脂溶性维生素，如维生素 A、维生素 D、维生素 E、维生素 K 等，均须溶于脂肪后，才能被动物体消化、吸收和利用。

← 走进生产

油脂的饲用

油脂的热增耗低，可减轻动物热应激。添加油脂可降低因代谢造成的体温上升程度，故在高温环境下动物可处于舒适状态，即提高其抗热能力，避免热应激所带来的损失，故夏季天气炎热时常在饲料中添加油脂。

油脂在动物消化道内作为溶剂，能促进脂溶性维生素的吸收；油脂能延长饲料在消化道内的停留时间，从而提高饲料养分的消化率和吸收率。

添加油脂，能改善饲料的风味，增加动物采食量；防止饲粮中原料分级；在配合饲料加工过程中，可防止尘埃产生，使饲料养分损失减少；降低加工车间空气污染程度；同时也减少加工机械磨损，有利于颗粒饲料的制粒。

建议添加量为：一般在肉鸡前期日粮中添加 2%～4% 的猪油等廉价油脂；而在后期日粮中添加必需脂肪酸含量高的油脂（大豆油、玉米油等）；在仔猪的人工乳和开食料中，添加 3%～5% 的油脂；在肉猪饲料中添加 1%～3% 的油脂。

2. 糖蜜　又名糖浆，是甘蔗和甜菜制糖的副产品。含碳水化合物 53%～55%，水 20%～30%。易消化，有甜味，适口性好。喂量不宜过多，否则会引起鸡软便和猪、牛腹泻。猪、鸡饲料中适宜的添加量为 1%～3%，肉牛为 4%，犊牛 8%。糖蜜可作为颗粒饲料的黏合剂，提高颗粒饲料的质量。喂牛时，若在糖蜜中添加适量尿素，制成氨化糖蜜，效果更好。

3. 乳清粉　是乳清经浓缩、干燥而成的粉末。其主要成分为乳糖和灰分。乳糖能提高钙、磷的吸收率。故多用作代乳品或仔畜早期料的组分。仔猪用量一般为 5%～15%，效果较佳。犊牛代乳品可用到 20%。用量过高会造成下痢并增加饲养成本。

此外，能量饲料还有乳清粉、玉米胚芽粕、苹果渣、大豆磷脂等。

边学边练

1. 解释　能量饲料　　谷实类饲料

2. 填空

(1) 能量饲料主要包括_____、_____、_____和淀粉质块根、块茎饲料等。

(2) 当地常用的禾本科籽实饲料有_____和_____等，淀粉质、块根块茎饲料有_____和_____等。

(3) 黄玉米籽实含有_____，对于蛋黄、奶油、鸡皮肤着色有利。

3. 简答

(1) 结合你所学过的知识，谈谈猪在催肥阶段为何不能饲喂过多的玉米和米糠？

(2) 谷物籽实类和糠麸类饲料在饲喂动物时应注意些什么？

课题六　蛋白质饲料

问题探究　生产中常用的蛋白质饲料有哪些?常用蛋白质饲料有何营养特点和饲用价值?

蛋白质饲料是指干物质中粗纤维含量低于18％，粗蛋白质含量大于或等于20％的饲料原料。蛋白质饲料可分为：植物性蛋白质饲料（如豆类籽实、饼粕类等）、动物性蛋白质饲料（鱼粉、血粉等）、单细胞蛋白质饲料（如酵母、细菌、真菌等）和非蛋白氮饲料（如尿素、铵盐等）。

知识 1　植物性蛋白质饲料

植物性蛋白质饲料包括豆类籽实、饼粕类及某些籽实的加工副产品。

一、豆类籽实

指大豆、豌豆和蚕豆等，多为油料作物，一般较少直接用作饲料。

1. 全脂大豆　以黄种最多而得名黄豆，其次为黑豆。

(1) 营养特性。大豆籽实蛋白质含量为32％～40％，蛋白质品质较好，赖氨酸含量较高，如黄豆和黑豆的赖氨酸含量分别为2.30％和2.18％，但含硫氨基酸蛋氨酸不足。粗脂肪含量高达16％～20％，含不饱和脂肪酸甚多，其中必需脂肪酸——亚油酸占55％，因含不饱和脂肪酸多，故易氧化，应注意温度、湿度等贮存条件。脂肪中还有1％的不皂化物。另外，还含有1.8％～3.2％的磷脂类，具有乳化作用。

碳水化合物含量不高,淀粉含量甚微,为0.4％～0.9％。矿物质中以钾、磷、钠居多。其中,磷约有60％属植酸磷,钙的含量高于谷实类。维生素 B_1 和维生素 B_2 的含量略高于谷实类。

(2) 有害物质及危害。生大豆含有胰蛋白酶抑制因子、脲酶、血细胞凝集素（PHA）、致甲状腺肿物质、抗维生素、赖丙氨酸、皂甙、雌激素、胀气因子等有害物质或抗营养成分，它们影响饲料的适口性、消化性与动物的一些生理过程。但是这些有害成分中除了后3种较为耐热外，其他均不耐热，经湿热加工可使其丧失活性。

　　　　　　　　全脂大豆的饲用

　　热处理过的黑豆籽实在蛋鸡饲料中可完全取代大豆饼粕，能提高蛋重，并显著增加蛋黄中亚油酸与亚麻酸的含量；全脂大豆用于仔猪，可满足其对能量、蛋白质及必需脂肪酸的需要。对肉猪可尽量使用，但用量过高会造成软脂现象，影响胴体品质；给奶牛饲喂全脂大豆能催乳、提高乳脂率。预先将充分加热的大豆粉用酸或碱处理，再添加蛋白酶，可作为犊牛代用乳，以提高其消化率。牛饲料中还可使用生大豆，但不宜超过精料的50％。生大豆中含有尿素酶，会使尿素分解，所以也不宜与尿素同用。

　　2. 豌豆与蚕豆　　豌豆和蚕豆的粗蛋白质含量为22％～25％，两者的粗脂肪含量均为15％左右，无氮浸出物达50％以上，淀粉含量高，能值虽比不上大豆，但与大麦和稻谷相似。豌豆籽实与蚕豆籽实中有害成分含量很低，可安全饲喂，无需加热处理。但目前我国这两者的价格较高，很少作为饲料。

二、饼粕类饲料

　　富含脂肪的豆类籽实和油料籽实提取油后的副产品统称为饼粕类饲料。经压榨提油后的饼状副产品称作油饼；经浸提脱油后的副产品称为油粕。饼粕类的营养价值因原料种类品质及加工工艺不同而不同，同一籽实的油粕粗蛋白质一般高于油饼，而粗脂肪低于油饼。

　　1. 大豆饼粕　　是大豆榨油后的副产品，是玉米大豆饼粕型饲粮的骨干饲料之一。

　　（1）营养特性。大豆饼粕（图2-11）是目前使用最广泛、用量最多的植物性蛋白质饲料。具有以下优点：风味好、色泽佳、具有很高的商品价值；成分变异小、质量较稳定、数量多，可大量供应；氨基酸组成平衡、消化率高，可改进营养效果；可大量取

图2-11　大豆、大豆粕

代昂贵的动物性蛋白质饲料；合理加工的大豆饼粕不含抗营养因子，使用时无需考虑用量的限制；不易变质，故霉菌、细菌污染较少。

　　大豆饼粕粗蛋白质的含量高，一般为40％～50％，蛋白质消化率达82％，必需氨基酸的含量高，组成合理。赖氨酸的含量可达2.4％～2.8％，是玉米的10倍，居饼粕类饲料之首。是棉仁饼、菜籽饼、花生饼的2倍左右。异亮氨酸含量高达2.39％，也是饼粕类饲料中最多者。此外，大豆饼粕的色氨酸和苏氨酸的含量也很高，与玉米等谷实类配伍可起到互补作用。大豆饼粕的缺点是蛋氨酸含量不足，因此在主要使用大豆饼粕的日粮中，一般要添加L-蛋氨酸，才能满足动物的营养需要。

　　粗纤维含量不高，无氮浸出物中淀粉含量低，故可利用能量较少。大豆饼粕中胡萝卜素含量少，仅0.2～0.4mg/kg，维生素B_1和核黄素含量也少，为3～6mg/kg，烟酸和泛酸含量稍多，为15～30mg/kg，胆碱含量很丰富，可达2 200～2 800mg/kg。贮存不久的大豆饼粕维生素E含量较高。矿物质中钙少磷多，磷多属不能利用的植酸态磷，约占61％。微量元素中硒含量低，尤其在东北缺硒地区，在以豆饼和玉米为主的蛋鸡无鱼粉日粮中，其硒和

维生素 B_{12} 的不足是限制其产蛋性能的主要原因之一。

（2）质量评价。大豆中含有抗营养物质，它们多为不耐热成分，在大豆饼粕的生产过程中由于加热而失活，从而降低或丧失了其有害作用。但有些地区采用土法榨油，对料坯不加热或加热不足，冷榨法对料坯的湿热处理不充分，以及溶剂浸提法生产的豆粕，在脱溶剂处理过程中温度和时间控制不当，都会使大豆饼粕出现过生现象，其所含的有害物质最主要的是胰蛋白酶抑制因子，又称抗胰蛋白酶，它对动物的有害作用主要是抑制动物的生长和引起胰腺肥大。但大豆饼粕热处理过度，即温度过高或时间过长，会导致蛋白质过度变性，氨基酸结构遭到破坏，阻碍消化酶的作用而使赖氨酸失效，从而降低了蛋白质的营养价值。由此可见，大豆饼粕的质量及饲用价值主要受其热处理程度的影响，测定大豆饼粕中抗胰蛋白酶活性是评价大豆饼粕质量最为可靠的化学方法，但由于测定用的试剂昂贵，操作又耗时，故一般不采用，而多采用测定尿素酶活性的方法。因尿素酶活性与抗胰蛋白酶活性同受加热程度的影响，未加热或加热不足，两者都高；正确加热，两者都低。

← 走进生产

大豆饼粕的饲用

对任何阶段的鸡均可使用，尤其对雏鸡的效果更为明显；对肉猪、种猪的适口性很好，喂时要防止过食。大豆饼粕因已脱去油脂，故多用也不会造成软脂现象。在人工代乳料和仔猪补料中，用量以 10%～15% 为宜。因为大豆饼粕中的大豆球蛋白和 β-伴大豆球蛋白易引起仔猪小肠过敏反应，且粗纤维含量较多，糖类多属多糖和低聚糖类，幼畜体内无相应消化酶，采食太多有可能引起下痢，故乳猪阶段饲喂熟化的脱皮大豆粕效果较好。牛可有效地利用未经加热处理的大豆粕，含油脂较多的豆饼对奶牛有催乳效果。在牛人工代乳料和开食料中也应加以限制。

2. **菜籽饼粕**　菜籽饼粕是油菜籽榨油后得到的副产品。

（1）营养特性。菜籽饼粕的粗蛋白质含量为 36%～38%，其氨基酸的组成特点是蛋氨酸含量较高，约 0.7%，在饼粕类饲料中仅次于芝麻饼粕，名列第二。赖氨酸的含量也较高，为 2.0%～2.5%，仅次于大豆饼粕，名列第二。精氨酸含量低，是饼粕类饲料中含精氨酸最低的，为 2.32%～2.45%。棉仁饼粕中精氨酸含量高，而赖氨酸不足。因此，菜籽饼粕与棉籽（仁）饼粕搭配，可以改善赖氨酸与精氨酸的比例关系。

菜籽饼粕的碳水化合物，多是不易消化的淀粉，而且含有 8% 的戊聚糖，雏鸡无法利用，粗纤维含量为 10%～12%，故可利用能量水平较低。

菜籽饼粕中胡萝卜素和维生素 D 的含量很少，维生素 B_1 的含量也较其他饼粕类低，为 1.7～1.9mg/kg，核黄素也偏低，为 0.2～3.7mg/kg。但烟酸和胆碱的含量高，烟酸为 160mg/kg，胆碱可达 6 400～6 700mg/kg，是其他饼粕类饲料的 2～3 倍。泛酸的含量也较低，为 8～10mg/kg。

菜籽饼粕的钙、磷含量都高，但所含磷有 65% 属于植酸态磷，利用率低。含硒量在常用植物性饲料中最高，可达 0.9～1.0mg/kg，是大豆饼粕的 10 倍。相当于含硒量最高的鱼粉（1.8～2.0mg/kg）的一半。因此，如果日粮中菜籽饼粕和鱼粉占的比例大时，即使不添加亚硒酸钠，也不会出现缺硒症。此外，菜籽饼粕中含锰量也较高，约 80mg/kg。

（2）毒素及其危害。菜籽饼粕中含有较多的有毒有害物质，从而限制了其在动物日粮中的使用。

硫葡萄糖苷：菜籽饼粕中含有硫葡萄糖苷，其本身没有毒，但在一定水分和温度条件下，经本身芥子酶的作用，可水解成噁唑烷硫铜、异硫氰酸酯、硫氰酸酯及氰类。异硫氰酸酯（ITC）有辛辣味，严重影响菜籽饼粕的适口性，长期或大量饲喂菜籽饼粕可引起胃肠炎、肾炎及支气管炎，甚至肺水肿。同时导致甲状腺肿大，并使动物的生长速度降低。异硫氰酸酯、噁唑烷硫铜均可导致甲状腺肿大。

芥子碱：菜籽饼粕中含有 1%～15% 的芥子碱，其具有的苦味，是导致菜籽饼粕适口性差的主要因素之一。芥子碱与腥味蛋的产生有关。

小贴士　鸡蛋具有鱼腥味的原因

芥子碱可在鸡的胃肠道中分解为芥子碱和胆碱，胆碱进而转化为三甲胺。正常情况下三甲胺在体内三甲胺氧化酶的作用下，迅速氧化为氧化三甲胺而不具有腥味。但一些褐壳蛋系的鸡种体内缺乏这种酶，故在采食菜籽饼粕后，三甲胺不经氧化就直接进入蛋黄并在蛋中累积，当蛋中三甲胺的含量超过 $1\mu g/g$ 时即有鱼腥味。

单宁：菜籽饼粕中的单宁含量为 1.5%～3.5%，也是影响菜籽饼粕适口性的主要原因之一。单宁具有苦味，影响动物采食，干扰蛋白质利用，抑制动物生长。

植酸：菜籽饼粕中植酸含量为 3%～5%，它是一种很强的金属螯合剂，能与钙、镁等金属离子螯合，不易被动物机体所利用。

走进生产　菜籽饼粕的饲用

在鸡配合饲料中，菜籽饼粕应限量使用，幼雏饲粮中应避免使用。品质优良的菜籽饼粕，肉鸡后期可使用到 10%～15%，但为了避免鸡肉风味变劣，用量以不超过 10% 为宜。蛋鸡、种鸡可用至 8%，超过 12% 时可致蛋重降低，孵化率下降。褐壳蛋鸡采食多时，鸡蛋有鱼腥味，应谨慎使用；毒害成分含量高的饼粕，对猪的适口性差，在饲料中过量使用会引起不良反应，如甲状腺肿大、肝、肾肿大等，生长率下降 30% 以上，显著影响母猪繁殖性能。因此，肉猪饲粮中用量应限制在 5% 以下，母猪饲粮应限制在 3% 以下。经脱毒处理后的菜籽饼粕或"双低""三低"品种的饼粕，肉猪可用至 15%，但为了避免脂肪软化现象发生，用量应控制在 10% 以下。对种猪，用至 12% 对其繁殖性能无不良影响，但也应限量使用。菜籽饼粕对牛的适口性差，长期过量使用也会引起甲状腺肿大，但影响程度小于单胃动物。肉牛精料中使用量为 5%～20%，对生长、胴体品质均无不良影响。奶牛精料中使用 10% 以下，产奶量及乳脂率均正常。低毒品种菜籽饼粕饲养效果明显优于普通品种，可提高使用量，奶牛最高可用至 25%。

菜籽饼粕的脱毒技术

有水浸法、热处理法、化学物质处理法、微生物降解法和坑埋法。成本最低的是坑埋法，挖 1 个土坑，大小视菜籽饼用量和周转期而定，坑内铺放塑料薄膜或草席。先将粉碎的菜籽饼按 1∶1 加水浸泡，而后按每立方米 500～700kg 将其装入坑内，接着在顶部铺草或覆以塑料薄膜，最后在上部压土 20cm 以上。2 个月后，即可饲喂。

3. 棉籽（仁）饼粕 是棉籽脱油后的副产品。不脱壳所加工而得的饼粕称为棉籽饼粕；带有一部分棉籽壳的油饼称为棉仁籽饼；完全脱了壳的棉仁所加工得到的饼粕，称为棉仁饼粕（图 2-12）。

图 2-12　菜籽粕、棉仁粕

棉仁饼粕的粗蛋白质含量高达 44%，棉仁籽饼的粗蛋白质含量为 34% 左右，而棉籽饼的粗蛋白质含量只有 22% 左右。棉仁饼粕的氨基酸组成特点是赖氨酸不足，精氨酸过高。赖氨酸含量为 1.3%～1.6%，近似于大豆饼粕的 50%；精氨酸含量高达 3.6%～3.8%，位列饼粕类饲料中精氨酸含量的第 2 位。因此，在利用棉仁饼粕配制日粮时，不仅要添加赖氨酸，还要与含精氨酸低的原料相搭配。棉仁饼粕的蛋氨酸含量也低，约为 0.4%，仅为菜籽饼粕的 55% 左右，所以棉仁饼粕与菜籽饼粕搭配不仅可缓冲赖氨酸与精氨酸的颉颃作用，而且还可减少 DL-蛋氨酸的添加量。

棉仁饼粕中粗纤维含量约 12%，其代谢能水平较高，约 10MJ/kg；棉仁籽饼因含有一部分壳，粗纤维含量为 12%～16%，其代谢能水平约 8MJ/kg；而不脱壳的棉籽饼粗纤维含量高达 18%，其代谢能水平只有 6MJ/kg 左右，不能作为肉鸡饲料。

棉籽（仁）饼粕中含胡萝卜素极少，维生素 D 的含量也很低，含维生素 B_1 和核黄素 4.5～7.5mg/kg、烟酸 39mg/kg、泛酸 10mg/kg、胆碱 2 700mg/kg。矿物质中钙少（0.2% 左右）、磷多（1.0% 以上），磷多属植酸态磷，占 71%，利用率很低。含硒很少，约为 0.06mg/kg，不及菜籽饼粕的 7%。因此，在日粮中使用棉籽（仁）饼粕时，最好与菜籽饼粕或鱼粉搭配。

■知识窗

鸡蛋的蛋黄和蛋清变色的原因

产蛋鸡饲喂棉籽饼粕时，其产出的鸡蛋经过一定时间贮藏后蛋黄变为黄绿色或红褐色，有时出现斑点。研究认为，蛋黄中的铁离子与棉酚结合形成复合物，是蛋黄变色的原因之一。

棉籽（仁）饼粕中还含有另一种有害物质，即丙烯类脂肪，主要对蛋的质量有不良影响。产蛋鸡摄入此类脂肪酸后，所产的鸡蛋在贮存后蛋清变为桃红色。其原因是此类脂肪酸使卵黄膜的通透性显著提高，蛋黄中的铁离子透过卵黄膜转移到蛋清中，与伴清蛋白螯合形成红色的复合体，使蛋清变成桃红色，故有人称此为"桃红蛋"。此外，环丙烯类脂肪酸还可使蛋黄变硬，经过加热，可形成所谓的"海绵蛋"。鸡蛋品质的上述不良变化，也可导致种蛋的受精率和孵化率降低。

←走进生产　　　棉籽（仁）饼粕的饲用

棉籽（仁）饼粕中含有一种有害物质，即游离棉酚，单胃动物摄食过量或摄食时间过长可导致中毒。游离棉酚可损害生殖系统，特别是雄性动物的生殖机能，能破坏动物的睾丸生精上皮，导致精子畸形、死亡，甚至无精子。当日粮含游离棉酚为 $110\sim138mg/kg$ 时，公猪血液内睾丸酮含量显著降低，母猪卵泡上皮细胞脱落。

棉籽（仁）饼粕对动物的饲用价值主要取决于游离棉酚和粗纤维的含量。游离棉酚含量在 0.005% 以下的棉籽（仁）饼粕，用于肉鸡、生长鸡时，可占日粮的 $10\%\sim20\%$，用于产蛋鸡时，可占日粮的 $5\%\sim10\%$，肉猪饲料中可用至 $3\%\sim5\%$。一般乳猪、仔猪、种用动物应避免使用。游离棉酚含量超过 0.005% 的棉籽（仁）饼粕，须谨慎使用。

棉籽（仁）饼粕饲喂反刍家畜不存在中毒问题。但用量太大（在精料中占 50% 以上时）会影响适口性，而且会使乳脂变硬而降低质量，一般占奶牛精料的 $20\%\sim35\%$。喂幼牛时，用量以占精料的 20% 以下为宜，并要配合含胡萝卜素高的优质粗饲料。用于肉牛时，一般可占精料的 $30\%\sim40\%$。种公牛用量宜在 33% 以下。

棉籽（仁）饼粕的脱毒技术

可以采用加热处理、微生物发酵处理及化学去毒处理等。化学去毒处理是在棉籽（仁）饼粕中加入某种化学物质，如亚铁、钙、碱、芳香胺、尿素等，使有毒的游离棉酚变成无毒的结合棉酚而达到脱毒目的。其中，最常用的是硫酸亚铁法。游离棉酚含量在 0.05% 以上的棉籽饼，饲喂猪、禽前最好进行脱毒。常用的方法是按硫酸亚铁与游离棉酚 5∶1 的重量比，把 $0.2\%\sim0.5\%$ 的硫酸亚铁水溶液（饼与水的比例为 1∶2.5）加入棉籽（仁）饼粕中混合，搅拌均匀后浸泡，$1\sim2d$ 即可饲用。

4. 向日葵（仁）饼粕　向日葵榨油后的副产品。

（1）营养特性。向日葵（仁）饼粕的营养价值主要取决于脱壳程度。我国利用向日葵榨油时，一般脱壳不净，多少不等，完全脱壳的向日葵（仁）饼粕营养价值很高。向日葵（仁）饼粕粗蛋白质含量一般为 $28\%\sim32\%$，缺乏赖氨酸，蛋氨酸含量高于花生饼、棉籽饼和大豆饼。脱壳不净，粗纤维的含量高达 20% 左右。因此，代谢能水平低，只有 $5.94\sim6.94MJ/kg$，但优的向日葵（仁）饼粕，带壳很少，粗纤维含量在 12% 左右，代谢能水平可达 $10.04MJ/kg$，向日葵（仁）饼粕的粗脂肪有 $50\%\sim75\%$ 属于亚油酸。

向日葵（仁）饼粕中胡萝卜素含量低，但 B 族维生素含量丰富，高于大豆饼粕。其中，烟酸含量尤为突出，是饼粕类饲料中最高者，可达 $200mg/kg$ 以上，是大豆饼粕的 5 倍多。维生素 B_1 的含量也很高，达 $10mg/kg$ 以上，也位于饼粕类之首。胆碱含量约 $2\,800mg/kg$。矿物质中钙、磷含量较一般饼粕类饲料高，微量元素中锌、铁、铜含量较高。

（2）抗营养物质。一般认为是来自外壳中的木质素，还含有少量的酚类化合物，主要是绿原酸，其对胰蛋白、淀粉和脂肪酶活性均有抑制作用。但是在我国饲养实践中，即便以向日葵（仁）饼粕作为日粮的唯一蛋白质原料，也未见中毒或其他不良现象。

◀ 走进生产　　向日葵（仁）饼粕的饲用

带壳的向日葵（仁）饼粕因粗纤维含量高，有效能值低，肥育效果差，故肉鸡不宜使用，产蛋鸡用量在 5% 以下。仔猪饲料应避免使用；在肉猪饲料中，应严格控制喂量。其用于反刍家畜时，适口性好，是良好的蛋白质饲料。对奶牛的饲用价值接近大豆粕。

5. 花生仁饼粕   花生带壳榨油后得到花生饼粕，脱壳榨油得到的产品为花生仁饼粕。

（1）营养特性。蛋白质含量高达 47%，适口性极佳。赖氨酸和蛋氨酸等含量都很低，不及大豆饼粕，精氨酸含量高达 5.2%，是所有动植物饲料中的最高者。饲喂动物时，可与大豆饼粕、菜籽饼粕、鱼粉或血粉等配伍使用。

花生仁饼粕的代谢能水平很高，可达 12.26MJ/kg，是饼粕类饲料中可利用能量水平最高者。粗纤维水平较低，约 5%，无氮浸出物中大多为淀粉、糖分和戊聚糖等。所含脂肪酸是以油酸为主，不饱和脂肪酸占 53%～78%。

胡萝卜素、维生素 D 和维生素 C 含量均低。B 族维生素含量丰富，特别是烟酸含量高，达 174mg/kg。泛酸（52mg/kg）、维生素 B_1（7.3mg/kg）含量均高于大豆饼粕。但核黄素含量低，胆碱为 1 500～2 000mg/kg。矿物质中钙、磷含量均少，磷多为植酸态磷，其他微量元素含量与大豆饼粕相近。

（2）抗营养物质。花生仁饼粕中含有胰蛋白酶抑制因子，为生大豆的 1/5。在加工制作饼粕时，如用 120℃的温度加热，可破坏胰蛋白酶抑制剂，并提高蛋白质和氨基酸的消化率。但加热的温度太高，例如，200℃以上，则会降低赖氨酸等必需氨基酸的利用率。

花生仁饼粕易感染黄曲霉，产生黄曲霉毒素，其中以黄曲霉毒素 B_1 的毒性最强。雏鸡中毒后，表现为精神不振、翅垂、羽毛易脱落、粪便带血、步行不稳，常在症状发生后 1 周死亡。猪中毒后，表现为食欲减退、口渴、便血、生长缓慢或停滞、皮肤充血和出血，幼猪死亡率高于成年猪。因此，对于花生仁饼粕应特别注意检测其黄曲霉毒素含量，我国饲料卫生标准中规定其黄曲霉毒素 B_1 的含量不得高于 0.05mg/kg。

◄ 走进生产   花生仁饼粕的饲用

加热不良的花生仁饼粕被雏鸡摄入后会引起雏鸡胰肥大，故用于成鸡为宜。育成鸡可使用至 6%，产蛋鸡可使用至 9%；肉猪喜食花生仁饼粕，应注意不能多喂，以不超过 10%为宜，以免下痢和体脂变软，影响胴体品质；奶牛、肉牛均可多使用，但不宜单独使用，应与其他饼粕类饲料配合使用。花生仁饼粕有通便作用，采食过多可能会排软便。使用时还应注意，这种饼粕易在高温高湿季节滋生黄曲霉菌。

另外，生产中应充分利用芝麻饼、胡麻饼、蓖麻饼等动物性蛋白饲料。

三、工业副产品类

1. 糟渣类   这类饲料多为籽实类加工或酿造后剩余残渣。干物质中粗蛋白质含量在 20%以上。常见的有干全酒糟、醋糟和酱油糟，以及粉渣、豆腐渣等。由于发酵或提取，其中可溶性碳水化合物明显减少，使糟类蛋白质含量相对增高；渣类的原料多为豆类，其蛋白质含量较原料籽实低，但粗纤维增加，适口性变差，使用时必须注意。

2. 玉米蛋白粉   玉米蛋白粉含蛋白 25%～60%，蛋白质含量高者呈橘黄色，因此也是有效的着色剂。玉米蛋白粉含粗纤维很少，蛋白质消化率为 81%～98%。玉米蛋白粉中赖氨酸与色氨酸严重不足，但蛋氨酸含量很高，达 0.80%～1.78%。玉米蛋白粉中还含有很高的叶黄素，是养鸡业的优质饲料。此外，还有绿豆、豌豆或蚕豆制作粉丝过程中获得的粉丝蛋白。

知识2　动物性蛋白质饲料

主要包括鱼类、动物肉类和屠宰后的副产品及乳品加工副产品。其共同点是：干物质中粗蛋白质含量可达50%～80%。而且所含必需氨基酸齐全，比例接近动物的需要；不含纤维素，消化率高，可利用能量比较高；钙、磷含量较高，可利用磷高；含有丰富的硒等微量元素，咸鱼类还含有一定量的食盐；富含B族维生素，其中核黄素、维生素B_{12}含量相当高；其品质优于植物性蛋白质饲料。

一、鱼　粉

鱼粉是鱼类加工食品剩余的下脚料或全鱼加工的产品。

1. 营养特性　鱼粉的粗蛋白质含量高，进口鱼粉都在60%以上，高者甚至达72%，国产鱼粉稍低，一般为45%～55%。蛋白质品质好，生物学价值高，富含各种必需氨基酸，如赖氨酸、色氨酸、蛋氨酸、胱氨酸含量都很高，而精氨酸含量相对较低，这正与大多数饲料的氨基酸组成相反，故在使用鱼粉配制日粮时，在蛋白质水平满足要求时，氨基酸组成也容易平衡。

鱼粉中不含纤维素和木质素等难消化和不能消化的物质。它的可利用能量水平的高低，取决于粗脂肪和粗灰分的含量。一般在粗脂肪含量合格的情况下，进口鱼粉的代谢能水平可达到11.72～12.55MJ/kg，国产鱼粉可达10.25MJ/kg或者更高。

鱼粉中富含B族维生素，尤以维生素B_2、维生素B_{12}为多，（而所有植物性饲料中都不含维生素B_{12}）。生物素、烟酸含量也较多。鱼粉还含有维生素A、维生素D和维生素E等脂溶性维生素，但在加工和贮存条件不良时，很容易被破坏。鱼粉中钙、磷含量很高，且比例适宜，所有磷都是可利用磷。鱼粉含硒量很高，可达2mg/kg以上。因此，在日粮中鱼粉配比高时，可以完全不另添加亚硒酸钠。此外，鱼粉中碘、锌、铁的含量也很高，并含有适量的砷。

2. 未知生长因子　鱼粉中含有促生长的未知因子，这种物质可刺激动物生长发育。过去认为该物质只存在于动物性蛋白质中，称为动物蛋白因子（APF），最初认为是以维生素B_{12}为主。后来查明在酒糟浸出液的干燥物、苜蓿等中也含有。因此就把它称为未知生长因子（UGF）。

📖**知识窗**

鸡饲用鱼粉导致肌胃糜烂的原因

鱼粉加工温度过高，时间过长或运输、贮存过程中发生的自然氧化过程，都会使鱼粉中的组胺与赖氨酸结合，产生肌胃糜烂素。肌胃糜烂素可使胃分泌亢进，导致胃内pH下降，从而严重损害胃黏膜。用含肌胃糜烂素的鱼粉喂鸡，常因胃酸分泌过度而使鸡嗉囊肿大，肌胃糜烂、溃疡、穿孔，最后呕血死亡，此病又称为"黑色呕吐病"。为防止肌胃糜烂素的形成，最有效的方法是改进鱼粉干燥时的热处理工艺。此外，在鱼粉加工干燥前，预先在原料中加入抗坏血酸或赖氨酸，也能抑制肌胃糜烂素的生成。

走进生产　　　　　　　　鱼　粉　的　饲　用

　　饲料中的用量为：雏鸡和肉用仔鸡3％～5％，蛋鸡3％。用量过多，不但成本增加，且会引起鸡蛋、鸡肉的异味；断奶前后仔猪饲料中最少要使用3％～5％的优质鱼粉。肉猪料中一般为3％以下，再高会增加成本，还会使体脂变软、肉带鱼腥味；反刍家畜因价格高及适口性差而很少使用。在犊牛代乳料中适当添加可减少奶粉用量，宜在5％以下，过多会引起腹泻。高产奶牛精料中少量添加可提高乳蛋白率，用于种公牛精料可促进精子生成。

小贴士　使用鱼粉时应注意的问题

　　（1）掺杂掺假问题。由于鱼粉价格较高，有贪图暴利的厂家或个人，在鱼粉中掺加各种异物，给用户造成损失。故在购货时必须进行质量检测。

　　（2）食盐含量问题。鱼粉中的食盐含量不能过多。各国对鱼粉中食盐的允许量不完全一致。日本对出口鱼粉定为3％以下，美国规定为3％以上、7％以下。我国鱼粉生产较落后，缺乏鲜鱼脱水和保存设施，常用食盐盐渍办法保存，致使食盐含量过高，有的甚至达到30％，这类鱼粉不能用作饲料。日粮中食盐过高，会导致食盐中毒，鸡最敏感。生产上由于饲料中食盐过高而使产蛋量严重下降或中毒致死的情况时有发生。因此，使用国产鱼粉时，要先测鱼粉的含盐量，再确定鱼粉在日粮中的配比。

　　（3）发霉变质问题。由于鱼粉是高营养饲料，易滋生微生物，故在高温高湿条件下，极易发霉、腐败，甚至出现自燃现象。因此，鱼粉必须充分干燥，水分含量应符合要求。同时，应加强卫生监测，严格控制鱼粉中的细菌、霉菌及有害微生物的含量。

　　（4）氧化酸败问题。脂肪含量多的鱼粉以及鱼粉贮存不当时，其所含的不饱和脂肪酸极易氧化，使鱼粉变质发臭，适口性和品质显著降低。因此，鱼粉中的脂肪含量不宜过多，脂肪超过12％的鱼粉不宜用作饲料。为防止鱼粉氧化酸败，贮存时应隔绝空气，存放于干燥避光处或在鱼粉中添加抗氧化剂，效果更好。

二、肉骨粉和肉粉

　　是指不能用作食品的动物下水及各种废弃物，或动物尸体经高温高压脱脂干燥而成的产品。含骨量大于10％的称为肉骨粉，其蛋白质含量随骨的比例的提高而降低。一般肉骨粉含粗蛋白质35％～40％，进口肉骨粉粗蛋白质含量可达50％以上。每千克干物质消化能为11.72MJ（猪），并含有一定量的钙、磷和维生素 B_{12}。肉粉的粗蛋白质含量为50％～60％，牛肉粉可达70％以上。赖氨酸和色氨酸含量低于鱼粉，适口性也略差。某些肉粉由于高温熬制部分蛋白质变性，消化率较低。尤其是赖氨酸受影响较严重。肉骨粉可替代鱼粉，但应适量添加调味剂，以防动物出现厌食现象。劣质的肉骨粉和肉粉不宜使用。

三、蚕　蛹

蚕蛹含粗蛋白质约 55%，粗脂肪 20%～30%。蛋白质品质较好，氨基酸组成接近鱼粉，赖氨酸等必需氨基酸含量高。脱脂蚕蛹的品质更优，可作为鸡的蛋白质补充料，饲喂效果好。但应用不广泛。

四、血　粉

各种家畜的血液经消毒、干燥、粉碎或喷雾干燥而成，粗蛋白质含量达 80% 以上，氨基酸的组成不平衡。蛋氨酸、色氨酸和异亮氨酸相对不足。血粉含铁特别高，适口性不如鱼粉和肉骨粉，利用率也较低。低温干燥制得的血粉或血清粉质量较好，可作为幼畜代乳品的良好原料。经处理（如发酵）的血粉可在饲粮中替代部分鱼粉。

五、羽毛粉

是羽毛经高压、水解、烘干和磨碎而成。含粗蛋白质高达 86%。其中，胱氨酸含量达 4%，居所有饲料之首。氨基酸含量很不平衡，利用率较低。产蛋鸡用量为 0.5%～3%，肉猪补充赖氨酸时用量可达 5%。值得注意的是，目前这类饲料的加工原料多不新鲜，且加工技术落后，适口性较差，消化率也偏低，被视为非常规饲料资源。

知识 3　单细胞蛋白质饲料

单细胞生物产生的细胞蛋白质称为单细胞蛋白质。由单细胞生物组成的蛋白质含量较高的饲料，就称为单细胞蛋白质饲料。目前，可用作饲料的是饲料酵母和石油酵母。

1. 饲料酵母　将酵母繁殖在适当的工农业副产品上而制成的一种饲料，称为饲料酵母。根据原料及生产干燥的方法不同，饲料酵母可分为：基本干酵母、活性干酵母、纸浆废液酵母、啤酒酵母等。

饲料酵母粗蛋白质含量较高。其赖氨酸、色氨酸、苏氨酸、异亮氨酸等几种重要的必需氨基酸含量都较高，精氨酸含量相对较低，适合与饼粕类饲料配伍。但含硫氨基酸，如蛋氨酸、胱氨酸的含量低。B 族维生素含量丰富，烟酸、胆碱、核黄素、泛酸和叶酸的含量均高。啤酒酵母及酒精酵母的维生素 B_1 含量也不少，但维生素 A 和维生素 B_{12} 含量不高。矿物质中钙少，但磷、钾含量高。此外，尚含有未知生长因子。

← 走进生产　　　　　**饲料酵母的饲用**

雏鸡饲料中添加 2%～3% 的酵母，有促生长作用。但因其适口性差，价格较高，在蛋鸡和肉鸡日粮中可使用 3% 左右，不宜超过 5%；饲料酵母含有未知生长因子，用于仔猪饲料中也有明显的促生长作用，一般仔猪饲料可使用 3%～5%，肉猪饲料中使用 3%；反刍家畜奶牛、肉牛精料中可使用 25%～35% 的饲料酵母。总之，使用时要十分注意酵母蛋白质的含量，谨防假酵母饲料和劣质品。

2. 石油酵母　利用微生物以石油为碳源进行微生物蛋白质生产，经干燥而制成的菌体蛋白称为石油蛋白，也称石油蛋白酵母，简称石油酵母。

石油酵母粗蛋白质含量一般在 60% 以上，比其他酵母高约 10%。其氨基酸组成与其他酵母相似，赖氨酸含量较高，而含硫氨基酸则很低。粗脂肪含量可达 10% 以上，而且利用率高。从微量成分来看，含铁比鱼粉高，而维生素 B_{12} 和碘则较少。

← **走进生产**　　　**石油酵母的饲用**

石油酵母有苦味，适口性差，牛不喜食，对猪、鸡应限制在 10% 以下，雏鸡、乳猪饲料中避免使用。石油酵母中因含有重金属及致癌物质，因而要十分注意。

知识 4　非蛋白质含氮饲料

非蛋白氮（NPN）是指供饲料用的尿素、氨、铵盐及其他合成的简单含氮化合物。其作用是供给瘤胃微生物合成蛋白质所需的氮源，从而起到补充蛋白质的作用。

1. 尿素

（1）尿素性质。尿素 $[CO(NH_2)_2]$ 为白色晶体，无臭，味微咸苦，易溶于水，吸湿性强。

（2）尿素的喂量。一般推荐以不超过日粮总氮量的 1/3 为原则。尿素添加量可占日粮干物质的 1% 或混合精料的 2%～3%。

（3）尿素的一般喂法。制成尿素青贮料；拌入精料混合饲喂；与粗饲料混合饲喂；用尿素制作氨化秸秆；喷洒在生长的牧草上；配制成液体尿素精料。

← **走进生产**　　　**尿素的饲用**

尿素的饲用以降低尿素在瘤胃中的水解速度，并提高牛对尿素的利用率为原则，目前有以下饲用方法：制成尿素分子间缩合物，如双缩脲或三缩脲、磷酸脲（又名"牛羊壮"）、脂肪酸脲（又名"牛得乐"）、异丁基二脲；在日粮中添加脲酶抑制剂；包被尿素等。

（4）尿素使用中应注意的问题。①尿素只能供成年反刍动物使用。一般认为 6 月龄以上的反刍动物使用效果好，而幼年动物使用效果不佳，还会出现氨中毒。②利用尿素应有适应期。根据动物种类和生长阶段的不同，适应期有长有短，一般为 2～3 周。同时，应注意使用时不要时用时停，以免影响瘤胃微生物的平衡。③饥饿或空腹的家畜饲喂尿素时，会增加中毒的可能性，因此饲喂时应少喂多餐。④尿素吸湿性大，易分解为氨，故不宜单喂，也不可直接溶于水中饮用，喂后 30min 不能饮水。⑤尿素味苦，应配合其他适口性好的饲料使用。并注意尿素与饲料要混合均匀。⑥生豆类、生豆饼、苜蓿籽和野芥籽中含有尿素酶，切勿与尿素一起喂。

2. 铵盐、液氨和氨水

（1）铵盐。铵盐主要有碳酸氢铵、磷酸铵、硫酸铵和氯化铵等。碳酸氢铵（NH_4HCO_3）已用于反刍动物的饲料添加。磷酸铵盐目前价格较高，用于动物饲料还不多。硫酸铵和氯化铵生产上较少使用。硝酸铵一般严禁使用。

（2）液氨和氨水。液氨（NH_3）也称无水氨，含氮82%；氨水（$NH_3 \cdot H_2O$）为氨的水溶液，含氮一般为12%～17%。目前，液氨和氨水主要用来处理秸秆、青贮饲料及糟渣类等饲料。

边学边练

1. 举例说明动物性蛋白质饲料与植物性饲料营养特点的异同点。
2. 常用的蛋白质饲料有哪几种，在饲喂动物时应注意什么问题？

单元实训4 大豆饼粕中脲酶活性的测定
（GB/T 8622—2006）

【适用范围】本标准适用于由大豆制得的产品和副产品中尿素酶活性的测定。本法可确认大豆制品的湿热处理程度。

【定义】本标准所指尿素酶活性定义如下：在（30±0.5)℃和pH＝7的条件下，每分钟每克大豆制品分解尿素所释放的氨态氮的毫克数。

【测定原理】将粉碎的大豆制品与中性尿素缓冲溶液混合，在30℃条件下保持30min，尿素酶催化尿素水解产生氨，用过量盐酸中和所产生的氨，再用氢氧化钠标准溶液回滴。

【仪器与试剂】

1. 样品筛：孔径$100\mu m$。

2. 酸度计：精度0.02pH，附有磁力搅拌器和滴定装置。

3. 恒温水浴：可控温（30±0.5)℃。

4. 试管：直径18mm，长150mm，有磨口塞子。

5. 精密计时器。

6. 粉碎机：粉碎时应不产生强热（如磨球机）。

7. 分析天平：感量0.1mg。

8. 移液管：10mL。

9. 尿素：分析纯。

10. 磷酸二氢钾，磷酸氢二钠均为分析纯。

11. 尿素缓冲溶液（pH6.9～7.0)：4.45g磷酸氢二钠和3.40g磷酸二氢钾溶于水并稀释至1 000mL，再将30g尿素溶在此溶液中，可保存1个月。

12. 盐酸：分析纯，0.1mol/L溶液。

13. 氢氧化钠：分析纯，0.1mol/L标准溶液，按GB 601标准溶液制备方法的规定配制。

【试样制备】用粉碎机将10g试样粉碎，使之全部通过样品筛。对特殊试样（水分或挥发物含量较高而无法粉碎的产品）应先在实验室温度下进行干燥，再进行粉碎，当计算结果时应将干燥失重计算在内。

【方法步骤】称取约0.2g已粉碎的试样，称准至0.1mg，转入试管中（如活性很高只称0.05g试样），移入10mL尿素缓冲溶液，立即盖好试管并剧烈摇动，马上置于（30±0.5)℃恒温水浴，准确计时保持30min。即刻移入10mL盐酸溶液，迅速冷却到20℃。将试管内容物全部转入烧杯，用 5mL 水冲洗试管两次，立即用氢氧化钠标准溶液滴定至 pH4.70。

另取试管作空白实验，移入 10mL 尿素缓冲溶液，10mL 盐酸溶液。称取与上述试样量相当的试样，也称准至 0.1mg，迅速加入此试管中。立即盖好试管并剧烈摇动。将试管置于（30±0.5）℃的恒温水浴，同样准确计时保持 30min，冷却至 20℃，将试管内容物全部转入烧杯，用 5mL 水冲洗试管两次，并用氢氧化钠标准溶液滴定至 pH4.70。

【结果处理】

1. 计算方法　以每分钟每克大豆制品释放氮的毫克量表示尿素酶活性 U，按下式计算：

$$U = \frac{14 \times C \ (V_0 - V)}{30 \times m}$$

式中：C 为氢氧化钠标准溶液浓度（mol/L）；V_0 为空白实验消耗氢氧化钠溶液的体积（mL）；V 为测定试样消耗氢氧化钠溶液的体积（mL）；m 为试样质量（g）。

注：若试样经粉碎前的预干燥处理时，则：

$$U = \frac{14 \times C \ (V_0 - V)}{30 \times m} \times (1 - S)$$

式中：S 为预干燥时试样失重的百分率。

2. 重复性　同一分析人员用相同方法，同时或连续两次测定结果之差不超过平均值的 10%，以其算术平均值报告结果。

单元实训 5　饲料级鱼粉掺假鉴别

鱼粉掺假，即以一种或多种可能有或可能没有营养价值的廉价细粒物料故意掺杂。常掺假的原料有血粉、羽毛粉、鞣革粉、尿素、碳酸氢铵、碳酸铵、硫酸铵、磷酸铵、肉骨粉、木屑、花生壳粉、谷壳、粗糠、棉籽饼、菜籽饼、蹄角粉、贝壳粉、蝙蝠粪及棕色土壤沙砾等。一般来讲，掺假不仅改变鱼粉的化学成分，降低其营养价值，严重时会使其出现毒性。总之，掺假是"以次充好""以假乱真"。因此，采购鱼粉时必须进行质量鉴定。

通过本单元的学习，使学生熟练掌握掺假鱼粉的常用鉴别方法。

【方法步骤】

一、感观鉴别方法

感观鉴定又称经验鉴定，是凭借人的五官来鉴定鱼粉掺假的方法。要求平时注意观察鱼粉，在充分了解和掌握鱼粉基本特征的基础上，才能快速、准确地判别鱼粉是否掺假。

1. 视觉　鱼粉呈粉状，含鳞片、鱼骨等，加工良好的鱼粉可看见肉丝。但不应有杂物、虫蛀、结块等现象。鱼粉颜色随原料鱼种及加工方法不同而异，油鲱（墨罕敦）鱼粉呈淡黄色或淡褐色，沙丁鱼呈红褐色，白鱼粉呈淡黄色或灰白色。脱脂后人工烘干的鱼粉色泽较深，自然晒干的鱼粉色泽较浅。加热过度或含脂较高者，颜色加深。

2. 嗅觉　具有烤鱼香味，并稍带鱼油味，混入鱼溶浆者腥味较重，但不应有酸败、氨臭等腐败味及刺激性臭味，一些劣质品有异臭或焦灼味。

3. 触觉　鱼粉经手指捻后，质地松软，显肉松状，有弹性，有一定的油腻感。掺假鱼粉质地粗糙，故通过指捻可检查其硬度、黏稠度及异杂物。

4. 味觉　具有浓郁的咸腥味，口尝几乎感觉不到咸味。若咸味较重，则表明鱼粉中含盐量较高，说明掺入了食盐。

二、物理鉴定

1. 筛分法　以四分法取鱼粉样品 100g，分别过 10、20、30、40 目分样筛观察各段截留物，用此方法能分辨出肉眼看不出的异物，再将筛子分离物做显微镜观察，识别混入的异常杂物。

2. 容重法　各种饲料原料都有其固有的容重，通过测量容重并与标准容重相比较，可鉴别鱼粉是否含有杂质或掺杂物。鱼粉的标准容重为 562g/L。容重偏大或偏小，均不是纯鱼粉。测定容重的方法如下：

（1）将试样用效果均匀的粉碎机（10 目筛板）粉碎。

（2）用四分法取样，然后将样品非常轻而仔细地放入 1000mL 的量筒内，直到正好到达 1000mL 为止。用一刮铲或匙调整容积。注意放入样本时应轻放，不得打击。

（3）将样品从量筒中倒出并称量。

（4）以 g/L 为单位计算样品的容重（每一样品应反复测量 3 次，取其平均值作为容重），并与纯料容量比较。

3. 相对密度鉴别法　取鱼粉 2～5g，加 4～6 倍蒸馏水搅拌数分钟后，静置，根据其沉浮情况来鉴别。一般麸糠类、羽毛粉、花生壳、木屑、稻壳浮出水面，鱼粉则沉入水底。相对密度鉴别法是比较简单、实用的方法之一。

4. 镜检鉴别法　鱼粉中掺入棉籽（仁）饼粕、菜籽饼粕，由于这两种原料粉碎后色泽与鱼粉相似，用肉眼、化学检测都较难判断，但用镜检则不难检出。取 250g 被检鱼粉样品，分别经 20 目和 40 目分样筛，取中层（40 目筛上物）筛样进行镜检，若见视野中聚集有细短绒棉纤维相互团絮在一起，该纤维卷曲、半透明、有光泽、白色，并混有少量深褐色至黑色的外壳碎片（厚硬、具弹性），其断面有浅色或深褐色相互交叠的色层，有的碎片为黄色或黄褐色，含有许多圆形扁平的黑色或红色油腺体或淡红色棉酚色腺体，则可判断含有棉籽饼粕；如见种皮和籽仁不连在一起，种皮外表呈蜂窝状，若雨点打在沙滩上的痕迹，内表面有柔弱半透明的浅色薄片覆盖，籽仁为碎片，形状不规则，呈黄色至褐色，无光泽，质脆，即可判断含有菜籽饼。

鱼粉中掺入肉骨粉、大豆饼粕、花生饼粕、芝麻饼粕、酵母粉等均可用此法检测。

三、化学鉴定

1. 定性分析　在饲料中加入适当的化学药品，根据所发生的颜色反应，或是否有气体、沉淀产生等来判断其主要成分是什么，是否混有异物。特别是淀粉和木质素能根据颜色反应清楚地检查出来。

（1）淀粉。利用碘-碘化钾遇淀粉变蓝这一反应原理，可鉴定鱼粉等动物性饲料中是否混有淀粉质物质。

方法：取试样 1～2g 于小烧杯中，加入 10mL 水加热 2～3min 浸取淀粉，冷却后滴入 1～2 滴碘-碘化钾溶液（取碘化钾 6g 溶于 100mL 水中，再加碘 2g）。观察颜色变化，如果溶液颜色立即变蓝或蓝黑，则表明试样中有淀粉质物质存在。

（2）木质素。利用间苯三酚与木质素在强酸条件下反应可产生红色的化合物。根据这一特征可检测出饲料中是否混有锯末、花生皮粉末、稻壳粉末等。

方法：取试样少许用间苯三酚溶液（将间苯三酚 2g 溶于 100mL 90％乙醇中）浸湿，放置约 5min 后，滴加浓盐酸 1～2 滴，观察颜色，如试样呈深红色，则表明试样中含有木质素。

（3）碳酸盐的检出。把少量试样放入稀盐酸（HCl：H_2O＝1：1）中，如果有气泡产生（CO_2），则说明有碳酸盐存在。这种方法可用来鉴别饲料中是否混有石粉、贝壳粉等。

（4）食盐的检出。试样中加入 5～6 倍的水，用力振荡摇匀，过滤后，向滤液中加入稀硝酸及硝酸银溶液各 1～2 滴，若有食盐，则产生白色沉淀。此外，通过观察这种白色沉淀的多少，还可以推断食盐的含量。

（5）尿素及铵盐的检出。检查鱼粉等饲料原料中是否掺入尿素，常采用奈斯勒试剂法。在碱性条件下，尿素由于尿素酶的催化作用可生成氨态氮，而奈斯勒试剂能与氨态氮物质产生黄褐色沉淀。

方法 1：取试样 1～2g 于试管中，加 10mL 水振摇 2min，静置 20min（必要时过滤），取上清液 2mL 于蒸发皿中，加入 1mol/L 氢氧化钠溶液 1mL 于水浴锅上蒸干。加适量水将残渣溶解，再加少许尿素酶或生豆粉，静置 2～3min 后，加 2 滴奈斯勒试剂（取碘化汞 23g 和碘化钾 1.6g 溶于 100mL 6mol/L 氢氧化钠溶液中），如试样有黄褐色沉淀产生，则表明有尿素及铵盐存在。

方法 2：取试样 20g 放入锥形瓶中，加入适量水，加塞后加热 15～20min，开盖后如能闻到氨气味，说明掺有尿素。

方法 3：按中国水产行业标准（SC/T3501—1996）进行尿素含量的定量测定。

（6）鞣革粉的检出。通过检出铬来检查鱼粉等饲料原料中是否混有鞣革粉。该法原理是用铬鞣制的皮革中均含有铬，通过灰化有一部分转变为 6 价铬，在强酸条件下，6 价铬可与二苯基卡巴腙反应生成铬-二硫代卡巴腙的紫红色水溶性化合物。该反应很灵敏，适用于微量铬的检出。

方法：取试样 1～3g 于坩埚中，置电炉上炭化至烟除尽，于 550～600℃高温电炉内灰化 30min，冷却后加入 2mol/L 硫酸溶液 10mL 搅拌，滴加数滴二苯基卡巴腙溶液（取 0.2g 二苯基卡巴腙溶于 100mL 90％乙醇中），观察颜色变化，如呈紫红色，则表明试样中掺有鞣革粉。

（7）泥土（沙砾）的检出。该法的原理是鱼粉灼烧后所剩灰分易溶于盐酸，而泥土、沙砾不溶于水。

方法：取试样 5g 左右于坩埚中，置电炉上炭化至烟除尽，于 550～600℃高温电炉内烧 4～6h，冷却后用 1：3 的盐酸水溶液溶解灰分，剩余不溶部分即为泥土、沙砾等。

（8）血粉的检出。血粉中的铁质有类似过氧化酶的作用，可分解过氧化氢，放出新生态氧以使联苯胺氧化为联苯胺蓝，而显绿色或蓝色。

方法：取 1～2g 鱼粉样品，加蒸馏水 5mL，搅拌后静置，过滤。另取一试管，加入联苯胺粉末少许，再加冰醋酸 2mL，振荡溶解，再加入 3％的过氧化氢（要求新鲜）溶液 1～2mL，慢慢加入鱼粉滤液，若两种溶液接触面出现绿色或蓝色的环或点，振荡后溶液呈紫色，则说明掺有血粉。或直接将少许鱼粉样品（最好是筛分样中最细的）撒在上述加有过氧化氢的液面上，若液面及液面以下出现绿色或蓝色的环或柱，则说明有血粉存在。

2. 定量分析　用定量分析法来检测样品鱼粉的营养成分，根据其成分含量与标准比较，看是否有异物存在。通常需检测的成分是粗蛋白质、真蛋白、主要氨基酸、粗纤维、粗脂肪、粗灰分等常规成分及胃蛋白酶消化率（PDI）。具体检测方法可参照有关国家标准进行。

（1）测粗蛋白质。粗蛋白质的高低并不代表鱼粉品质的优劣，但不失为判断标准之一。相对而言，真蛋白更能反映鱼粉的品质，鱼粉中真蛋白与粗蛋白质含量的比值是一定的。一般进口鱼粉真蛋白与粗蛋白质的比率应高于80％，国产鱼粉应高于75％。因此，利用真蛋白质与粗蛋白质含量的比值，可判断出鱼粉中是否掺入了水溶性非蛋白氮类物质。

（2）测氨基酸。掺水解羽毛粉的鱼粉，丝氨酸含量明显升高。可由正常的1.6％增至3.0％，胱氨酸、脯氨酸含量也明显升高，而蛋氨酸、赖氨酸含量大幅降低。掺皮粉或肉骨粉的鱼粉氨基酸总量会下降，但甘氨酸含量会大幅度增加，一般可达到8％以上，精氨酸、脯氨酸的含量也有明显增加。蛋氨酸、赖氨酸等其他氨基酸的含量会降低。

鱼粉中掺入血粉后，各种氨基酸含量变化最大的为亮氨酸，其次为组氨酸。可以认为亮氨酸、组氨酸为血粉特征氨基酸。

掺植物性杂质的鱼粉中，谷氨酸含量明显偏高，蛋氨酸、赖氨酸含量降低。掺有机含氮物的鱼粉，市场上常见的是喷有高分子聚合物的脲醛树脂，这种鱼粉的粗蛋白质测定值很高，但检测氨基酸可以发现，氨含量很高，氨基酸含量明显偏低。

（3）测粗纤维。几乎为零，如有，则表示可能掺有木屑、花生壳粉、谷壳、粗糠等。

（4）测胃蛋白酶消化率（体外消化率）。胃蛋白酶消化率的大小可表示动物蛋白饲料原料的质量优劣。它是指被胃蛋白酶消化的蛋白质与粗蛋白质之间的比例，通常以百分率表示。合格的鱼粉，其蛋白酶消化率不应小于85％。

鱼粉中掺入"蛋白精粉"的检测。"蛋白精粉"是近年来才从鱼粉中检出的新掺假物，是甲醛与尿素缩合而成的高分子化合物。属单胃动物不能利用的非蛋白氮类物质，在鱼粉中掺入少量，就能显著提高鱼粉中粗蛋白质的含量，但不能被猪、禽等单胃动物所利用。由于"蛋白精粉"不溶于水，掺入鱼粉中用上述非蛋白氮类物质的检测方法都无法鉴别。但"蛋白精粉"中无氨基酸存在，而纯鱼粉中的粗蛋白质主要来自氨基酸。因此，可根据这一区别，采用氨基酸分析法鉴别。一般粗蛋白质含量高的纯鱼粉，其氨基酸总量、赖氨酸含量也高，反之都低。我国饲料数据库资料显示，粗蛋白质含量与其赖氨酸含量之比约为10∶0.8。经检测，若鱼粉中粗蛋白质含量高，而氨基酸总量或赖氨酸含量明显低于相应粗蛋白质含量的鱼粉，且水溶性非蛋白氮检测为阴性，则可认为该鱼粉中掺有"蛋白精粉"。

四、方法说明

本方法中的试验用水均指蒸馏水，热水系指70～90℃的蒸馏水。未注明级别的化学试剂均采用分析纯级。

课题七　矿物质饲料和维生素饲料

？问题探究　生产中常用的矿物质饲料有哪些种类？怎么合理使用矿物质饲料？

知识1　矿物质饲料

矿物质饲料是指可供饲用的天然矿物质饲料及工业合成的无机盐类，如食盐、石粉等。

贝壳粉和骨粉来源于动物，但主要用来提供矿物营养素，故也划入此类。微量元素矿物质一般作为添加剂使用，故本单元只介绍常量矿物质饲料。

1. 含钠与氯的饲料

（1）食盐。食盐的成分是氯化钠（NaCl），精制食盐含氯化钠 99％以上，粗盐含氯化钠为 95％。食用盐为白色细粒，工业用盐为粗粒结晶。我国饲用食盐的要求是：水分＜0.5％，纯度＞95％，粒度要求全部通过 30 目筛。

植物性饲料含钠和氯较少，而含钾丰富。故以植物性饲料为主的动物应补饲食盐。食盐除能维持体液渗透压和酸碱平衡外，还可刺激唾液分泌，提高饲料适口性，增强动物食欲，具有调味剂的作用。

走进生产　　　　　　　　　食盐的饲用

一般食盐在风干日粮中的用量为：牛、羊、马等草食家畜约占 1％，猪 0.25％～0.40％、肉鸡、肉鸭 0.25％，蛋鸡 0.3％～0.5％。在缺碘地区，给饲食盐时应采用碘化食盐。补饲食盐时，除了直接拌在饲料中外，也可制成食盐砖，供放牧家畜舔食。在缺硒、铜、锌等地区，也可分别制成含亚硒酸钠、硫酸铜、硫酸锌或氧化锌的食盐砖、食盐块使用。

（2）碳酸氢钠（NaHCO$_3$）。俗称小苏打，为白色粉末或不透明单斜晶体。动物对钠的需要量一般高于对氯的需要量。碳酸氢钠不仅可以补充钠，更重要的是其具有缓冲作用，能够调节饲粮电解质平衡和胃肠道 pH。常用于补充饲粮中钠的不足。

走进生产　　　　　　　　碳酸氢钠的饲用

夏季在肉鸡、蛋鸡的饲粮中添加碳酸氢钠可缓解热应激，改善蛋壳强度，防止生产性能下降，用量一般为 0.3％～0.5％。在奶牛、肉牛中添加碳酸氢钠可调节瘤胃 pH，防止精料型饲粮引起的代谢性疾病，提高增重、产奶量和乳脂率，用量一般为 0.5％～2％。

（3）无水硫酸钠。俗称元明粉或芒硝，具有泻药的性质，除补充钠离子外，对鸡的互啄还有预防作用。

2. 含钙及含钙与磷的饲料　　通常天然植物性饲料中的含钙量与各种动物的需要量相比均感不足，特别是产蛋家禽、泌乳牛和生长幼畜更为明显。因此，动物日粮中应注意钙的补充。常用的含钙矿物质饲料有石灰石粉、白云石粉、贝壳粉、蛋壳粉及石膏等。

（1）石粉（CaCO$_3$）。由优质的石灰石粉碎而得，成分主要为碳酸钙，纯度 90％以上，一般含纯钙 35％～39％，是补充钙的最廉价、最方便的矿物质原料。国外对饲料级石粉的要求是：钙不低于 33％，烘干物含水 0.5％左右，铅 1mg/kg 以下，砷 0.5mg/kg 以下，汞 0.1mg/kg 以下，镁 0.5％以下。粒度以中等为好，一般猪为 32～36 目，禽为 26～28 目。对蛋鸡来讲，较粗的粒度有助于保持血液中钙的浓度，满足形成蛋壳的需要，从而增加蛋壳强度，减少蛋的破损率，但粗粒影响饲料的混合均匀度。

走进生产

石粉的饲用

天然的石灰石，只要铅、汞、砷、氟的含量不超过安全系数，都可用于饲料。石粉在配合饲料中的用量：仔猪 1%～1.5%，育肥猪 2%，种猪 2%～3%，雏鸡 1%～2%，产蛋鸡和种鸡 5%～7.5%，肉鸡 2%～3%。单喂石粉过量，蛋壳上会附着一层薄薄的细粒，影响蛋的合格率，最好与有机态含钙饲料，如贝壳粉按 1∶1 比例配合使用。

（2）贝壳粉。贝壳粉是各种贝类外壳（蚌壳、牡蛎壳、蛤蜊壳、螺蛳壳等）经加工粉碎而成的白色粉状或粒状产品，主要成分是碳酸钙。品质好的贝壳粉杂质少，含钙高，含钙量应不低于 33%。用于蛋鸡或种鸡的饲料中，蛋壳的强度较高，破蛋软蛋少。

（3）蛋壳粉。禽蛋加工厂或孵化厂收集的蛋壳，经干燥灭菌、粉碎后即得到蛋壳粉。蛋壳粉除含有 34% 左右钙外，还含有 7% 的蛋白质及 0.09% 的磷。蛋壳粉是理想的钙源饲料，利用率高，用于蛋鸡、种鸡饲料中，与贝壳粉同样具有增加蛋壳硬度的效果。应注意蛋壳干燥的温度应超过 82℃，以保证灭菌，防止蛋白腐败，消除传染源。

（4）石膏。石膏为硫酸钙（$CaSO_4 \cdot XH_2O$），有天然石膏粉碎后的产品，也有化学工业产品。若是来自磷酸工业的副产品，因其含有高量的氟、砷、铝等而品质较差，使用时应加以处理。石膏含钙量为 20%～23%，含硫 16%～17%，既可提供钙，又是硫的良好来源，生物利用率高。石膏有预防鸡啄羽、啄肛的作用。一般在饲料中的用量为 1%～2%。

此外，大理石、白云石、白垩石、方解石、熟石灰、石灰水等均可作为补钙饲料。

（5）骨粉。动物杂骨经热压、脱脂和脱胶后干燥并粉碎而成。其钙、磷比例约为 2∶1，是钙、磷较平衡的矿物饲料。骨粉中含钙 30%～35%，含磷 8%～15%，另含少量镁和其他元素。骨粉含氟量为 0.035%。用量宜控制在 2% 以下。使用时，应充分考虑其质量的不稳定性。

（6）磷酸钙盐。是工业化生产的产品。可同时提供钙和磷。最常用的是磷酸氢钙，也称磷酸二钙（$CaHPO_4 \cdot 2H_2O$），为白色或灰白色的粉末或微粒状产品，一般含磷 18%，含钙 23.2%，动物对其钙和磷的吸收利用率较高。我国饲料级磷酸氢钙的标准为：含磷不低于 16%，钙不低于 21%，但应注意脱氟处理，含氟不超过 0.18%，砷不超过 0.003%，重金属不超过 0.002%。

3. 其他矿物质饲料

（1）沸石。是一种含碱金属或碱土金属的硅铝酸盐天然矿石，晶体呈架格状，内部有许多大小一致的空腔和孔道，使其具有特殊功能：①吸附性、离子交换性、筛分性及催化作用等；②参与酶和激素的形成、活化和传递等过程。

走进生产

沸石的饲用

饲料中添加沸石粉可改善动物的生产性能，提高饲料转化率，同时能减少肠道疾病的发生，也可改变粪便的成分，有利于改善舍内的环境条件。另外，沸石还可用作畜舍的除臭剂。一般猪、鸡饲料中添加 5%，牛饲料中添加 8%。

（2）麦饭石。是一种碱土金属的铝硅酸盐矿物，主要含氧化硅和氧化铝，含其他矿物元素达 18 种以上。具有溶出和吸附两大特性，能溶出多种对动物有益的常量和微量元素，吸附对生物体有毒、有害物质。

▸ **走进生产**　　　　　　麦饭石的饲用

在蛋鸡饲料中添加 2.5％～3％ 的麦饭石可提高产蛋率、饲料转化率，降低死亡率。另外，在奶牛、鹅、兔、鱼等饲料中添加，同样具有促进生长发育，提高饲料转化率的效果。此外，麦饭石还可防止饲料在贮藏过程中受潮结块，也可作为除臭剂改善畜舍的环境卫生，减少动物疾病的发生。在含有棉籽饼的日粮中，使用麦饭石可降低棉籽饼的毒性。总之，随着研究的深入，麦饭石在养殖业中将得到更好地开发利用。

（3）膨润土。膨润土为有层状结晶构造的含水铝硅酸盐矿物质，以蒙脱石为主要组分，含硅约 30％，另含有动物生长所必需的 20 余种矿物元素。膨润土具有特殊的理化性能，如具有很强的阳离子交换性、吸附性、膨胀性、分散性和润滑性等，故作为饲料添加剂成分，改善动物生产性能和提高饲料转化率，可作为各种微量元素的载体，起稀释作用，也可代替糖蜜等作为颗粒饲料的黏合剂。此外，还有凹凸棒石、稀土、白陶土、高岭土、硅藻土、水氯镁石、海泡石、蛭石、珍珠岩等均可作为动物的矿物质饲料加以开发与利用。

知识 2　维生素饲料

维生素饲料又称维生素补充饲料，是指人工制造的各种维生素制剂即工业合成或提纯的单一或复合维生素，不包括富含维生素的天然饲料。由于维生素在配合饲料中添加的量少，故将这一内容放在添加剂中讲述。

▸ **边学边练**

1. 养殖实践中，添加石粉时，为什么猪对石粉粒度要求较细，而禽的要求较粗？
2. 当地常用的矿物质饲料有哪几种？在饲喂时应注意什么？

课题八　饲料添加剂

❓ **问题探究**　生产中常用的饲料添加剂有哪些种类？饲料添加剂各有什么功能？

知识 1　饲料添加剂的概念及分类

1. 饲料添加剂的概念　《饲料工业通用术语》中将饲料添加剂定义为"为满足动物特殊需要而加入饲料中的少量或微量营养性或非营养性的物质"。

饲料添加剂是现代全价配合饲料的核心，为现代集约化养殖不可或缺，在配合饲料中起着完善饲料营养、改善饲料品质、提高饲料转化率、抑制有害物质、预防动物疾病、增进动物的食欲、促进动物生长、减少饲料贮存期的养分损失、增进动物健康的作用，从而达到改进畜产品品质、提高动物生产能力、节约饲料及增加经济效益的目的。

饲料添加剂的概念很广，随着科学技术的不断发展，可作为饲料添加剂的新物质不断问世，丰富了饲料添加剂的内容，但无论哪一种饲料添加剂，都应符合下列基本条件：

（1）不会对动物有急慢性毒害作用和不良影响，不影响种用动物生殖生理及胎儿。

（2）添加到配合饲料中，必须具有确实的经济效益或品质效果。

（3）在饲料和动物体内具有较好的稳定性。

（4）不影响动物对饲料的采食。

（5）添加剂及其代谢产物在动物产品中的残留量不能超过规定的安全标准。

（6）用作添加剂的抗生素和抗球虫药不易或不被肠道吸收。

（7）添加剂及其代谢产物对人和动物不产生致癌、致突变和致畸作用，不影响动物产品的质量和人体健康。

（8）添加剂及其代谢产物不污染环境，有利于畜牧业可持续发展。

（9）产品中重金属含量不允许超出国际允许范围。

（10）维生素、生物活性剂等不得失效或超出有效期限。

2. 饲料添加剂的分类　目前，国内大多按其用途进行分类，可将饲料添加剂分为营养性添加剂和非营养性添加剂（图 2-13）。

```
          ┌ 营养性添加剂  氨基酸、维生素、微量元素
          │             ┌ 生长促进剂:抗生素、合成抗菌药、益生素(微生态制剂)、酶制剂、中草药饲料添加剂
饲料添加剂 ┤             │ 驱虫保健剂:驱球虫剂、驱螨虫剂
          │             │ 饲料保藏剂:防霉防腐剂、抗氧化剂、青贮饲料添加剂
          └ 非营养性添加剂┤ 品质改良剂:食欲增进剂(风味剂、诱食剂)、抗结块剂(流散剂)、黏结剂、
                        │           着色剂(增色剂)
                        │ 其他添加剂:甜菜碱、缓冲剂、吸水剂、乳化剂、除臭剂、未知生长因子添加剂、疏水、
                        └           防尘、抗静电剂
```

图 2-13　饲料添加剂的分类

知识 2　营养性添加剂

营养性添加剂主要用于平衡动物日粮的营养。

1. 氨基酸添加剂　目前，人工合成并作为添加剂使用的氨基酸主要有赖氨酸、蛋氨酸、色氨酸和苏氨酸等。其中，赖氨酸和蛋氨酸使用较普遍。

从氨基酸的化学结构来看，除甘氨酸外，都存在 L-氨基酸和 D-氨基酸两种构型。用微生物发酵生产的为 L-氨基酸，用化学合成法生产的为 DL-氨基酸（消旋氨基酸）。一般来讲，L 型比 DL 型的效价高 1 倍，但对蛋氨酸来说，这两种形式的效价相等。

（1）赖氨酸。一般动物性蛋白质饲料和大豆饼粕富含赖氨酸，但这些饲料紧缺，在饲粮中所占比例很小，在生产上往往缺乏，被称为第一限制性氨基酸，故必须添加赖氨酸。用作添加剂的赖氨酸为 L-赖氨酸盐酸盐（$C_6H_{14}N_2O_2 \cdot HCl$），为白色或淡褐色粉末，无味或稍有特殊气味。易溶于水，1:10 水溶液的 pH 为 5.0～6.0。近几年，赖氨酸硫酸盐已经国产

化，其价格较赖氨酸盐酸盐低，生物学效价相当，在生产中已广泛应用，如65%赖氨酸硫酸盐。

饲料中的赖氨酸有两类：一类为可被动物利用的有效赖氨酸；另一类为与其他物质呈结合状态不易被利用的结合赖氨酸。为了发挥合成赖氨酸的作用，在确定赖氨酸的添加量时，除了应掌握饲粮中赖氨酸的不足部分外，还应考虑饲料中有效赖氨酸的实际含量，如商品上标明的含量为98%，指的是L-赖氨酸和盐酸的含量。实际上，扣除盐酸后，L-赖氨酸的含量仅仅是78%左右，因而，在使用这种添加剂时，要以78%的含量计算。

◀ 走进生产　　　　　　　DL-赖氨酸的饲用

DL-赖氨酸盐酸盐价格便宜，但使用这种商品添加剂时必须弄清楚L-赖氨酸的实际含量。因为动物体只能利用L-赖氨酸，没有把D-赖氨酸转化为L-赖氨酸的酶，D-赖氨酸不能被动物体利用。除优质鱼粉外，多数饲料缺乏赖氨酸。近年来，有少用或不用鱼粉的趋势，这使赖氨酸成为饲料加工中必需的添加剂。在猪、鸡饲粮中按需要量添加赖氨酸后，可减少饲料中粗蛋白质3～4个百分点的用量。目前，常用作添加剂的赖氨酸有L-赖氨酸盐酸盐。

（2）蛋氨酸。植物性饲料中含量低，是动物最易缺乏的限制性氨基酸之一，故必须添加蛋氨酸。蛋氨酸为含硫氨基酸，故又称为甲硫氨酸。在饲料工业中广泛使用的蛋氨酸添加剂有两种，一种为DL-蛋氨酸；另一种为DL-蛋氨酸羟基类似物（MHA）及其钙盐。目前，国内使用的蛋氨酸大部分为粉状DL-蛋氨酸或L-蛋氨酸。在各种动物尤其是禽类日粮中，一般添加0.1%～0.2%的蛋氨酸，可提高蛋白质利用率2%～3%，对提高产蛋率、增加猪的瘦肉率和节省蛋白质都十分有效。

◀ 走进生产　　　　　　　蛋氨酸的饲用

蛋氨酸是动物必需氨基酸，在动物体内，蛋氨酸可转化为胱氨酸。而胱氨酸不能转化为蛋氨酸。当饲粮中缺乏胱氨酸时，蛋氨酸能够满足含硫氨基酸的总需要，并且能为合成胆碱提供碱基，有预防脂肪肝的作用，对缺乏蛋氨酸和胆碱的饲料添加蛋氨酸都有效。同时，蛋氨酸能促进动物毛发、蹄角的生长，并且有解毒和增强肌肉活动能力等作用。鱼粉中蛋氨酸较多，植物性饲料中含量较少。在以全植物性饲料原料配制的动物日粮中，蛋氨酸常常是禽类饲料中第一限制性氨基酸，需要添加蛋氨酸或其蛋氨酸类似物。

（3）色氨酸。色氨酸也是最易缺乏的限制性氨基酸之一，具有典型的特有气味，为无色或微黄色结晶。溶于水、热醇、氢氧化钠溶液。目前，已商品化的色氨酸添加剂为化学合成的DL-色氨酸，其生物学效价为L-色氨酸的80%（猪）和50%～60%（鸡）。玉米、肉粉、肉骨粉中色氨酸含量很低，仅能满足猪需要量的60%～70%，但在豆饼中含量较高。在玉米类型日粮中，如缺豆饼或使用过多的杂饼（粕），则易引起色氨酸的不足。色氨酸在动物体内可转变为烟酸，转化率在猪体内为50～60∶1。

（4）苏氨酸。苏氨酸是一种必需氨基酸，也是幼畜生长阶段的一种限制性氨基酸。常用的苏氨酸是 L-苏氨酸，为无色结晶，易溶于水，具有极弱的特别气味。6 周龄断奶仔猪，在低苏氨酸类型日粮中，添加苏氨酸达到 $0.66\%\sim0.67\%$ 时，可在无鱼粉、豆饼的条件下，获得较好的生产效果。仔猪日粮中的赖氨酸和苏氨酸比例最好为 5:1。

2. 微量元素　常用的微量元素添加剂有硫酸亚铁、硫酸锌、硫酸铜、硫酸锰、碘化钾、亚硒酸钠和氯化钴等。其用量虽少，却是饲料配合过程中必须添加的成分。在操作时，其他饲料中含有的微量元素也应予以考虑。此外，还应注意微量元素的品质，如吸收率、结晶水数量、游离水含量及粒度等。微量元素添加剂的添加量因产品的质量、饲养对象、饲料品种等的不同而不同，添加时要视具体条件而定。通常饲粮中微量元素的添加量为饲养标准规定量减去饲料中可利用量。但实际确定添加量时，不计算饲料中可利用量，只将其作为"保险系数"或"安全剂量"处理。在使用时，首先，选用的添加剂要有较高的生物学效价；其次，要注意添加剂的规格要求，要求含杂质少，有毒有害物质在允许范围内，以保证饲喂的安全；再次，要考虑添加剂的价格、适口性、理化性质、细度等因素；第四，要严格控制用量，严防中毒事故发生。

3. 维生素添加剂　作为添加剂的维生素有维生素 A、维生素 D_3、维生素 E、维生素 K、维生素 B_1、维生素 B_2、维生素 B_6、维生素 B_{12}、泛酸钙、烟酸、叶酸、生物素和胆碱等。多数不稳定，在光、热、空气、潮湿及微量元素和酸败脂肪等存在的条件下易氧化或失效；在配合饲料中常因接触空气使氧化作用加强。故某些维生素（维生素 A、维生素 K、维生素 C等）常被制成"微囊"或稳定化合物。

在确定饲粮中维生素用量时，仅考虑动物的实际需要是不够的，还应考虑以下方面：①维生素的稳定性及使用时实存的效价；②在预混合饲料加工过程（尤其是制粒）中的损失；③成品料在贮存过程中的损失；④炎热环境可能引起的额外损失。饲料中原有的维生素应被视为安全裕量。目前，市售维生素制剂有二大类：复合多种维生素与单项维生素。在饲料加工过程中，使用前者较方便。

知识 3　非营养性添加剂

非营养性添加剂主要起调节代谢、促进生长、驱虫、防病保健和改善产品质量等作用。另有部分对饲料中的养分起保护作用。

一、生长促进剂

主要作用是刺激动物生长、改善动物健康、提高饲料转化率和节省饲料开支。其包括抗生素、抗菌药物、激素和类激素作用物质、酶制剂和活菌制剂等。

1. 抗生素　抗生素是微生物（细菌、放线菌、真菌等）的发酵产物或化学半合成产品，其的主要功能是抑制有害微生物繁殖，促进有益微生物生长，使肠壁变薄，改善消化道的吸收状况，增进畜体健康，提高生产性能。在卫生条件较差和日粮营养不完善的条件下，抗生素作用更为显著。其作为饲料添加剂应用，时间长，范围广，争论也最多。首先，病原菌的抗药性问题；其次，抗生素在畜产品中的残留问题；再次，有些抗生素有致突变、致畸胎和致癌作用的问题。

小贴士　使用抗生素应注意的问题

（1）轮换交替使用不同抗生素，以防止动物肠道中的菌群产生耐药性。

（2）间歇使用抗生素以免产生耐药菌株或避免动物性产品中药物残留量过高。

（3）在同一饲料中禁止使用两种或两种以上同类或作用机理相同的抗生素添加剂。

（4）最好选用动物专用的、吸收和残留少的、不产生抗药性的品种。

（5）严格规定使用条件，如抗生素添加剂一般仅对动物早期生长阶段有效。

（6）严格控制使用剂量和使用范围，保证使用效果，防止不良反应和副作用。

（7）抗生素的使用期限要作具体规定。动物屠宰前的休药期要严格遵守。研究表明，抗生素在动物体内蓄积到一定水平后就不再蓄积。此时，食入量与排泄量呈平衡状态，如果停药，则体内残留的抗生素可以逐步排出。大多数抗生素消失时间需 $3\sim6d$，故一般规定在屠宰前 $7d$ 停止添加。

抗生素的种类较多，随着在生产中不安全或效果不好的抗生素品种相继淘汰，各国被批准使用的品种变化较大。2001 年 9 月 4 日，我国农业部发布的第 168 号公告"饲料药物添加剂的品种及使用规定"表明，我国暂时还允许作为饲料添加剂的抗生素有：杆菌肽锌、硫酸黏杆菌素、弗吉尼亚霉素、恩拉霉素、金霉素、北里霉素、泰乐菌素、土霉素、盐霉素和拉沙里菌素钠等 30 种。从 2006 年 1 月起，欧盟全面禁止饲料中添加抗生素，进入无抗饲料时代；日、美、韩出台了抗生素使用限制条例。

2. 合成抗菌药物　合成抗菌药物，如磺胺类、硝基呋喃类和喹噁啉类具有抗生素的类似作用。同样也存在抗药性和畜产品中药物残留问题。一些国家已禁止或限制作为添加剂使用。我国仅批准使用喹噁啉类中的喹乙醇。喹乙醇又名快育灵，具有抗菌作用和促进蛋白质合成作用，提高饲料中能量和氮的利用率，对猪、鸡有明显的促生长作用。

◀ 走进生产　　　　**喹乙醇的饲用**

使用喹乙醇应注意其安全性问题，鸡对喹乙醇很敏感，曾发生过多起因使用喹乙醇而造成鸡群中毒死亡的事故，因此使用时应谨慎。我国规定，该药只用于 4 个月以内的仔猪和 2 个月以内的鸡，肉鸡 $10\sim25mg/kg$；猪（$2\sim4$ 月龄）$15\sim50mg/kg$，猪（2 月龄以下）$50\sim100mg/kg$，屠宰前 4 周停药，且生产日期不超过 24 个月，不能与其他抗生素同时使用。

3. 益生素　也称促生素、生菌剂、活菌剂、微生态制剂。是将肠道菌群进行分离和培养所制成的活的或死的微生物及其发酵产物，作为添加剂使用可抑制肠道有害菌繁殖，起到防病保健和促进生长的作用。这类产品采用的主要菌种有乳酸杆菌属、链球菌属和双歧杆菌属等。目前，益生素已开始用于生产，但它还不能完全取代抗生素，其生产、贮存和使用等环节有待于进一步完善。

4. 酶制剂　是通过微生物，如米曲霉、黑曲霉、枯草杆菌和酵母杆菌等提取酶产物制成的产品。种类很多，其主要有非淀粉多糖酶（如纤维素酶等）、植酸酶、淀粉酶、蛋白酶、脂肪酶等单一酶制剂。其主要作用是：①破坏植物细胞壁，提高淀粉和蛋白质等营养物质的可利用性；②降低消化道食糜黏度，减少疾病的发生；③消除抗营养因子；④补充内源酶的不足，激活内源酶的分泌。如植酸酶能够降解饲料中的植酸及其盐，提高动物对磷的利用率，减少磷对环境的污染，同时释放出被植酸螯合的大量钙、镁、锌和锰等矿物元素，使这些营养成分被有效地吸收利用。

国内外饲用酶产品主要是由几种单一酶制剂混合而成，可以同时降解饲粮中多种需要降解的抗营养因子和多种养分，可最大限度地提高饲料的营养价值。因其不能人工合成，因而不存在化学添加剂的各种弊端，无任何毒副作用，是使用最安全的一种添加剂，故被称为"绿色添加剂"，但贮存和使用时要注意影响酶的活力的各种因素，如环境最适pH、温度、金属离子、光照等，选用酶制剂时需考虑到动物种类、动物年龄、日粮类型、添加量等。

5. 中草药饲料添加剂　在饲料中添加，除可以补充营养外，还有促进动物生长、增强动物体质、提高抗病力的作用。与抗生素或化学合成药相比，中草药饲料添加剂具有毒性低、无残留、副作用小，不影响人类医学用药的优越性。同时，中草药资源丰富、来源广、价格低廉、作用广泛，是值得开发的具有中国特色的饲料添加剂。常在饲料中添加的单一中草药有松针粉、黄芪、党参、杜仲、蒲公英、甘草、山楂、麦芽等。

◀ 走进生产　　　　　　**复合中草药添加剂的饲用**

①促生长保健剂。何首乌30％、白芍25％、陈皮15％、神曲15％、石菖蒲10％、山楂5％。经晒干、研末、混匀。饲喂25kg以上的育肥猪，每头每天25～30g，可提高增重26％、饲料转化率16％。

②补益药，养血滋阴，增强体质。用刺五加浸剂饲喂母鸡，可提高产蛋量和蛋重；取山药、当归、淫羊藿添加在蛋鸡料中，可提高产蛋率。

二、驱虫保健剂

驱虫剂的种类很多，一般毒性较大，应在发病时作为治疗药物短期使用，不宜连续在饲料中用作添加剂。否则，这些药物残留在动物产品中，危害人类健康。目前，世界各国批准作饲料添加剂使用的驱虫保健剂只有两类：驱蠕虫性抗生素和抗球虫药。

1. 驱蠕虫剂　是驱除动物消化道内蠕虫的制剂，包括越霉素A、潮霉素B和伊维菌素等。前两者用于驱除猪蛔虫、鞭虫及鸡蛔虫；伊维菌素对线虫、昆虫和螨均有驱杀活性。越霉素A预混剂的商品名为"得利肥素"；潮霉素B预混剂的商品名为"效高素"。

2. 抗球虫剂　球虫病是严重危害养禽业的疾病之一，为了预防球虫病应连续或经常投药。但多数药物长期使用易引起球虫产生抗药性，故应实行穿梭或轮流用药，以改善药物使用效果。常用的药有氨丙啉、氯羟吡啶、盐霉素、尼卡巴嗪、氯苯胍、莫能菌素、马杜拉霉素、赛杜霉素钠、地克珠利等。近年来，推出的抗球虫剂具有用量少、效果好、残留低的特点。

三、饲料加工保存添加剂

1. 防霉防腐剂 在高温潮湿季节，饲料在保存过程中易发霉变质。霉变的饲料，不仅适口性变差，营养价值降低，而且霉菌毒素危害动物健康和生产，甚至引起死亡。因此，必须在配合饲料中添加适量防霉剂。为了防止青贮饲料霉变，加入防霉剂，可控制贮存期内的pH，抑制霉菌繁殖，并增加乳酸产量，有利于正常发酵。常用的防霉防腐剂有丙酸及其钠（钙）盐、柠檬酸与柠檬酸钠、苯甲酸与苯甲酸钠、山梨酸与山梨酸钾等。

2. 抗氧化剂 在饲料加工与贮存过程中，为防止饲料中的油脂及某些维生素等接触空气后自动氧化，必须在配合饲料或某些原料饲料中添加抗氧化剂。常用的抗氧化剂有乙氧基喹啉（山道喹）、二丁基羟基甲苯（BHT）等。其添加量一般为 $0.01\% \sim 0.05\%$。

四、饲料品质改良添加剂

1. 食欲增进剂（风味剂） 包括饲用香料和饲用调味剂两种。饲用香料是指能使动物通过嗅觉感到的良好气味，以提高饲料适口性为使用目的的一类化学物质，包括槟榔子油、茴香、香草醛、丁香醛、乳酸乙酯、香兰素、大葱油、茴香醛等；饲用调味剂是为了迎合动物味觉而添加到饲料中的能使动物产生良好味觉的物质，包括甜味剂（糖精等）、酸味剂（柠檬酸等）、鲜味剂（谷氨酸钠，俗称味精）、辣味剂（大蒜粉、辣椒粉、胡椒粉等）、咸味剂等。饲料中添加风味剂的目的是为了增进动物食欲，或掩盖某些饲料原料的不良气味，或增加动物喜爱的某种气味，从而改善饲料适口性，增加采食量和提高饲料转化率。

各种动物的味觉、嗅觉不同，对风味剂的敏感程度也不一样。如乳猪喜欢吃牛奶香味、食糖、谷氨酸钠、乳酸丁酰丁酯、大茴香油、双乙酰、异丁酸的诱食剂。犊牛对有香味的香料、乳酸酯、食糖、香兰素、茴香香油、丁二酮等都很喜欢。家禽的嗅觉不发达，主要依靠视觉、听觉来寻找食物，香气对禽食欲的影响不如饲料的形态、颜色影响大。

2. 流散剂 流散剂又称抗结块剂。其主要作用是使饲料和添加剂保持较好的流动性，以利于在自动控制的饲料加工中的混合及输送操作。食盐、尿素、含结晶水的硫酸盐等最易吸湿和结块，使用流散剂可以调整这些性状，使它们容易流动、散开、不黏着，提高了泻注性，改善了饲料混合均匀度。

常用的流散剂有天然的和合成的硅酸化合物和硬脂酸盐类，如硬脂酸钾、硬脂酸钠、硬脂酸钙、二氧化硅、硅藻土、硅酸镁、硅酸钙等，用量占配合饲料的 $0.5\% \sim 2\%$。

3. 黏结剂 又称制粒剂、黏合剂。用于颗粒饲料和饵料的制作，目的是减少粉尘损失，提高颗粒料的牢固程度，减少造粒过程中压模受损，是加工工艺上常用的添加剂。特别是对添加油脂不易造粒的饲料，更要使用黏结剂。

常用的黏结剂有膨润土、高岭土、木质素磺酸盐、羧甲基纤维素，及其钠盐、聚丙烯酸钠、海藻酸钠、α-淀粉、糖蜜及水解皮革蛋白粉等。其中，后3种本身还具有营养作用。

4. 着色剂 添加着色剂目的是为了改变动物产品的颜色，如动物的皮肤、羽毛、蛋黄、褐色蛋壳及甲壳类的颜色。另一目的是改变饲料的颜色，从而刺激动物的食欲，如草食动物喜欢绿色，而红色会让它们恐惧。作为饲料添加剂，最常用的着色剂是类胡萝卜素类的各种衍生物，如 β-阿朴-8'-胡萝卜素醛、橘黄色素、叶黄素、玉米黄素和柠檬黄质等。

（1）阿朴胡萝卜素醛。为类胡萝卜素中最有效的着色剂，其安全性、稳定性好。主要用于蛋黄和肉鸡皮肤增色，利用率及色素沉积率都比较高。蛋黄及肉鸡皮肤、胫、喙色泽一般随饲料中添加量的增加而加深。另外，德国 BASF 公司生产的含氧的阿朴胡萝卜素，商品名"露康定"，用于蛋黄着色的饲料添加剂。

（2）橘黄色素。又称斑蝥黄素，为红色着色剂。可用于蛋、肉鸡皮肤增色，金丝雀与红鹤的羽毛增色及鲑、虹鳟的皮肤增色。

（3）叶黄素。由发酵法生产，为黄色至橙色。主要用于产蛋鸡和肉鸡饲料中，以增加蛋黄、皮肤、喙、胫的色泽。利用率及着色效果较人工合成物差。一般鸡饲料中每吨添加10～20g。松针粉、苜蓿粉等对蛋黄与皮肤着色效果良好。

五、其他饲料添加剂

1. 甜菜碱　甜菜碱是近年来发现和研制成功的新型饲料添加剂，是一种为动物提供高效活性甲基供体的生物营养素。它因来源于甜菜糖蜜而得名，甜菜碱的生产技术已由生物提取发展到化学合成，并投入工业化大规模生产。

甜菜碱的化学名称是三甲基甘氨酸。它是一种耐高温（200℃下稳定）的多功能添加剂，具有部分替代蛋氨酸和胆碱的效能、有营养重分配、调节渗透压、稳定维生素、协同抗球虫病的作用，还是优良的鱼虾诱食剂等。

（1）甜菜碱在养鸡业中的应用。①部分取代蛋氨酸和胆碱。配合饲料中天然胆碱的含量能满足家禽所必需的胆碱需要量，甲基供体部分完全能由甜菜碱取代。据研究，鸡胆碱需要量的75%必需供给，25%可由甜菜碱代替。一般而言，甜菜碱可以替代蛋氨酸总量的20%～25%。②促进鸡体脂肪代谢。饲用甜菜碱的幼畜体内脂肪分布比较分散，肉质疏松、味道可口。试验表明，使用甜菜碱可使产肉量提高，脂肪含量降低。③提高抗球虫和抗腹泻的能力。

（2）甜菜碱在养猪业中的应用。①作为减肥剂。甜菜碱有利于培育和饲养瘦肉型猪，猪按每吨 1.25kg 添加甜菜碱，背膘厚度可降低 14.8%，在肥育日粮中添加甜菜碱，肥育速度明显提高。②补偿蛋白质的不足。添加甜菜碱能降低肥育猪日粮中氨基酸不足所造成的不利影响，在低蛋氨酸（0.20%）日粮中添加甜菜碱（1.25kg/t），猪只生产性状能恢复到高蛋氨酸（0.38%）水平，且提高了饲料转化率。

2. 除臭剂　为了防止动物排泄物的臭味污染环境，国外有名为 F-Nick 的产品，此种添加剂的主要成分为硫酸亚铁，在饲料中添加 0.5%～1% 即可防臭。另外，从一些植物，如薄荷或沙漠中生长的一种丝兰属植物体中提取某些物质，添加到饲料中也可除粪臭。我国近年来研究证明，腐殖酸钙及沸石亦具有除臭作用。

知识4　添加剂的特点与使用方法

1. 添加剂的特点

（1）在配合饲料中，量小作用大。例如，饲用土霉素，在配合饲料中的添加量仅为10～

100mg/kg，却能使动物的增重提高 10％～15％，饲料转化率提高 5％。

（2）添加量极微，要求计量准确无误。某些饲料添加剂，如微量元素硒等，每千克饲料中低于 0.03mg 即表现缺乏症，而高于 5～10mg 即出现硒中毒现象。

（3）化学稳定性差，相互之间容易发生化学变化。目前所用饲料添加剂大部分品种的化学稳定性差，要求有较高的贮存条件。如维生素 A 遇到光热等都会变性失效。同时，有些添加剂相互接触，即可产生化学反应，使添加剂本身发生变化，失去效能。如维生素和矿物质接触时，就容易发生化学反应，使维生素失去作用。

2. 添加剂的使用方法　饲料添加剂在饲料工业和现代养殖业中起着举足轻重的作用。然而，这种作用在科学、合理使用的基础上才能显示出来。若使用不正确，将带来不必要的损失和不利后果。

（1）使用前提。动物生长要有其所必需的营养物质，如能量和蛋白质。在能量、蛋白质及常量矿物质饲料满足动物基本需求的前提下，使用添加剂才可收到优良效果。如果不能满足动物生长的基础营养物质条件，使用任何添加剂都难以奏效。

（2）准确选择。饲料添加剂种类很多，每一种又有其不同的作用和特点。在选用时，一定要充分了解各种添加剂的性能，应根据饲养目的、动物种类、生理阶段、气候、季节等准确地选用适合的添加剂，即缺什么加什么。

（3）适时、适量添加。大部分饲料添加剂参与动物的代谢活动，并会对动物产品产生影响，所以在使用时间和添加量上必须注意。如屠宰前的一段时间内，不能向被屠宰动物饲料中添加易残留的成分，否则会危及人类健康，如维生素 A 的添加量若高出需要量 3～14 倍便会引起肝损伤；过量的胆碱会影响钙磷的吸收等。

（4）注意添加方式和适用对象。添加剂一般只能混于干料中喂给，不能混于湿料或水中饲喂。也有一些专门溶于水中使用的添加剂。要按说明操作。另外，也要注意添加剂的使用对象，例如，产生不良气味的添加剂，如鱼粉精等，不能用于奶牛、奶羊等产奶动物。

（5）注意配伍禁忌。多种饲料添加剂混合使用时，使用前必须看它们之间是否存在着互相抑制或抵消作用，如果有，则必须采取相应措施，以免造成浪费或产生不利影响。如矿物质元素，不能与维生素长时间配合在一起，因为矿物质会使维生素氧化。某些药物添加剂也不能混合使用，如喹乙醇不能与杆菌肽锌同时使用。

（6）搅拌均匀。添加剂占配合饲料的比例很小，如果搅拌不均匀，不但起不到好的作用，反而会使动物中毒，所以生产中一定要引起重视。若把微量添加剂直接混合于大量饲料中，不易混合均匀，应先将添加剂混于少量饲料中，逐级扩大，搅拌均匀。

（7）饲料添加剂应贮存于干燥、低温及避光处。

（8）及时观察动物的反应。使用添加剂时，饲养管理人员应随时注意动物的反应，若发现异常现象，则应立即停止使用，迅速查出原因并做好相应的治疗。

（9）总结经验，应注意作一些试验记录或观察记录，不断加以改进和完善。本书或说明书上提到的使用对象、添加量等都是针对一般情况而言，并非一成不变，使用者可在实践之后加以改进，使之更加科学合理，更加适合当地养殖的动物。

（10）严格遵守国家的有关法律、法规和法令（表 2-8）。

表 2-8　允许使用的饲料添加剂品种目录（农业部 2013 第 2045 号公告）

类别	通用名称	适用范围
氨基酸、氨基酸盐及其类似物	L-赖氨酸、液体 L-赖氨酸（L-赖氨酸含量不低于 50%）、L-赖氨酸盐酸盐、L-赖氨酸硫酸盐及其发酵副产物（产自谷氨酸棒杆菌、乳糖发酵短杆菌，L-赖氨酸含量不低于 51%）、DL-蛋氨酸、L-苏氨酸、L-色氨酸、L-精氨酸、L-精氨酸盐酸盐、甘氨酸、L-酪氨酸、L-丙氨酸、天（门）冬氨酸、L-亮氨酸、异亮氨酸、L-脯氨酸、苯丙氨酸、丝氨酸、L-半胱氨酸、L-组氨酸、谷氨酸、谷氨酰胺、缬氨酸、胱氨酸、牛磺酸	养殖动物
	半胱胺盐酸盐	畜禽
	蛋氨酸羟基类似物、蛋氨酸羟基类似物钙盐	猪、鸡、牛和水产养殖动物
	N-羟甲基蛋氨酸钙	反刍动物
	α-环丙氨酸	鸡
维生素及类维生素	维生素 A、维生素 A 乙酸酯、维生素 A 棕榈酸酯、β-胡萝卜素、盐酸硫胺（维生素 B_1）、硝酸硫胺（维生素 B_1）、核黄素（维生素 B_2）、盐酸吡哆醇（维生素 B_6）、氰钴胺（维生素 B_{12}）、L-抗坏血酸（维生素 C）、L-抗坏血酸钙、L-抗坏血酸钠、L-抗坏血酸-2-磷酸酯、L-抗坏血酸-6-棕榈酸酯、维生素 D_2、维生素 D_3、天然维生素 Ed1-α-生育酚、dl-α-生育酚乙酸酯、亚硫酸氢钠甲萘醌（维生素 K_3）、二甲基嘧啶醇亚硫酸甲萘醌、亚硫酸氢烟酰胺甲萘醌、烟酸、烟酰胺、D-泛醇、D-泛酸钙、DL-泛酸钙、叶酸、D-生物素、氯化胆碱、肌醇、L-肉碱、L-肉碱盐酸盐、甜菜碱、甜菜碱盐酸盐	养殖动物
	25-羟基胆钙化醇（25-羟基维生素 D_3）	猪、家禽
	L-肉碱酒石酸盐	宠物
矿物元素及其络（螯）合物[1]	氯化钠、硫酸钠、磷酸二氢钠、磷酸氢二钠、磷酸二氢钾、磷酸氢二钾、轻质碳酸钙、氯化钙、磷酸氢钙、磷酸二氢钙、磷酸三钙、乳酸钙、葡萄糖酸钙、硫酸镁、氧化镁、氯化镁、柠檬酸亚铁、富马酸亚铁、乳酸亚铁、硫酸亚铁、氯化亚铁、氯化铁、碳酸亚铁、氯化铜、硫酸铜、碱式氯化铜、氯化锌、碳酸锌、硫酸锌、乙酸锌、碱式氯化锌、氯化锰、氧化锰、硫酸锰、碳酸锰、磷酸氢锰、碘化钾、碘化钠、碘酸钾、碘酸钙、氯化钴、乙酸钴、硫酸钴、亚硒酸钠、钼酸钠、蛋氨酸铜络（螯）合物、蛋氨酸铁络（螯）合物、蛋氨酸锰络（螯）合物、蛋氨酸锌络（螯）合物、赖氨酸铜络（螯）合物、赖氨酸锌络（螯）合物、甘氨酸铜络（螯）合物、甘氨酸铁络（螯）合物、酵母铜、酵母铁、酵母锰、酵母硒、氨基酸铜络合物（氨基酸来源于水解植物蛋白）、氨基酸铁络合物（氨基酸来源于水解植物蛋白）、氨基酸锰络合物（氨基酸来源于水解植物蛋白）、氨基酸锌络合物（氨基酸来源于水解植物蛋白）	养殖动物
	蛋白铜、蛋白铁、蛋白锌、蛋白锰	养殖动物（反刍动物除外）
	羟基蛋氨酸类似物络（螯）合锌、羟基蛋氨酸类似物络（螯）合锰、羟基蛋氨酸类似物络（螯）合铜	奶牛、肉牛、家禽和猪
	烟酸铬、酵母铬、蛋氨酸铬、吡啶甲酸铬	猪
	丙酸铬、甘氨酸锌	猪
	丙酸锌	猪、牛和家禽
	硫酸钾、三氧化二铁、氧化铜	反刍动物
	碳酸钴	反刍动物、猫、犬

（续）

类别	通用名称	适用范围
矿物元素及其络（螯）合物[1]	稀土（铈和镧）壳糖胺螯合盐	畜禽、鱼和虾
	规酸锌（α-羟基丙酸锌）	生长育肥猪、家禽
酶制剂[2]	淀粉酶（产自黑曲霉、解淀粉芽孢杆菌、地衣芽孢杆菌、枯草芽孢杆菌、长柄木霉[3]、米曲霉、大麦芽、酸解支链淀粉芽孢杆菌）	青贮玉米、玉米、玉米蛋白粉、豆粕、小麦、次粉、大麦、高粱、燕麦、豌豆、木薯、小米、大米
	α-半乳糖苷酶（产自黑曲霉）	豆粕
	纤维素酶（产自长柄木霉[3]、黑曲霉、孤独腐质霉、绳状青霉）	玉米、大麦、小麦、麦麸、黑麦、高粱
	β-葡萄聚糖酶（产自黑曲霉、枯草芽孢杆菌、长柄木霉[3]、绳状青霉、解淀粉芽孢杆菌、棘孢曲霉）	小麦、大麦、菜籽粕、小麦副产物、去壳燕麦、黑麦、黑小麦、高粱
	葡萄糖氧化酶（产自特异青霉、黑曲霉）	葡萄糖
	脂肪酶（产自黑曲霉、米曲霉）	动物或植物源性油脂或脂肪
	麦芽糖酶（产自枯草芽孢杆菌）	麦芽糖
	β-甘露聚糖酶（产自迟缓芽孢杆菌、黑曲霉、长柄木霉[3]）	玉米、豆粕、椰子粕
	集胶酶（产自黑曲霉、棘孢曲霉）	玉米、小麦
	植酸酶（产自黑曲霉、米曲霉、长柄木霉[3]、毕赤酵母）	玉米、豆粕等含有植酸的植物籽实及其加工副产品类饲料原料
	蛋白酶（产自黑曲霉、米曲霉、枯草芽孢杆菌、长柄木霉[3]）	植物和动物蛋白
	角蛋白酶（产自地衣芽孢杆菌）	植物和动物蛋白
	木聚糖酶（产自米曲霉、孤独腐质霉、长柄木霉[3]、枯草芽孢杆菌、绳状青霉、黑曲霉、毕赤酵母）	玉米、大麦、黑麦、小麦、高粱、黑小麦、燕麦
微生物	地衣芽孢杆菌、枯草芽孢杆菌、两歧双歧杆菌、粪肠球菌、屎肠球菌、乳酸肠球菌、嗜酸乳杆菌、干酪乳杆菌、德式乳杆菌乳酸亚种（原名：乳酸乳杆菌）、植物乳杆菌、乳酸片球菌、戊糖片球菌、产朊假丝酵母、酿酒酵母、沼泽红假单胞菌、婴儿双歧杆菌、长双歧杆菌、短双歧杆菌、青春双歧杆菌、嗜热链球菌、罗伊氏乳杆菌、动物双歧杆菌、黑曲霉、米曲霉、迟缓芽孢杆菌、短小芽孢杆菌、纤维二糖乳杆菌、发酵乳杆菌、德氏乳杆菌保加利亚亚种（原名：保加利亚乳杆菌）	养殖动物

（续）

类别	通用名称		适用范围
微生物	产丙酸丙酸杆菌、布氏乳杆菌		青贮饲料、牛饲料
	副干酪乳杆菌		青贮饲料
	凝结芽孢杆菌		肉鸡、生长育肥猪和水产养殖动物
	侧孢短芽孢杆菌（原名：侧孢芽孢杆菌）		肉鸡、肉鸭、猪、虾
非蛋白氮	尿素、碳酸氢铵、硫酸铵、液氨、磷酸二氢铵、磷酸氢二铵、异丁叉二脲、磷酸脲、氯化铵、氨水		反刍动物
抗氧化剂	乙氧基喹啉、丁基羟基茴香醚（BHA）、二丁基羟基甲苯（BHT）、没食子酸丙酯、特丁基对苯二酚（TBHQ）、茶多酚、维生素E、L-抗坏血酸-6-棕榈酸酯		养殖动物
	迷迭香提取物		宠物
防腐剂、防霉剂和酸度调节剂	甲酸、甲酸铵、甲酸钙、乙酸、双乙酸钠、丙酸、丙酸铵、丙酸钠、丙酸钙、丁酸、丁酸钠、乳酸、苯甲酸、苯甲酸钠、山梨酸、山梨酸钠、山梨酸钾、富马酸、柠檬酸、柠檬酸钾、柠檬酸钠、柠檬酸钙、酒石酸、苹果酸、磷酸、氢氧化钠、碳酸氢钠、氯化钾、碳酸钠		养殖动物
	乙酸钙		畜禽
	焦磷酸钠、三聚磷酸钠、六偏磷酸钠、焦亚硫酸钠、焦磷酸一氢三钠		宠物
	二甲酸钾		猪
	氯化铵		反刍动物
	亚硫酸钠		青贮饲料
着色剂	β-胡萝卜素、辣椒红、β-阿朴-8'-胡萝卜素醛、β-阿朴-8'-胡萝卜素酸乙酯、β,β-胡萝卜素-4，4-二酮（斑蝥黄）		家禽
	天然叶黄素（源自万寿菊）		家禽、水产养殖动物
	虾青素、红法夫酵母		水产养殖动物、观赏鱼
	柠檬黄、日落黄、诱惑红、胭脂红、靛蓝、二氧化钛、焦糖色（亚硫酸铵法）、赤藓红		宠物
	苋菜红、亮蓝		宠物和观赏鱼
调味和诱食物质[4]	甜味物质	糖精、糖精钙、新甲基橙皮苷二氢查耳酮	猪
		糖精钠、山梨糖醇	
	香味物质	食品用香料[5]、牛至香酚	养殖动物
	其他	谷氨酸钠、5'-肌苷酸二钠、5'-鸟苷酸二钠、大蒜素	
黏结剂、抗结块剂、稳定剂和乳化剂	α-淀粉、三氧化二铝、可食脂肪酸钙盐、可食用脂肪酸单/双甘油酯、硅酸钙、硅铝酸钠、硫酸钙、硬脂酸钙、甘油脂肪酸酯、聚丙烯酸树脂Ⅱ、山梨醇酐单硬脂酸酯、聚氧乙烯20山梨醇酐单油酸酯、丙二醇、二氧化硅、卵磷脂、海藻酸钠、海藻酸钾、海藻酸铵、琼脂、瓜尔胶、阿拉伯树胶、黄原胶、甘露糖醇、木质素磺酸盐、羧甲基纤维素钠、聚丙烯酸钠、山梨醇酐脂肪酸酯、蔗糖脂肪酸酯、焦磷酸二钠、单硬脂酸甘油酯、聚乙二醇400、磷脂、聚乙二醇甘油蓖麻酸酯		养殖动物

（续）

类别	通用名称	适用范围
黏结剂、抗结块剂、稳定剂和乳化剂	丙三醇	猪、鸡和鱼
	硬脂酸	猪、牛和家禽
	卡拉胶、决明胶、刺槐豆胶、果胶、微晶纤维素	宠物
多糖和寡糖	低聚木糖（木寡糖）	鸡、猪、水产养殖动物
	低聚壳聚糖	猪、鸡和水产养殖动物
	半乳甘露寡糖	猪、肉鸡、兔和水产养殖动物
	果寡糖、甘露寡糖、低聚半乳糖	养殖动物
	壳寡糖［寡聚 β-（1-4）-2-氨基-2-脱氧-D-葡萄糖］（$n=2\sim10$）	猪、鸡、肉鸭、虹鳟
	β-1，3-D-葡聚糖（源自酿酒酵母）	水产养殖动物
	N，O-羧甲基壳聚糖	猪、鸡
其他	天然类固醇萨洒皂角苷（源自丝兰）、天然三萜烯皂角苷（源自可来雅皂角树）、二十二碳六烯酸（DHA）	养殖动物
	糖萜素（源自山茶籽饼）	猪和家禽
	乙酰氧肟酸	反刍动物
	苜蓿提取物（有效成分为苜蓿多糖、苜蓿黄酮、苜蓿皂苷）	仔猪、生长育肥猪、肉鸡
	杜仲叶提取物（有效成分为绿原酸、杜仲多糖、杜仲黄酮）	生长育肥猪、鱼、虾
	淫羊藿提取物（有效成分为淫羊藿苷）	鸡、猪、绵羊、奶牛
	共轭亚油酸	仔猪、蛋鸡
	4，7-羟基异黄酮（大豆黄酮）	猪、产蛋家禽
	地顶孢霉培养物	猪、鸡
	紫苏籽提取物（有效成分为 α-亚油酸、亚麻酸、黄酮）	猪、肉鸡和鱼
	硫酸软骨素	猫、犬
	植物甾醇（源于大豆油/菜籽油，有效成分为 β-谷甾醇、菜油甾醇、豆甾醇）	家禽、生长育肥猪

注：1. 所列物质包括无水和结晶水形态。

2. 酶制剂的适用范围为典型底物，仅作为推荐，并不包括所有可用底物。

3. 目录中所列长柄木霉亦可称为长枝木霉或李氏木霉。

4. 以一种或多种调味物质或诱食物质添加载体等复配而成的产品可称为调味剂或诱食剂。其中，以一种或多种甜味物质添加载体等复配而成的产品可称为甜味剂；以一种或多种香味物质添加载体等复配而成的产品可称为香味剂。

5. 食品用香料见《食品安全国家标准　食品添加剂使用卫生标准》（GB 2760）中食品用香料名单。

◀ **走进生产**　使用饲料添加剂必须严格遵守国家有关法律、法规和法令，符合经济性、安全性和使用方便的原则。要注意其效价和有效期，严格按照限用、禁用、用法、用量、使用对象和配伍禁忌等规定来使用。

边学边练

1. 举例说明哪些饲料添加剂有环境污染问题。

2. 饲料添加剂具有哪些特点？在使用时应注意什么？

单元实训 6　饲料中三聚氰胺的测定
（NY/T 1372—2007）

【适用范围】本标准适用于配合饲料、浓缩饲料、添加剂预混合饲料、植物性蛋白饲料、宠物饲料（干粮、罐头）中三聚氰胺的测定。

【测定原理】试样中的三聚氰胺用三氯乙酸溶液提取，提取液离心后经混合型阳离子交换互相萃取柱净化，洗脱物吹干后用甲醇溶液溶解，用高效液相色谱仪进行测定。

【仪器与试剂】除非另有规定，仅使用分析纯试剂和符合 GB/T6682 的三级水，色谱用水符合 GB/T6682 一级水的规定。

1. 仪器　高效液相色谱仪，配有二极管阵列检测器或紫外检测器；离心机：10 000r/min；涡旋混合器；超声波清洗器；氮吹仪，可控制至 60℃；固相萃取装置；高速匀质器；索式提取器；震荡摇床。

2. 试剂　甲醇：色谱纯；乙腈：色谱纯；氨水：浓度 25%～28%；混合型阳离子交换固相萃取柱：60mg，3mL；三氯乙酸溶液 10g/L：称取 10g 三氯乙酸加水至 1 000mL；氨水甲醇溶液：量取 5mL 氨水，溶解于 100mL 甲醇中；乙酸铅溶液 22g/L：取 22g 乙酸铅用约 300mL 水溶解后定容至 1L；滤膜：0.45μm，有机相；甲醇溶液：200mL 甲醇加入 800mL 一级水，混匀；流动相：称取 2.02g 庚烷磺酸钠和 2.10g 柠檬酸于 1L 容量瓶中，用水溶解并稀释至刻度。取该溶液 900mL 加入 10mL 乙腈；三聚氰胺标准品（纯度>99%）；三聚氰胺标准溶液。

标准储备液：称取 100mg（精确到 0.1mg）的三聚氰胺标准品，用甲醇溶液溶解并定容于 100mL 容量瓶中，该溶液浓度为 1mg/mL，于 4℃冰箱内贮存，有效期 3 个月。

标准中间液：吸取标准储备液 5.00mL，于 50mL 容量瓶内，用甲醇溶液定容至 50mL，该溶液三聚氰胺浓度为 100μg/mL，于 4℃冰箱内贮存，有效期 1 个月。

标准工作液：用移液管分别移取标准液和中间液 1、5、10、25、50mL 于 5 个 100mL 容量瓶内，用甲醇溶液定容，该溶液三聚氰胺浓度为 1.0、5.0、10、25、50μg/mL。于 4℃ 冰箱内贮存，有效期 1 周。

【方法步骤】按照 GB/T 20195 的规定制备试样。

1. 提取　配合饲料、浓缩饲料、添加剂预混合饲料、植物性蛋白饲料和宠物饲料（干粮）中三聚氰胺的提取，称取 5g 试样（精确至 0.01g），准确加入 50mL 三氯乙酸溶液，加入 2mL 乙酸铅溶液。摇匀，超声提取 20min。静止 2min，取上层提取液约 30mL 转入离心管，在 10 000r/min 离心机上离心 5min。宠物饲料（罐头）中三聚氰胺的提取，称取 5g 试样（精确至 0.01g），加入 50mL 乙醚，摇床上 120r/min 震荡 1h，弃去乙醚，再加入 50mL 乙醚，摇床上 120r/min 震荡 1h，弃去乙醚，其余步骤同上。

2. 净化　分别用 3mL 甲醇，3mL 水活化混合型阳离子交换固相萃取柱，准确移取 10mL 离心液分次上柱，控制过柱速度在 1mL/min 以内。再用 3mL 水和 3mL 甲醇洗涤混合型阳离子交换固相萃取柱，抽近干后用氨水甲醇溶液 3mL 洗脱。洗脱液 50℃氮气吹干，准确加入甲醇溶液，涡旋震荡 1min，过 0.45μm 滤膜，上机测定。

3. 液相色谱条件

色谱柱：C8 柱，柱长 150mm，内径 4.6mm，粒度 5μm；或性能相当的色谱柱。

柱温：室温。

流动相流速：1.0mL/min。

检测波长：240nm。

4. 测定　按照保留时间进行定性，试样与标准品保留时间的相对偏差不大于 2%，单点或多点校正外标法定量。待测样液中三聚氰胺的响应值应在工作曲线范围内。

【结果处理】

1. 结果计算　以质量分数毫克每千克（mg/kg）表示，单点校正按下面公式计算：

$$三聚氰胺的含量（mg/kg）=\frac{A \times Cs \times V \times n}{As \times m}$$

式中：V 为净化后加入的甲醇溶液体积，单位为毫升（mL）；As 为三聚氰胺标准溶液对应的色谱峰面积响应值；A 为试样溶液对应的色谱峰面积响应值；Cs 为三聚氰胺标准溶液的浓度，单位为微克每毫升（μg/mL）；m 为试样质量，单位为克（g）；n 为稀释倍数。

多点校正按下面公式计算：

$$三聚氰胺的含量（mg/kg）=\frac{Cx \times V}{m} \times n$$

式中：V 为净化后加入的甲醇溶液体积，单位为毫升（mL）；Cx 为标准曲线上查得的试样中三聚氰胺的浓度，单位为毫克每毫升（μg/mL）；m 为试样质量，单位为克（g）；n 为稀释倍数。

2. 结果表示　平行测定结果用算术平均值表示，结果保留 3 位有效数字。

【重复性】在同一实验室由同一操作人员使用同一仪器完成的两个平行测定的相对偏差不大于 10%。

第三单元

饲料的常规分析

学习目标

（1）进行各类饲料样本的采集和制备。

（2）了解饲料主要营养成分的测定原理和注意事项，掌握饲料常规成分的分析方法和计算要领。

（3）正确识别、使用饲料常规分析仪器，配制常用试剂。

（4）具有认真、仔细、实事求是、一丝不苟的科学态度和节约、安全、负责的敬业精神。

单元实训1　饲料样本的采集与制备

【目的要求】了解饲料样本采集与制备的概念及注意事项，掌握采样与制样的基本方法。懂得进行样本的登记及妥善保存各种饲料样本。

【仪器用品】小型饲料粉碎机、双套回转取样管、剪刀、秤、分样筛（孔径 1～0.45mm）、广口瓶及标签、刀或料铲、方形塑料布（150cm×150cm）、小锄刀、搪瓷盘（20cm×15cm×3cm）、坩埚钳、鼓风恒温干燥箱（60～70℃）、普通天平（1/100）等。

【方法步骤】

一、饲料样本的采集

1. 原始样本的采集　原始样本也称初级样本，通常是从大量饲料或大面积牧地上按不同部位、深度和广度，采用"几何法"采集，即把整堆物料看成是一个规则的几何体，并把它分成若干个体积相等的部分，而且在整体中分布是均匀的，从中取出等体积的样本（图 3-1），形成支样，称为检样，从同种类、同批次饲料中采集的多份检样混合总称为原始样本。

2. 分析样本的采集　原始样本充分混匀或剪碎混匀后，按"四分法"（图 3-2）

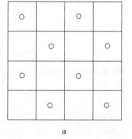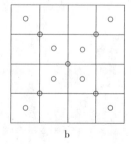

图 3-1　采样示意图

（引自甘肃省畜牧学校，《家畜饲养实习指导》，1989）

缩小至所需质量，用于分析化验用的样本，称为分析样本。"四分法"采样方法如下：

将原始样本混合均匀后，放置在一张方形纸、帆布、塑料布等上面；提起一角，使籽实或粉末饲料流向对角，再提起对角使饲料回流，如法将四角反复提起，使饲料反复移动混合均匀；将样料堆成圆锥形或铺平，在上划"十"字线，将样本分成 4 等份，取对角两份，如前法混合后再分成 4 等份，直至缩分至所需数量为止。

如果原始样本较多，可在洁净地板上堆成圆锥形，用铲子将堆移到另一处，移动时将每一铲样料倒于前一铲样料上，使样料由顶向下流至周围，反复将堆移动数次，以达到饲料混合均匀的目的。

样本应通过40～60目筛(筛孔直径0.42～0.25mm)，每种分析样本的风干重不得少于200g。

3. **样本采集方法**   不同饲料样本的采集因饲料原料或产品的性质、状态、颗粒大小或包装方式不同而不同。

（1）均匀固体物料。包括搅拌均匀的籽实或粉末（如磨成粉末的各种糠麸、鱼粉、血粉等饲料）。

①袋装/取样袋数按下面公式确定：

$$取样袋数＝\sqrt{\frac{N}{2}}（N 为总袋数）$$

简单的方法是按总袋数的 10% 抽取有代表性的样本，从样本堆放的不同部位，用双套回转取样管（图 3-3）采样，将取样管插入包装中，回转 180°，取出样本，每一包装须从

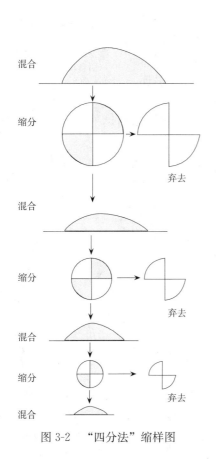

图 3-2   "四分法"缩样图

图 3-3   双套回转取样管
(引自四川省南充农业学校，
《食品分析》，1991)

上、中、下 3 层取出 3 份检样，把许多检样综合起来形成原始样本。用"四分法"将原始样本缩分至所需质量的分析用样本。

②散装。散装原料应在机械运输过程中的不同场所（如滑运道、传送带等处）取样。也可按三层五点法进行代表性取样。根据物料面积大小划分为若干个方块，每块为 1 个区，每区面积不超过 50cm²。每区按上、中、下分 3 层，每层设中心、四角共 5 个点。按区按点，先上后下用取样器采样，上、下层取样深度应分别在表面下和堆底部上 10cm 处，每层采样约 200g，各层采完后充分混合，用"四分法"取分析样约 300g。

（2）青干草、秸秆饲料。要求从不少于 1t 的风干秸秆或干草的堆垛中选取 5 个以上不同部位的点采样，每点采样 200g 左右，采样时应注意由于干草的叶片极易脱落，影响其营养成分的含量，故应尽量避免叶片脱落。采取完整或具有代表性的样本，保持原料中茎叶的比例。然后将采取的原始样本放在纸或塑料布上，剪成 1～2cm 长度，充分混合后取分析样本约 300g。

（3）块根、块茎和瓜类饲料。这类饲料的特点是含水量大，由不均匀的大体积单位组成。采样时，应采集多个单独样本，以消除样本个体间的差异。样本个数应根据样本的种类和成熟均匀与否，以及需要测定的营养成分而定。一般在收获地与贮藏窖，随机采取新鲜、完整的块根、块茎 10～50 个，（马铃薯取 50 个，胡萝卜取 20 个，南瓜取 10 个），依大、中、小分堆称重后，再按其比例共取 5 000g，先用水洗净（勿损害外皮），再用布擦去表面水分，然后从各个块根的顶端至根部纵切（块茎类从中间切开），取对角的 1/4、1/8 或 1/16（图 3-4），采取分析样适量，切成薄片，平铺在干净瓷盘内或用线串连（同时取 300g 测定初水分），置阴凉通风处风干 2～3d（注意勤翻，防止霉烂），待大量水分蒸发后，移入 60～65℃恒温干燥箱内烘干，再以秸秆类制样方法进行制样。

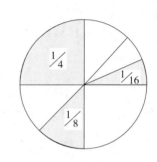

图 3-4　块根、块茎采样示意图
（引自甘肃省畜牧学校，
《家畜饲养实习指导》，1990）

瓜类的采样与制样方法同上。可供饲用的瓜瓤与外皮均应按比例采入样本中。

（4）油饼类。由于加工取油方法不同，油饼的形状也不相同。如果是小片饼，则应从油饼堆的各部位中选取大、小、厚度具有一定代表性的饼片，每吨取 25～50 片，锤成碎粒后充分混合，采取分析样 300g；如果是机榨大油饼，则每吨至少取 5 片未发霉变质的油饼，每片均按圆心角 5°切取对角小三角形（图 3-5）作为原始样本，锤成碎粒，按"四分法"取分析样约 300g。

两种油饼的制作方法均与秸秆类相同。

（5）多汁副产品类。酒糟、醋糟、粉渣等在贮存池（堆）中选 10 个样点，每点分上、中、下 3 层采原始样约 5 000g，充分搅匀后，随机采分析样 1 500g，取 200g 测初水分，其余置瓷盘中在 60～65℃温度

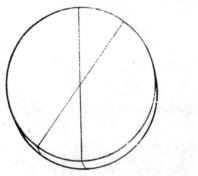

图 3-5　油饼类饲料采样示意图
（引自陈义风，《饲养分析》，1984）

条件下定时翻动、烘干、制样。

（6）青贮饲料类。青贮饲料一般在青贮塔、圆形窖或长形青贮壕内采样。取样前应除去覆盖的泥土、秸秆及发霉变质的饲料。选取质量、茎叶比例、含水量等都有代表性的样点5个，按不同窖型采样。

①青贮塔采样。饲喂开始后，由上至下按饲喂时间的长短，分阶段采样5次，每次200g，置室温下风干或在60～65℃恒温干燥箱中烘干后充分混匀，取分析样300g制样。

②圆形窖采样。由上至下分阶段按图3-6方式采样5次，具体方法与青贮塔相同。

③长形窖（壕）采样。从窖的一端由上取至底部，在斜面按图3-7分阶段采样5次，具体方法与青贮塔法相同。

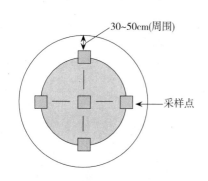

图3-6　圆形窖采样示意图
（引自甘肃省畜牧学校，
《家畜饲养实习指导》，1990）

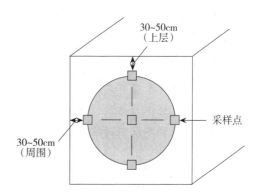

图3-7　长形窖采样示意图
（引自甘肃省畜牧学校，
《家畜饲养实习指导》，1990）

采样时应将表面50cm的青贮饲料除去。用利刀切取边长20cm的立方饲料块。原始样本重为500～1 000g。长形青贮壕的采样点视青贮壕长度大小分为若干段，每段设采样点分层取样。

（7）草地牧草。在各种类型的大面积天然草地或人工草地上，应按植被成分、地形等的不同，将整个草地分为同一类型的几个区域，在每个区域内选取5个或5个以上的样点（图3-8），从草地上3cm处按分析要求剪取单种或混合牧草，除去不可食草、毒草及杂质后，将各点样本剪碎混匀，取分析样500～1 000g，放入瓷盘内，在60～65℃恒温干燥箱中烘干或置室温下风干，取约300g制样。

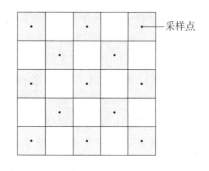

图3-8　放牧地牧草采样示意图
（引自陈义风，《饲养分析》，1984）

（8）水生及青绿饲料。采样时应按当时饲喂动物所采集饲料的地点划一区域，再以对角等距离采取原始样本，用清水将泥沙冲洗干净，擦去水滴，迅速剪碎混匀，按"四分法"采分析样2 000g，测定初水分并制样。

亦可在饲喂的同时进行采样。在饲料采回饲喂前，洗净、擦去水滴、混匀，每次按五点随机采取原始样本，风干，测初水分，在一定饲喂期内，分阶段采样4～5次，将每次风干样混匀剪碎，按"四分法"取分析样300g制样。

采样时间以上午8：00～10：00为宜。

（9）肉类样本的采集。据测定目的不同而采用不同的测定方法。

①动物整体成分分析采样。以鸡为例，称活鸡重。用手指盖住鸡口腔，将鸡闷死（不放血）。30min后（待血液凝固），取出内脏，排尽内脏中污物。称屠体重。剪碎羽毛，用刀剁碎屠体（包括头、胴体、内脏、爪、翅膀），混在一起，用绞肉机绞2～3次，使毛、肉、骨等绞碎，并混合均匀，按一定比例称取绞碎与混匀的样本，进行分析测定。

②动物体同一部位肌肉成分分析的采样。如猪的肉质评定，可割取各组猪同一部位的肌肉，测定其中的干物质、粗蛋白质、粗脂肪和灰分的含量，进行比较。这种分析方法可供测定不同日粮或不同饲喂方法对肉质的影响。

■小贴士　采样注意事项

（1）采集样本应有足够的数量。

（2）采集样本的角度、深度、广度、位置应能代表整批饲料。

（3）采集样本应搅拌均匀。

二、饲料样本的制备

是指将样本经过干燥、磨碎、过筛、装瓶和混合处理的过程。

1. **风干样本的制备**　风干样本是指原样中不含游离水，仅含一般吸附于饲料蛋白质、淀粉和细胞膜上的吸附水，且含量在15%以下的样本。如玉米、小麦等作物籽实、混合粉料、糠麸、青干草、秸秆、干草粉、血粉等。这类样本可按"四分法"从原始样本中取出分析，然后用饲料粉碎机粉碎，过40～60目筛（筛孔直径0.42～0.25mm），粗料磨碎时在粉碎机中所剩少量难以粉碎的秸秆硬渣，应仔细剪碎，均匀地混入全部分析样中装瓶备用。

2. **新鲜样本的制备**　新鲜样本中含有大量的游离水和少量的吸附水，一般含水量在70%～90%。如青绿饲料、多汁饲料、青贮饲料、鲜肉、鲜蛋等属于水分多的新鲜样本。由于水分多，不宜保存，须先除去初水分后制成半干样本。这类饲料可采用"几何法"和"四分法"从原始新鲜样本中取得分析样本，再将分析样本分为两部分，一部分分析鲜样300～500g，用作初水分测定，得出半干样本，然后按风干样本的制作方法制成分析样本。另一部分鲜样供作胡萝卜素的测定用。

3. **初水分的测定**　新鲜样本在60～65℃的恒温干燥箱中烘8～12h，然后置空气中回潮，与空气湿度保持平衡，在这种条件下所失去的水分称为初水分。具体测定步骤如下：

（1）先将瓷盘洗净，放入60～65℃恒温干燥箱中烘干，取出，冷却至室温，编号，用普通天平称取瓷盘质量。

（2）用已知质量的瓷盘在普通天平上称取剪碎后的新鲜样本300～500g，置120℃恒温干燥箱中烘10～15min灭酶，以减少对饲料养分分解造成的损失。将瓷盘迅速移入60～65℃恒温干燥箱中烘8～12h（视水分含量而定），取出，在实验室条件下充分回潮12～24h

后，用普通天平称重。再将瓷盘放入 60～65℃恒温干燥箱中烘 2h，取出再回潮 24h，称重，直至前后两次质量之差不超过 0.5g 为止，并取最低值进行计算。

（3）结果处理。

①数据记录（表 3-1）。

表 3-1　初水分测定记录表

样名	盘号	瓷盘质量（g）	盘＋样（g）	样本质量（g）	烘干后质量（g）		初水分含量（%）	平均初水分（%）
					1	2		

②结果计算。

$$初水分 = \frac{m_1 - m_2}{m_1 - m_0} \times 100\%$$

式中：m_1 为烘前试样及瓷盘质量（g）；m_2 为烘后试样及瓷盘质量（g）；m_0 为瓷盘质量（g）。

三、饲料样本的登记与保管

1. 饲料样本的登记　制备好的风干样本或半干样本均应装在洁净、干燥的磨口广口瓶内作为分析样本备用。瓶外贴上标签，标签上写明样本名称、采样日期、采样地点、采（制）样人，保存于干燥阴凉处。

分析实验室应有专门的样本登记本，系统详细地记录与样本相关的资料。登记内容如下：

> （1）样本名称（学名和俗名）和种类（必要时须注明品种、质量等级）。
> （2）生长期（成熟程度）、收获期、茬次。
> （3）调制和加工方法及贮存条件。
> （4）外观性状及混杂度。
> （5）采样地点和采集部位。
> （6）生产厂家、批次和出厂日期。
> （7）等级、质量。
> （8）采样人、制样人和分析人的姓名。

2. 饲料样本的保管　样本采集后，应尽快进行分析。尽可能避光低温保存，并做好防虫工作。样本保存时间应有严格规定，一般条件下原料样本保留 2 周，成品样本保留 1 个月。有时为了特殊目的样本需保管 1～2 年。对需长期保存的样本可用锡箔纸软包装，经过抽真空充氮气后密封，在冷库中保存备用。专门从事饲料质量检验监督机构的样本保存期一般为 3～6 个月。

饲料样本应由专人采集、登记、制备与保管。样本保存时应注意稳定性，以防样本变质。如各种因素引起的水分变化、强烈光线引起的挥发变性、虫蛀、微生物以及植物细胞本身呼吸作用等的影响。

← **走进生产** 采样就是从欲分析的大量饲料中或天然牧地上，随机取出一部分供分析用的样本。它应能在一定程度上代表实际应用的全部饲料或牧草的品质，无论化验设备多么先进，操作规程如何严格，其分析结果均只能代表分析样本本身。因而，采样是否具有代表性是非常重要的步骤之一。

单元实训 2   饲料中水分的测定

【目的要求】了解饲料中水分测定的原理及注意事项，掌握水分测定的方法。

【测定原理】将待测样本放入 100～105℃的恒温干燥箱中，经相当时间的水分蒸发后，由先后质量之差，即可求出水分和干物质的含量。

【仪器与试剂】

1. 仪器用品　恒温干燥箱、称量皿、干燥器（用氯化钙或变色硅胶作干燥剂）、粗天平、分析天平（感量0.000 1g）、药匙。

2. 药品试剂　凡士林、氯化钙或变色硅胶。

【方法步骤】

1. 将洗净的称量皿放入 100～105℃恒温干燥箱内烘 1h，移入干燥器冷却 30min，编号称重。

2. 将已知质量的称量皿置分析天平上称取 2～3g 样本，放入 100～105℃恒温干燥箱中，瓶盖半开，烘 4～6h，取出放入干燥器中冷却 30min，进行第 1 次称重。再在同样条件下烘 1～2h，移入干燥器冷却 30min，进行第 2 次称重，直到前后两次质量之差不超过 0.002g，并取最低值进行计算。

【结果处理】

1. 数据记录（表 3-2）

表 3-2　水分测定记录表

样名	皿号	称量皿质量（g）	皿+样（g）	样本质量（g）	烘干后质量（g）		水分含量（%）	平均含水量（%）
					1	2		

2. 结果计算

$$水分=\frac{m_1-m_2}{m_1-m_0}\times 100\%$$

式中：m_1 为烘前试样及称量皿质量（g）；m_2 为烘后试样及称量皿质量（g）；m_0 为称量皿质量（g）。

【注意事项】

1. 新鲜青绿多汁的饲料不易保存，需进行干燥处理制成半干样本，可按下列公式计算水分含量：

　　鲜样本总水分（％）＝初水分％＋吸附水％（1－初水分％）

　　例如：鲜样中初水分为77％，则半干物质为23％，又测得半干物质中水分为10％（即23％半干物质中含10％的吸附水），则：

$$总水分＝初水分％＋吸附水％（1－初水分％）$$
$$＝77％＋10％（1－77％）$$
$$＝77％＋2.3％$$
$$＝79.3％$$

　　总水分也可直接将样本放入100～105℃恒温干燥箱中烘6～12h直至全干恒重为止，冷后称重直接测出。

$$总水分＝\frac{m_1－m_2}{m_1－m_0}＝×100％$$

　　式中：m_1为烘前瓷盘及鲜样质量（g）；m_2为烘后瓷盘及干物质质量（g）；m_0为瓷盘质量（g）。

　　2. 某些脂肪含量高的样本，烘干时间长反而会增加重量，这是脂肪氧化所致，故应以增重前一次结果为准。

　　3. 含糖分高的、易分解或易焦化的样本，应使用减压干燥法（70℃，80kPa以下，烘干5h）测定水分。

←走进生产　新鲜的植物性饲料不易保存，需进行干燥处理制成半干样本，可采用烘干或晒干等方法，去掉其中所含的初水分。饲料中水分含量在15％以下才便于保存。进行饲料常规分析时，再进一步测定其中所含的吸附水，以获知饲料干物质的含量。

单元实训3　饲料中粗蛋白质的测定
——凯氏半微量定氮法

【目的要求】

　　1. 了解凯氏定氮法测定蛋白质的原理。

　　2. 学会安装微量凯氏定氮蒸馏装置，掌握凯氏定氮法中样本的消化、蒸馏、吸收等基本操作技能；熟悉滴定操作。

　　【测定原理】 在浓硫酸的作用下，饲料中粗蛋白质的含氮物转变成氨，分解的氨与硫酸结合生成硫酸铵。然后碱化蒸馏使氨游离，用硼酸吸收成四硼酸铵，再用盐酸标准溶液滴定，根据酸的消耗量乘以换算系数，即为粗蛋白质含量。

　　【仪器与试剂】

　　1. 仪器用品　凯氏定氮蒸馏装置（图3-9）、毒气柜（内有消煮炉、消化架）、分析天平（感量0.0001g）、凯氏烧瓶（100mL）、容量瓶（100mL）、量筒（5、10、20、50mL）、洗瓶、锥形瓶（150mL）、移液管（5、10mL）、洗耳球、酸式滴定管（25mL）等。

2. **药品试剂**　硫酸铜（$CuSO_4 \cdot 5H_2O$）、硫酸钾、硫酸（密度为1.841 9g/L）、硼酸溶液（20g/L）、混合指示液、1份甲基红乙醇溶液（1g/L）与5份溴甲酚绿乙醇溶液（1g/L）临用时混合。也可用2份甲基红乙醇溶液（1g/L）与1份亚甲基蓝乙醇溶液（1g/L）临用时混合、氢氧化钠溶液（400g/L）、盐酸标准溶液［c（HCl）＝0.050 0mol/L］。

【方法步骤】

1. **样本准备**　在分析天平上用减量法准确称取饲料样本0.5～1g（精确至0.000 2g），用纸卷成筒状，小心无损地将样本放入100mL洗净、烘干、编号的凯氏烧瓶内，加无水硫酸钠或硫酸钾2.5g、硫酸铜0.25g及15mL浓硫酸。并同时做平行样和空白。

2. **消化**　将准备好的凯氏烧瓶以45°角放于电热架上，开始用低温加热，直至白烟冒出后，升至中温，白烟散尽后升至高温，并经常转动烧瓶，观察瓶内溶液颜色的变化情况，待溶液呈浅蓝色澄清液后，继续消化30min即可。一般需3～4h。

3. **定容**　将消化好并冷却至室温的样本消化液加入少量蒸馏水摇匀稍冷，小心注入100mL容量瓶中，再用蒸馏水少量多次洗涤凯氏烧瓶，并将洗液一并转入容量瓶中，直至烧瓶洗至中性，表明铵盐无损地移入容量瓶中，充分摇匀后，加水至刻度线定容，静置一夜进行蒸馏。

4. **蒸馏**

（1）先检查微量凯氏定氮蒸馏装置（图3-9）是否正常，然后用蒸汽洗涤一次，再加蒸馏水蒸馏洗涤，并检查冷凝管水流是否正常等。煮沸蒸汽发生瓶中蒸馏水，准备蒸馏。

（2）用量筒量取20mL硼酸溶液（20g/L）加入150mL锥形瓶内，再加2滴甲基红-溴甲酚绿混合指示剂，置蒸馏器旁冷凝管下。

（3）用移液管吸取5mL样本消化液，自微量凯氏蒸馏器小玻杯注入反应室，用少量蒸馏水冲洗小玻杯，塞上玻塞，并将放有硼酸溶液的锥形瓶液面浸入管口，然后自漏斗中加入5mL氢氧化钠溶液（400g/L），并用少量蒸馏水洗净残碱，塞上玻塞，将小玻杯加满蒸馏水，以防漏气。然后开始计时蒸馏4min（夹紧外面废水排出管），再将锥形瓶内溶液液面离开管口继续蒸馏1min，以保证氨全部被吸收。用少量蒸馏水冲洗管口外壁，将锥形瓶移开蒸馏装置，准备滴定。

5. **滴定**　将已吸收氨的硼酸液用已标定的0.050 0mol/L的标准盐酸溶液滴定至锥形瓶中溶液由蓝变灰为止，记下耗酸体积。每次消化液须重复蒸馏2～3次。如果几次滴定酸量相差较大，则必须重新蒸馏。直至滴定时耗酸量相差不超过0.05mL为止。

【结果处理】

1. **数据记录**（表3-3）。

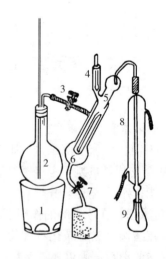

图3-9　凯氏定氮蒸馏装置
1. 电炉　2. 蒸汽发生瓶　3. 螺丝夹
4. 小玻杯及棒状玻塞　5. 反应室
6. 反应室外层　7. 橡皮管及螺丝夹
8. 冷凝瓶　9. 蒸馏液接收三角瓶
（引自杨胜，《家畜饲养实验指导》，1979）

表3-3 蛋白质测定记录表

标准盐酸浓度：

样名	瓶号	样本质量（g）	盐酸耗量（mL）	粗蛋白质含量（%）	平均粗蛋白质含量（%）

2. 结果计算

$$粗蛋白质 = \frac{(V_3 - V_0) \times c \times 0.014\,0}{m \times \frac{V_2}{V_1}} \times 6.25 \times 100\%$$

式中：V_3 为样本消耗盐酸标准溶液的体积（mL）；V_0 为试剂空白消耗盐酸标准溶液的体积（mL）；V_1 为消化液稀释容量（mL）；V_2 为稀释液蒸馏用量（mL）；c 为盐酸标准溶液的浓度（mol/L）；m 为样本的质量（g）；0.014 0为 1mol/L 盐酸标准溶液 1mL 相当的氮的质量（g）；6.25 为氮换算为蛋白质的系数（按每 100g 粗蛋白质含有 16g 氮计算）。

【说明】

1. 消化过程中，加入硫酸钾或硫酸钠可提高硫酸沸点，加快反应进程；使用硫酸铜作为催化剂可提高反应速度，同时还可指示消化终点。

2. 混合指示剂在碱性溶液中呈蓝色，在酸性溶液中呈红色。吸收液滴定终点应为灰色。过量则呈红色。

3. 根据不同饲料含氮量的差异，计算时应采用不同的换算系数。

◀ **走进生产** 测定饲料中蛋白质含量的高低，可获知饲料原料的品质，亦可及时了解动物摄食配合饲料中蛋白质的满足程度，便于及时调整日粮。在测定过程中，为防止氨气损失，通常在蒸馏前先检查定氮蒸馏装置是否漏气；在蒸馏过程中，不能使系统漏气，加碱时应小心，冷凝管管口应浸入吸收液中。

单元实训4 饲料中粗脂肪的测定

【目的要求】了解饲料中粗脂肪测定的原理及注意事项，能安装使用脂肪抽提器，掌握粗脂肪的测定方法。

【仪器与试剂】

1. 仪器用品 索氏脂肪抽提器（图3-10）、分析天平、称量皿（高、低）、干燥器、水浴锅、长镊子、表面皿、滤纸、药匙、脱脂棉适量。

2. 药品试剂 无水乙醚或石油醚。

【方法步骤】

一、索氏抽提法

1. 测定原理 利用脂肪能溶于有机溶剂的性质，样本用无水乙醚或石油醚等有机溶剂反复抽提后，可将脂肪提出，并积聚于下端的盛醚瓶中，将有机溶剂挥发后，瓶中的残留物，即为脂肪。同时，样本中的蜡质、磷脂、固醇和色素等也随之溶于乙醚中。故这样提取出来的脂肪称为粗脂肪。

2. 测定步骤

（1）抽提器准备。将索氏脂肪抽提器、盛醚瓶和浸提筒洗净、烘干，盛醚瓶在干燥器中冷却后，称重，直至恒重。

（2）称样。准确称取风干样本（可用测定吸附水后的样本）2g，精确到0.000 2g，用脱脂滤纸包好（图3-11），再用铅笔在包上注明样本编号。再放入100～105℃恒温干燥箱内烘0.5h。

（3）抽提。将滤纸筒或滤纸包放入脂肪抽提器的浸提筒内，连接已干燥至恒重的盛醚瓶，由抽提器上端加入无水乙醚或石油醚至瓶内容积的2/3处，水浴（75～80℃）加热，使乙醚或石油醚不断回流提取（6～8次/h），一般抽提6～12h。

（4）称量　取下盛醚瓶，回收乙醚或石油醚，待盛醚瓶内乙醚剩1～2mL时在水浴上蒸干，再于（100±5）℃干燥2h，放干燥器内冷却30min后称重。重复以上操作直至恒重。

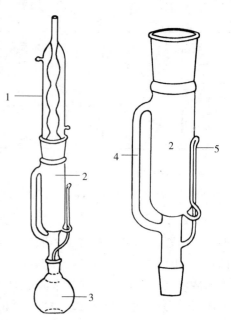

图3-10　索氏脂肪抽提器
1. 冷凝器　2. 浸提筒　3. 盛醚瓶
4. 蒸汽管　5. 虹吸管
（引自陈义风，《饲养分析》，1984）

3. 结果处理

（1）数据记录（表3-4）。

表3-4　脂肪测定记录表

样名	瓶号	盛醚瓶质量（g）	样本质量（g）	盛醚瓶和粗脂肪质量（g）		粗脂肪含量（%）	平均脂肪量（%）
				1	2		

（2）结果计算。

$$粗脂肪 = \frac{m_1 - m_0}{m} \times 100\%$$

式中：m_1 为盛醚瓶及粗脂肪的质量（g）；m_0 为盛醚瓶的质量（g）；m 为样本质量（g）。

二、残余法

1. 测定原理　样本用无水乙醚或石油醚等脂溶剂抽提后，将脂肪除去，根据称样量与残渣质量之差，计算其脂肪含量。

2. 测定步骤

（1）将滤纸编号、烘干，置洗净烘干称量皿内称重（因滤纸易吸水）。

（2）精密称取 2g 样本置已编号、烘干、称重的滤纸内包好（图 3-11），放入 100～105℃恒温干燥箱内烘 0.5h，记下称量皿、滤纸和样本质量。

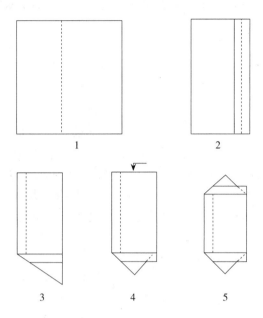

图 3-11　脂肪包包装示意图
1、2. 正面　　3、4、5. 背面
（引自陈义风，《饲养分析》，1984）

（3）检查脂肪抽提器，调节冷凝水速度，并在冷凝管上端加棉花塞，以防乙醚逸失。

（4）先检查滤纸包是否包好（纸包长度不能超过虹吸管高度的 2/3，滤纸包不能漏样），将滤纸包放入浸提筒中，注入乙醚 1.5 筒（约 150mL），水浴（75～80℃），加热提取 6～12h，从浸提筒下端滴一滴乙醚在表面皿或干净滤纸上，待乙醚挥发后看是否有油迹，以判断脂肪是否提净。若挥发后无痕迹，则表明脂肪已提净。此时，可停止加热。

（5）取出滤纸包，回收乙醚，将滤纸包上的乙醚挥发净后，放回原称量皿内置 100～105℃恒温干燥箱内烘 1～2h，取出，置干燥器内冷却 30min，称重。

3. 结果处理

（1）数据记录（表 3-5）。

表 3-5　脂肪测定记录表

样名	皿号	皿十滤纸质量（g）	样本质量（g）	提脂后样包质量（g）		粗脂肪含量（%）	平均脂肪量（%）
				1	2		

（2）结果计算。

$$粗脂肪=\frac{m_2-m_1}{m}\times100\%$$

式中：m_2 为提脂前样本、称量皿及滤纸质量（g）；m_1 为提脂后样本、称量皿及滤纸质量（g）；m 为样本质量（g）。

【注意事项】

1. 样本必须干燥无水，否则会导致水溶性物质溶解，影响有机溶剂的提取效果。

2. 样本滤纸包不得漏样，高度不得超过虹吸管高度的 2/3，否则因上部脂肪不能提净而影响测定结果。

3. 样本和醚浸出物在恒温干燥箱中干燥的时间不能过长，反复加热会因脂类氧化而增重。

4. 乙醚易燃，勿近明火，实验室要通风，加热提取时用水浴。

5. 所用乙醚不得含过氧化物，因过氧化物会导致脂肪氧化，会有引起爆炸的危险，若乙醚放置时间过长，会产生过氧化物，故使用前应严格检查，并除去过氧化物。

检查方法：取 5mL 乙醚于试管中，加 1mL 碘化钾（100g/L）溶液，用力振摇 1min，静置分层。若有过氧化物则放出游离碘，水层出现黄色（加几滴淀粉指示剂显蓝色），则证明有过氧化物存在，应另选乙醚或处理后再用。

去除过氧化物的方法：将乙醚倒入蒸馏瓶中，加一段无锈铁丝或铝丝，收集重蒸馏乙醚。

6. 不得在仪器的接口处涂抹凡士林。

◀ 走进生产　测定饲料粗脂肪所用的基本试剂主要是有机试剂无水乙醚，因为乙醚易燃，所以在使用时勿近明火，实验室要通风，加热提取时用水浴。

单元实训 5　饲料中粗纤维的测定

【目的要求】掌握各类饲料中粗纤维的测定方法。

【仪器与试剂】

1. **仪器用品**　分析天平、架盘天平、量筒（50、100mL）、锥形瓶（500mL）、烧杯（400mL）、表面皿、电炉、药匙、称样小烧杯、古氏坩埚、砂芯坩埚、布氏漏斗、滤布（府绸）、抽滤瓶（500mL）、真空泵、电热板、电热恒温干燥箱。

2. **药品试剂**　硫酸溶液（0.122 5mol/L）、氢氧化钠溶液（0.313 0mol/L）、乙醇（95%）、乙醚、石蕊试纸、中性洗涤剂十二烷基硫酸钠（30g/L）缓冲液调节至 pH 为 7、酸性洗涤溶液十六烷基三甲基溴化铵（简称 CTAB）硫酸溶液（20g/L）（溶 20g 十六烷基三甲基溴化铵于每升含 49.04g 硫酸的溶液中）、防泡剂（水与石油醚按 1∶4 混合）。

【方法步骤】

一、酸碱法

1. **测定原理**　饲料样本经一定容量和浓度的酸、碱、醇和醚相继处理，再除去矿物质，所剩余的残渣即为粗纤维。其中，除纤维素外还有部分半纤维素和木质素等。

2. 测定步骤

（1）酸水解。

①准确称取风干样本 2g（精确至0.000 2g）或用测定脂肪后的样本，放入 500mL 锥形瓶中，加入煮沸0.122 5mol/L 硫酸溶液 200mL 和 1 滴防泡剂，用蜡笔在液面处作一标记，在锥形瓶口加玻璃盖或连接回流冷凝管。

②将锥形瓶放在电热板上加热，使之在 1min 内沸腾，继续保持微沸 30min，每隔 5min 轻摇锥形瓶 1 次，将附于瓶壁的样本洗入溶液中。溶液若有蒸发，应补足蒸馏水到标记处，以保持溶液的浓度。

（2）抽滤。移开锥形瓶，用铺有滤布的布氏漏斗趁热过滤。调节抽气速度，使之在 10min 内过滤完毕，再用热蒸馏水反复洗涤残渣数次，直到滤液不使石蕊试纸变色为止（中性）。

（3）碱水解。

①用小勺将滤布上残渣移入原锥形瓶内，然后将滤布移入 50mL 小烧杯内，加入少量煮沸的 0.313mol/L 的氢氧化钠溶液，洗净滤布上的残渣，并转入锥形瓶内，最后加煮沸的 0.313mol/L 的氢氧化钠溶液至 200mL 刻度处，在锥形瓶口加玻璃盖或连接回流冷凝管。

②将锥形瓶放在电热板上加热，重复酸水解步骤②。

（4）抽滤。重复测定步骤（2）。

（5）醇醚处理。在抽滤瓶上安装一个致密层石棉古氏坩埚。将滤布上的残渣全部移入古氏坩埚，用热蒸馏水冲洗残渣至中性。用 20mL 95％的乙醇，冲洗古氏坩埚中的残渣，滤尽后再加入 20mL 乙醚（脱脂样本可不加乙醚）抽净。

（6）干燥。将古氏坩埚及内容物移入 100～105℃恒温干燥箱内烘干（约 3h），冷却 30min 后称重，直至恒重。

（7）灰化。将古氏坩埚置电炉上炭化，然后移入 550～600℃高温电炉内灼烧 1h，待炉温降至 200℃以下，用坩埚钳将坩埚取出，置干燥器中冷却 30min，称重。直至恒重。

3. 结果处理

（1）数据记录（表 3-6）。

表 3-6　粗纤维测定记录表

样名	坩埚号	样本质量 （g）	烘后坩埚及残渣 质量（g）	灰化后坩埚及灰分 质量（g）	粗纤维含量 （%）

（2）结果计算。

$$粗纤维 = \frac{m_2 - m_1}{m} \times 100\%$$

式中：m_2 烘后坩埚及残渣质量(g)；m_1 为灰化后坩埚及灰分质量(g)；m 为样本质量(g)。

◇ 附：滤纸过滤法

样本经碱处理后，移入古氏坩埚过滤较困难，改用滤纸及布氏漏斗过滤，可加快过滤速度。方法如下：

将已知质量的快速定量滤纸平铺在布氏漏斗上，滤纸边缘高出漏斗底部，把经碱处理后的样本趁热过滤，用热蒸馏水将残渣洗至中性，抽干加乙醇及乙醚处理（脱脂样可省去醚处理）。将滤纸和残渣包在一起，无损地移入已知质量的坩埚中，置 100～105℃恒温干燥箱中烘干，冷却称至恒重。然后将坩埚移入 550～600℃高温炉中灼烧 1h，称重，烘干的残渣减去滤纸及坩埚质量，再扣除灼烧后的残留灰分质量即为粗纤维质量。

二、中性洗涤纤维（NDF）和酸性洗涤纤维（ADF）的测定方法

1. 中性洗涤纤维（NDF）的测定　称取饲料样本 0.5～1g 放入中性洗涤剂（十二烷基硫酸钠缓冲液调节至 pH 为 7）中煮沸 1h，过滤。溶于中性洗涤液中的物质（NDS：包括脂肪、糖、淀粉和蛋白质）会通过滤纸进入滤液；不溶于中性洗涤液中的物质（NDF：包括纤维素、半纤维素、木质素、硅酸和少量蛋白质），则存留在滤纸上。

2. 酸性洗涤纤维（ADF）的测定

（1）测定原理。用酸性洗涤剂（表面活性剂十六烷基三甲基溴化铵，简称 CTAB），消化样本中的蛋白质、脂肪、多糖等，使之乳化，分散于溶液中，而纤维素及木质素不受影响，经过滤、洗涤、干燥等操作，得到的不溶解的沉淀称之为酸性洗涤纤维（ADF），主要包括纤维素、木质素和一定量的硅酸。该残渣质量与所取样本质量之比，即为粗纤维含量。

（2）测定步骤。

①精确称取 1g 样本，置于 400mL 已编号的烧杯中，加入 100mL 酸性洗涤溶液，几滴植物油，盖上表面皿，置电炉上，使之在 3～5min 沸腾，并保持微沸 60min。

②精密称量已编号的砂芯坩埚重，将已消化好的液体用已知重的砂芯坩埚趁热过滤，然后用 90～100℃的热水分 3 次洗涤残渣，用减压抽滤法除去洗涤液，将残渣连同砂芯坩埚一起置于 100℃干燥箱内干燥 3h，移入干燥器内冷却，称重。

（3）结果处理。

①数据记录（表 3-7）。

表 3-7　酸性洗涤纤维（ADF）测定记录表

样名	坩埚号	砂芯坩埚质量（g）	样本质量（g）	残渣及砂芯坩埚质量（g）	酸洗纤维含量（%）

②结果计算。

$$酸性洗涤纤维（ADF）=\frac{m_1-m_0}{m}\times100\%$$

式中：m_1 为残渣及砂芯坩埚质量（g）；m_0 为砂芯坩埚质量（g）；m 为样本质量（g）。

半纤维素＝中性洗涤纤维－酸性洗涤纤维

◇ 附：木质素的测定

将酸性洗涤纤维（ADF）放入 72%硫酸溶液中，在 15℃消化 3h，过滤、洗涤沉淀，烘干，称至恒重后，再进行灰化，烘干的沉淀量与灰化量之差为酸性洗涤木质素（ADL）。

纤维素＝酸性洗涤纤维－酸性洗涤木质素－灰分

【注意事项】

1. 酸碱水解时注意及时补足蒸馏水以保持原来的酸碱浓度。

2. 过滤后转移残渣时，要用小勺或玻棒将滤布上的残渣清去。

走进生产　猪、禽是单胃动物，对饲料中粗纤维的利用能力有限，如果饲料中粗纤维过高，会影响其他营养素的消化利用。一般来说，猪饲料中粗纤维含量不能超过10%，鸡饲料中粗纤维含量不能超过5%。因此，测定饲料中粗纤维的含量，可及时了解饲料情况，便于及时调整日粮。

单元实训6　饲料中粗灰分的测定

【目的要求】掌握各种饲料样本中粗灰分（矿物质）的测定方法。

【测定原理】

在550～600℃温度条件下，将饲料样本中的有机物质灼烧氧化后，所得的残余物即为灰分，以质量百分率表示。灼烧后的残余物主要是氧化物、无机盐类等矿物质，也包括混入饲料的沙粒等杂质，故称粗灰分。

【仪器与试剂】

1. 仪器用品　瓷坩埚（50mL带盖）、干燥器（用氯化钙或变色硅胶作干燥剂）、坩埚钳、分析天平（感量0.000 1g）、称量皿（盛样）、药匙。

2. 药品试剂　氯化铁墨水溶液（5g/L）、氯化钙或变色硅胶。

【方法步骤】

1. 取大小适宜的瓷坩埚用0.5%的三氯化铁蓝墨水编号，置550～600℃高温电炉中灼烧0.5h，冷却至200℃以下，用坩埚钳取出，放入干燥器中冷却30min，精密称量，并重复灼烧至恒重。

2. 称取2～3g固体样本于已编号称重的坩埚内。

3. 将样本放在电炉上，小火加热，使样本炭化至无烟，然后置高温电炉中，于550～600℃温度灼烧至无炭粒（即灰化完全），冷至200℃以下后取出，放入干燥器中冷却至室温，称量，重复灼烧至前后两次称量相差不超过0.5mg为恒重。

【结果处理】

1. 数据记录（表3-8）

表3-8　灰分测定记录表

样名	坩埚号	坩埚质量（g）	样本质量（g）	烧后坩埚加灰分质量（g）		粗灰分含量（%）	平均粗灰分（%）
				1	2		

2. 结果计算

$$粗灰分＝\frac{m_1 - m_0}{m}×100\%$$

式中：m_1 为坩埚及灰分质量（g）；m_0 为恒重坩埚质量（g）；m 为样本质量（g）。

【注意事项】

1. 取坩埚时需用坩埚钳。

2. 用电炉炭化时应小心，以防炭化过快，试样飞溅。

3. 坩埚加高温后，需待炉温降至 200℃ 以下，并将坩埚钳预热后才能夹取。

4. 灼烧残渣颜色与试样中各元素含量有关，含铁高时为红棕色，含锰高时为淡蓝色，但有明显黑色炭粒时，为炭化不完全，应延长灼烧时间。

走进生产　饲料样本在高温状态下灼烧去掉有机物后，所得的残余物即为灰分。灼烧后的残余物主要是氧化物、无机盐类等矿物质，也包括混入饲料的沙粒等杂质，故称粗灰分。测定饲料粗灰分，可进一步测定各种元素的含量，以了解配合饲料中矿物质元素的满足程度，便于及时调整日粮。

单元实训 7　饲料中无氮浸出物的计算

【目的要求】根据饲料常规分析结果，学习计算饲料中无氮浸出物的含量。

【测定原理】饲料中无氮浸出物包括多糖、双糖及单糖等。由于无氮浸出物的成分比较复杂，一般不进行分析，仅根据饲料中其他营养成分的结果计算而得，饲料中各种营养成分都包括在干物质中，因此，饲料中无氮浸出物含量可按下列公式计算：

样本中无氮浸出物＝干物质％－（粗蛋白质％＋粗脂肪％＋粗纤维％＋粗灰分％）

【结果计算】

1. 根据风干或半干样本中各种营养成分的分析结果，计算风干或半干样本中无氮浸出物的含量。

2. 如果你分析的样本是新鲜饲料，则须将测得半干样本中各种营养成分含量的结果换算成新鲜饲料中各种营养成分的含量。可按下式换算：

新鲜样本中某养分＝半干样本中某养分（％）×鲜样本中干物质（％）/
半干样本中干物质（％）

例如：测得半干样本中干物质为 88％，鲜样本中干物质为 22％，半干样本中粗蛋白质为 13％，则：

新鲜样本中粗蛋白质＝13％×22％ / 88％＝3.25％

将新鲜样本中干物质、粗蛋白质、粗脂肪、粗纤维和粗灰分的百分数换算完毕后，再计算新鲜样本中的无氮浸出物。

走进生产　在饲料的常规分析中，用干物质扣除蛋白质、脂肪、粗纤维、粗灰分后，剩余的便是无氮浸出物。而钙、磷已包含在粗灰分中，需进一步分析。

单元实训 8　饲料中钙的测定

【目的要求】掌握应用容量法和络合滴定法测定饲料中钙的含量的方法，了解饲料中钙测定原理及注意事项。

【仪器与试剂】

1. 仪器用品　干燥器。瓷坩埚（50mL）、电热板、天平、称量皿（盛样）、凯氏烧瓶（250、500mL）、烧杯（250、400mL）、玻棒、移液管（10、25mL）、酸式滴定管（50mL棕色）、容量瓶（100mL）、量筒（10、25、50mL）、小试管（1×10mL）、表面皿、洗耳球、药匙、滤纸、锥形瓶（200mL）、漏斗、洗瓶。

2. 药品试剂　$KMnO_4$ 溶液（0.05mol/L），HCl溶液（1：3，2mol/L），H_2SO_4 溶液（1：3），硝酸（分析纯），高氯酸（分析纯），氨水（1：1、1：50），甲基红指示剂（1g/L，0.1g甲基红溶于100mL95％乙醇溶液中），草酸铵溶液（42g/L），淀粉溶液（10g/L），三乙醇胺水溶液（1：1），乙二胺水溶液（1：1），孔雀石绿水溶液（1g/L），氢氧化钠溶液（200g/L），盐酸羟胺、钙黄绿素、甲基百里香酚蓝指示剂（称取0.1g钙黄绿素与0.13g甲基百里香酚蓝、5g氯化钾研细混匀，贮存于磨口瓶中备用），钙标准溶液（1mg/mL），EDTA标准滴定溶液（0.01mol/L）（称取3.6g乙二胺四乙酸二钠置200mL烧杯中，加100mL蒸馏水，加热溶解冷却后转至1 000mL容量瓶中，用蒸馏水稀释至刻度）。

EDTA标准溶液的标定：将 $CaCO_3$ 置于恒温干燥箱中，在105℃温度条件下烘2h，取出，在干燥器中冷却30min，准确称取0.249 8g置入250mL烧杯中，加入15mL 2mol/L盐酸溶液，微热使之溶解，移入100mL容量瓶中，用蒸馏水稀释至刻度，即得1mg/mL的钙标准溶液。用移液管准确吸取此标准溶液10mL，用EDTA溶液按样液测定法滴定。计算EDTA标准溶液的浓度公式为：

$$溶液对钙的滴定度 \ T \ (Ca, mg/mL) = \frac{1mg/mL \times 10mL}{V}$$

式中：V 为EDTA溶液的体积。

【方法步骤】

一、高锰酸钾法

1. 测定原理　样本中有机物质经浓硫酸消化或样本中粗灰分用酸处理溶解后，溶液中的钙盐与草酸铵作用生成草酸钙白色沉淀，加硫酸溶解后，用高锰酸钾标准溶液滴定与钙等量结合的草酸。根据消耗高锰酸钾标准溶液的量，即可计算出饲料中钙的含量。

2. 测定步骤

（1）样本处理。

①干灰化。准确称取均匀样本2g，精确至0.000 2g，置已编号称重的瓷坩埚中，在电炉上小火炭化至无烟，移入550～600℃高温炉中灼烧3h，灰化至白色，取出冷却后加入1：3盐酸溶液10mL和浓硝酸数滴，小心煮沸，使灰分溶解后用水将它移入100mL已编号的容量瓶中，加蒸馏水至刻度，摇匀为样液。

②湿消化（用于无机物或液体饲料）。准确称取饲料样本2g，精确至0.000 2g，于凯氏烧瓶中，加入硝酸30mL，加热煮沸，至二氧化氮黄烟散尽，冷却后加入70％～72％高氯酸

溶液 10mL，小心煮沸至溶液无色，不得蒸干冷却后加蒸馏水 50mL，煮沸放出二氧化氮，冷却后转入 100mL 容量瓶中，用蒸馏水定容至刻度，摇匀为样液。

（2）草酸钙的沉淀。用移液管吸取样液 25mL 于 400mL 已编号的烧杯中，滴入 2 滴甲基红指示剂，再加入数滴 1∶1 氨水，中和至微碱性（呈微黄色），再用数滴 1∶3 盐酸将溶液调至微红色（酸环境，pH 为 2.0～3.0），盖上表面皿，放于电炉上加热至沸，缓缓加入 25mL 草酸铵溶液（42g/L），且边加边向一个方向搅拌，使钙沉淀。同时，将其放在电热板上保温 1h，使沉淀完全析出。

（3）沉淀的洗涤。用无灰滤纸将溶液过滤，并用 1∶50 氨水洗涤沉淀 6～8 次，热蒸馏水多次冲洗烧杯和残渣，使洗液不含草酸根离子（用试管接滤液 2～3mL，用 1∶3 H_2SO_4 数滴滴入小试管滤液中，加热至 90℃左右，滴 1 滴 $KMnO_4$ 溶液，粉红色 30s 不褪色即可）。应注意冲洗时冲速不要太快，以免冲破滤纸。

（4）滴定。将沉淀和滤纸移入原烧杯内，加 1∶3 硫酸溶液 10mL，用玻棒将滤纸捣碎，再加 50mL 蒸馏水，加热至 90℃，用 0.05mol/L 高锰酸钾标准溶液滴定至粉红色 30s 不褪色为终点，记录所耗 $KMnO_4$ 标液的用量。同时做试剂空白测定。

3. 结果处理

（1）数据记录（表 3-9）。

表 3-9　钙测定记录表

标准高锰酸钾浓度：

样名	坩埚号	坩埚质量 (g)	样本质量 (g)	高锰酸钾耗量 (mL)	钙含量 (%)	平均钙含量 (%)

（2）结果计算。

$$钙含量 = \frac{(V-V_0) \times c \times 0.02}{m \times \dfrac{V_1}{V_2}} \times 100\%$$

式中：V 为滴定样液消耗高锰酸钾标准溶液的体积（mL）；V_0 为滴定空白消耗高锰酸钾标准溶液的体积（mL）；V_1 为测定时吸取样液的体积（mL）；V_2 为样本灰化液或消化液稀释容量（mL）；c 为高锰酸钾标准溶液的浓度（mol/L）；m 为样本质量（g）；0.02 为 1mol/L 高锰酸钾标准溶液 1mL 相当的钙的质量（g）。

4. 注意事项

（1）转移灰分要完全无损。

（2）沉淀静置时间要充分（1h 以上），并注意保温。

（3）要求不含 Cl^- 和 $C_2O_4^{2-}$ 时一定要检验好。

（4）滴定时应注意：保持 70～80℃滴定，终点时温度须不小于 60℃；保持酸性环境；速度由慢到快；边滴边摇。

（5）提前配好高锰酸钾溶液，每月至少标定 1 次。转移灰分要完全无损。

二、乙二胺四乙酸二钠（EDTA）络合滴定法

1. 测定原理　将样本中有机物质破坏，使钙溶解变成溶于水的离子，用三乙醇胺、乙

二胺、盐酸羟胺和淀粉溶液消除干扰离子的影响，在碱性溶液中以钙黄绿素为指示剂，用乙二胺四乙酸二钠标准溶液络合滴定钙，可快速测定钙的含量。

2. 测定步骤

（1）样本处理。与高锰酸钾法相同。

（2）测定。准确吸取样液 10mL 于 200mL 锥形瓶内，加蒸馏水 50mL，加淀粉溶液 10mL、三乙醇胺 2mL、乙二胺 1mL、1 滴孔雀石绿指示剂，滴加氢氧化钠溶液至无色，再过量 2～3mL，加 0.1g 盐酸羟胺，摇匀后加钙指示剂少许，在黑色背景下立即用 EDTA 标准溶液滴定至绿色荧光消失呈现紫红色为滴定终点。用无灰分稀释液作空白滴定。

3. 结果计算

$$钙含量 = \frac{T \times (V - V_0)}{m \times \dfrac{V_1}{V_2} \times 1000} \times 100\%$$

式中：T 为 EDTA 标准溶液对钙的滴定度（mg/mL）；V 为滴定样液消耗 EDTA 标准溶液的体积（mL）；V_0 为滴定空白消耗 EDTA 标准溶液的体积（mL）；V_1 为测定时吸取样液体积（mL）；V_2 为样液定容总体积（mL）；m 为样本质量（g）。

◀ **走进生产**　钙是动物生长发育过程中所必需的矿物质元素，测定配合饲料中的含钙量，便于及时了解饲料中的钙是否满足动物的需要。在用高锰酸钾作标准溶液测定钙时，由于其稳定性较差，所以要定期进行标定，方能获得较为准确的数据。

单元实训 9　饲料中总磷的测定

【**目的要求**】掌握应用比色法测定各种饲料样本中的含磷量。

【**测定原理**】饲料样本中的磷经灰化或消化后成为磷酸盐。在酸性溶液中，磷酸根与钼酸铵结合成为淡黄色的钼酸磷铵，在还原剂的作用下，便生成亮蓝色的"钼蓝"。根据蓝色的深浅，用比色法可测出样本中磷的含量。

【**仪器与试剂**】（样本处理同钙的测定用品）

1. **仪器用品**　比色管（25mL）、量筒（10mL）、移液管（5mL）、刻度吸管（1、2mL）、洗耳球、洗瓶、分光光度计。

2. **药品试剂**　钼酸铵硫酸溶液、亚硫酸钠溶液（200g/L）、对氢醌溶液、氯化亚锡甘油溶液（25g/L）、磷酸二氢钾溶液（10μg/mL）。

【**方法步骤**】

1. **样本处理**　同钙的测定——高锰酸钾法。

2. **试剂配制**

（1）钼酸铵溶液。溶解 25g 化学纯钼酸铵于 300mL 蒸馏水中。另将 75mL 浓硫酸缓缓加入 100mL 蒸馏水内，冷却后稀释为 200mL，将此稀硫酸加入 300mL 钼酸铵溶液中混合，贮于棕色试剂瓶内备用。

（2）对氢醌对苯二酚溶液。取 0.5g 化学纯对氢醌溶于 100mL 蒸馏水中（用前临时配制，并加浓硫酸 1 滴）。

（3）标准磷溶液。准确称取（105℃干燥1h）磷酸二氢钾0.439 0g，溶于少量蒸馏水，转移到1 000mL容量瓶中定容，用移液管吸取10mL定容于100mL容量瓶中，此溶液每毫升相当于10μg磷（在溶液中加入氯仿少许可增长保存时间）。

3. 标准曲线绘制　取9个25mL比色管依次加入0、1、2…8mL标准磷溶液。各管加钼酸铵溶液2mL，亚硫酸钠溶液和对氢醌溶液各1mL，加蒸馏水稀释至刻度，摇匀，静置30min。以空白（0号）调零点，在分光光度计上，用波长600～700nm分别测定各管吸光度，在坐标纸或方格纸上以吸光度为横轴，浓度为纵轴，绘制标准曲线。

4. 样本中含磷量测定　用移液管准确吸取定容后的灰分澄清液2mL置于25mL比色管中，依次加入钼酸铵溶液2mL，亚硫酸钠和对氢醌溶液各1mL，用蒸馏水定容到刻度。另取2mL空白灰分液，同于样本液的步骤加入试剂。以空白灰分液为零点读取样液的吸光度，在标准曲线上查出磷的含量。

【结果处理】

1. 数据记录　见表3-10。

表3-10　标准曲线

管　号	0	1	2	3	4	5	6	7	8
标准液取量（mL）	0	1	2	3	4	5	6	7	8
稀释容量（mL）	25	25	25	25	25	25	25	25	25
每25mL含磷量（μg）	0	10	20	30	40	50	60	70	80
吸　光　度	0	0.05	0.1	0.15	0.20	0.25	0.30	0.35	0.40

2. 结果计算

$$样本中磷含量 = \frac{P}{m} \times \frac{V_1}{V_2} \times \frac{1}{1000} \times \frac{1}{1000} \times 100\%$$

式中：P 为样液吸光度读数在标准曲线上查出的含磷量（μg）；m 为样本质量（g）；V_1 为样本灰化稀释液容量（mL）；V_2 为测定磷时所取样液量（mL）。

【注意事项】

1. 比色须控制在20min内完成，否则会影响测定结果。

2. 根据样本情况，通过称样或吸取待测样液来控制显色溶液中的含磷量。

◀ 走进生产　通常采用干灰化法测定饲料粗灰分，得到的灰分可用于很多常量元素和微量元素的测定，当然也包括磷元素的测定。

◆ 附：磷酸盐测定

①样本处理。同高锰酸钾法测钙。

②标准比色液的制备。准确吸取已稀释（10μg/mL）的标准磷酸二氢钾溶液5mL，注入25mL比色管内，另取1支空白管（比色管），分别加入10mL水、2mL钼酸铵溶液、1mL氯化亚锡甘油溶液，然后用水稀释至刻度，摇匀。静置片刻，在20min内用分光光度计于690nm波长处用零管调零点，测定标准溶液的吸光度。

③样本中磷的测定。准确吸取样本溶液1mL于25mL比色管中，经过上述同样处理后，

求得吸光度。

④数据记录（表 3-11）。

表 3-11　磷酸盐测定记录表

样名	坩埚号	坩埚质量 (g)	样本质量 (g)	吸光度（A）值	磷酸盐 (mg/kg)	平均磷含量 (mg/kg)

⑤结果计算。

$$磷酸盐（PO_4^{3-}，mg/kg）= \frac{A_2}{A_1} \times \frac{c}{m} \times \frac{V_1}{V_2} \times \frac{1000}{1000}$$

式中：A_1 为标准溶液的吸光度；A_2 为样液吸光度；c 为标准溶液浓度（据取样量计算）（μg）；m 为样本质量（g）；V_1 为样本灰化液定容量（mL）；V_2 为测磷时的取样量（mL）。

单元实训 10　饲料中水溶性氯化物的测定 ——硝酸银直接滴定法

【目的要求】了解饲料中水溶性氯化物的测定原理，并测定某饲料中食盐的含量。

【测定原理】在中性溶液中，氯化物与硝酸银反应生成难溶于水的氯化银白色沉淀。当氯离子反应完后，过剩的银离子与铬酸钾指示剂反应生成铬酸银使溶液呈砖红色为滴定终点。根据硝酸银标准溶液耗用量可计算出氯化钠的量。

【仪器与试剂】

1. 仪器用品　分析天平、称量皿、锥形瓶、漏斗、滤纸、玻棒、洗瓶、药匙、棕色滴定管、容量瓶（100mL）、移液管（10mL）、洗耳球、小烧杯。

2. 药品试剂　硝酸银标准溶液(0.1mol/L)、基准氯化钠、酚酞指示剂（1g/L）、淀粉溶液（5g/L）、氢氧化钠溶液（0.1mol/L）、铬酸钾溶液（100g/L）、荧光黄指示剂（5g/L）。

【方法步骤】

1. 0.1M 硝酸银标准溶液的标定　准确称取于 270℃灼烧至恒重的基准氯化钠 0.2g，溶于 50mL 水中，加 0.5％淀粉溶液 5mL，边摇边用硝酸银标准溶液避光滴定，近终点时，加 3 滴荧光黄指示剂，继续滴至粉红色为终点，记下硝酸银标准溶液的耗用量，按下式计算：

$$C = \frac{m}{V \times 0.058\,44}$$

式中：C 为硝酸银标准溶液的浓度（mol/L）；m 为基准氯化钠的质量（g）；V 为硝酸银标液用量（mL）；0.058 44 为每毫摩尔氯化钠的质量（g）。

2. 样品处理　准确称取样品 5～10g 于小烧杯中，加水搅匀，移入 100mL 容量瓶中，加水定容到刻度，并放置 30min，过滤。

3. 测定　吸取滤液 10mL 于三角瓶中，加酚酞指示剂 3～4 滴，用 0.1mol/L NaOH 溶液滴定至淡粉红色，加入 10％铬酸钾指示剂 0.5～1mL，用 0.1mol/L 硝酸银标准溶液滴定至砖红色 1min 不褪色为终点。

【结果处理】

1. 数据记录（表 3-12）

表 3-12　水溶性氯化钠测定记录表

标准硝酸银浓度：

样名	瓶号	样本质量 (g)	硝酸银耗量 (mL)	氯化钠含量 (%)	平均氯化钠含量 (%)

2. 结果计算

$$氯元素 = \frac{V \times C \times 0.035\,5}{m \times \frac{10}{100}} \times 100\%$$

$$氯化钠 = \frac{V \times C \times 0.058\,45}{m \times \frac{10}{100}} \times 100\%$$

式中：C 为硝酸银标准溶液的浓度（mol/L）；V 为滴定耗用硝酸银标准溶液的量（mL）；m 为测定用样品的质量（g）；0.035 5 为 1mL 硝酸银标准溶液相当于以克表示的氯元素的质量（g）；0.058 45 为 1mL 硝酸银标准溶液相当于以克表示的氯化钠的质量（g）。

　　小贴士

　　1. 本法只适用于近中性或弱碱性溶液，如在酸性或碱性溶液中滴定，会使测定结果偏高。

　　2. 对高蛋白和色泽过深的样品，必须用干灰化或湿消化处理，样品液用碳酸氢钠调节 pH 至 7 左右，再进行氯化物的测定。

　　3. 滴定时需不断剧烈摇动，使溶液中的氯离子完全释放出来，以避免过早产生砖红色而产生误差。

　　走进生产　　饲料中的水溶性氯化物大部分为氯化钠，被动物摄食进入体内以钠离子和氯离子的形式存在于体液和细胞外液中，维持着体液和细胞外液的渗透压及酸碱平衡；参与胃酸形成；增进食欲等。但植物性饲料中，氯化钠含量却较少，且钠和氯比例不平衡，单一饲料往往不能满足动物需要，必须在饲料中添加一定量的食盐，但过量又会引起动物食盐中毒，甚至死亡。因此，测定单一饲料及配合饲料，尤其是鱼粉中可溶性氯化物含量，在饲料生产中对于掌握食盐的添加量具有重要意义。

　　边学边练

1. 解释　检样　原始样本　分析样本　试样　风干样本　半干样本

2. 填空

（1）测定饲料粗蛋白质的基本步骤是 _____、_____、_____、_____、_____和_____。

（2）粗纤维包括_____、_____、_____ 3 种主要成分。

（3）中性洗涤纤维含有 _____、_____、_____、_____ 和_____ 5 种主要成分；酸性洗涤纤维主要包括_____、_____和_____ 3 种主要成分。

（4）无氮浸出物包括_____、_____和_____。

3. 简答

（1）采样应遵循的总原则是什么？

（2）采集的新鲜样本不宜保存，应先做什么处理？

（3）怎样进行样本初水分、吸附水，总水分的测定和计算？

（4）测定水分时应注意什么？

（5）在消化过程中加入催化剂起什么作用？

（6）在蒸馏时为防止氨气损失，要注意什么问题？

（7）滴定过程中的滴定要点是什么？

（8）脂肪包的长度为什么不能超过虹吸管高度？

（9）测定饲料中粗纤维时应注意哪些问题？

（10）如何计算饲料中有机物质含量？

（11）计算无氮浸出物含量时，饲料中钙和磷的含量为什么不计算在内？

（12）怎样将半干样本中的营养成分换算为新鲜饲料中的营养成分？

（13）用高锰酸钾作为标准溶液测钙为什么要定期标定？

（14）洗涤草酸钙沉淀时，若游离草酸根离子未洗净，对滴定结果有什么影响？

（15）怎样测定饲料中的水溶性氯化物？

4. 计算

（1）如果 1kg 饲料中含有 25g 粗蛋白质，那么 1kg 饲料中含有多少克氮？

（2）某种饲料半干样本 105℃干物质为 90%，该饲料 70℃干物质为 30%，试计算该种新鲜饲料的干物质。

第四单元

动物营养需要及饲料配合

学习目标

（1）理解动物营养需要及饲养标准等基本概念，掌握动物营养需要的变化规律及营养需要的特点，合理确定动物的营养需要量。

（2）能较好地依据饲料配方设计原则科学设计全价配合饲料、浓缩饲料配方。

（3）熟悉配合饲料生产加工工艺和配合饲料质量控制指标，掌握配合饲料生产中所使用的设备，以便更好地指导和服务于生产。

（4）了解饲养试验的概念、作用和饲养试验设计的原则，掌握动物饲养试验方案的设计方法，学会撰写试验报告。

课题一 动物的营养需要

问题探究 了解不同状态下动物的营养需要有何意义？

知识 1 营养需要的概念及测定方法

1. 营养需要的概念 营养需要是指每天每头（只）动物对能量、蛋白质、矿物质、维生素等营养物质的总需要量。动物从饲料中摄取的营养物质，一部分用来维持生命活动需要，另一部分用于生产动物产品。由于动物种类、品种、年龄、体重，以及生产目的和生产水平不同，其对各种营养物质的需要量也不相同。因此，研究动物的营养需要，就是要探讨各种动物对营养物质需要的特点、变化规律及影响因素，并以其作为制订饲养标准和合理配合日粮的依据。

2. 营养需要的测定方法 测定动物营养需要的方法有综合法和析因法两种。

（1）综合法。即粗略地测定用于一个或多个营养目标的某种养分的总需要量。常用的测定方法有饲养试验法、平衡试验法、比较屠宰试验法等。

（2）析因法。动物的代谢活动包括许多方面，其营养需要应为各个代谢活动所需营养的总和。其营养需要概括为：

$$总营养需要＝维持营养需要＋生产营养需要$$

$$R=aW^{0.75}+cX+dY+eZ$$

式中：R 为某一营养物质的总需要量；$W^{0.75}$ 为代谢体重（kg，自然体重的 0.75 次方称为代谢体重）；a 为常数，即每千克代谢体重该营养物质需要量；X、Y、Z 为不同产品（如胚胎、体组织、奶、蛋、毛等）中该营养物质的数量；c、d、e 为利用系数。

用析因法取得的营养需要量略低于综合法。在实际应用中，因某些因素干扰，各项参数不容易掌握。

知识 2　动物维持的营养需要

1. 维持营养需要的概念　维持营养需要是指成年动物不从事任何生产（包括生长、妊娠、泌乳、产蛋等），仅仅用于维持正常体况和体重不变时对能量、蛋白质、矿物质、维生素等各种营养物质的最低需要量。维持需要用于维持体温、各种器官的正常生理功能（基础代谢）和必需的自由活动。维持状态下的动物，其体组织仍然处于不断更新的动态平衡中，生产中也很难使动物的维持营养需要处于绝对平衡的状态。

动物摄入的营养物质首先用于维持需要，超过维持需要的那部分营养物质才用于生产。在生产中，尽量减少维持消耗，才能把动物摄入的营养物质更多地转化为动物产品，提高饲料转化率。饲养优良品种的动物、减少肥育动物活动量并确定适宜的屠宰期、加强饲养管理、控制适宜的环境温度、合理地确定产毛动物的剪毛时间、及时淘汰生产性能低的个体等措施，均能减少维持需要在总营养需要中所占的比例，增加生产需要所占的比例，提高饲料转化率，获得较好的经济效益。

2. 影响维持需要的因素

（1）年龄和性别。幼龄动物代谢旺盛，以单位体重计，基础代谢消耗比成年和老年动物多，故幼龄动物的维持需要相对高于成年和老年。性别也影响代谢消耗，公畜比母畜代谢消耗高，如公牛一般比母牛高 10%～20%。

（2）体重。一般来说，体重越大，其维持需要量也越多。但以单位体重而言，体重小的维持需要较体重大的高。这是因为体重小者，单位体重所具有的体表面积大，散热多，故维持需要量也多。

（3）种类、品种和生产水平。动物种类不同，其维持需要不同。按单位体重需要计算，鸡最高，猪较高，马次之，牛和羊最低。生产性能高的动物代谢强度高，其维持需要高。据测定，高产奶牛比低产奶牛的代谢强度高 10%～32%，乳用动物泌乳期代谢强度比干奶期高 30%～60%，奶用牛比肉用牛的基础代谢高 15%。

（4）环境温度。环境温度过低或过高时，动物为了维持恒定的体温，通过加速体内营养物质氧化产热或通过加快呼吸和血液循环散热，增加了动物的维持需要量。实际饲养中，应注意调节舍温，以减少动物的维持需要量。

（5）活动量。自由活动量越大，用于维持的能量就越多。应适当限制肥育动物活动，可减少动物的维持需要。

（6）被毛厚、薄。动物的被毛状态对维持能量需要的影响颇为明显。故要避免在寒冷季节给绵羊剪毛。

（7）饲养管理制度。非群饲的动物受低温影响较大，动物在寒冷季节，加大饲养密度可使其互相挤聚以保持体温，减少体表热能散发，从而降低能量消耗。生产中，冬季肥猪大圈群饲对保温是有益的。厚而干燥的垫草和保温性能良好的地面也可以降低能量消耗。

3. 动物维持营养需要的估计

（1）能量。动物维持时的能量需要可通过基础（或绝食）代谢等方法加以测定。动物维持最重要的生命活动（如维持体温、完成体液循环、呼吸、内分泌、泌尿等基本生命活动消耗）的能量代谢，称为基础代谢。试验表明，动物基础能量代谢与体重的 0.75 次方成正比。体重的 0.75 次方称为代谢体重，用 $W^{0.75}$（kg）表示。各种成年动物每千克代谢体重每天需要 293kJ 净能，即：

$$基础代谢能量（净能，kJ/d）＝293×W^{0.75}$$

动物维持的能量需要并不等于其基础代谢的能量消耗。它包括基础代谢能量消耗、非生产性自由活动及环境条件变化所引起的能量消耗。此外，还应充分考虑妊娠或高产状态下动物基础代谢加强所引起的增加部分的营养消耗。根据基础代谢估测动物维持能量需要，可用公式表示为：

$$维持能量需要（kJ）＝293\,W^{0.75}×（1＋a）$$

式中：a 为动物非生产性活动的能量消耗率。

在生产条件下，一般舍饲动物在基础代谢的基础上增加 20%，笼养鸡增加 37%，放牧动物在基础代谢的基础上增加 50%～100%。

（2）蛋白质。动物体内蛋白质的代谢是不间断的，即使喂不含蛋白质的日粮，从粪、尿中仍排出稳定数量的氮，从粪中排出的氮称代谢氮，从尿中排出氮称内源氮。代谢氮与内源氮之和为维持氮量。维持氮量乘以 6.25 即得维持时的蛋白质需要量。

$$维持蛋白质需要＝（内源氮量＋代谢氮量）×6.25$$

（3）矿物质。动物体内钙、磷、钠等矿物质在代谢过程中，可被机体反复利用。一般维持时每 4 184kJ 净能，需钙 1.26～1.52g，需磷 1.25g。钠和氯用食盐供给，每 100kg 体重为 2g。

（4）维生素。维生素 A、维生素 D 的需要量与体重成正比，维生素 A 的需要量为 100kg 体重每天 6 600～8 800IU，或胡萝卜素 6～10mg；维生素 D 需要量为每 100kg 体重每天 90～100IU。但不同动物及不同年（日）龄个体差异较大。

知识 3　动物生产的营养需要特点

动物生产的营养需要是指动物在生长或生产产品时对能量、蛋白质、矿物质、维生素等各种营养物质的需要。

一、动物生长的营养需要

生长动物是指从出生到开始繁殖为止这一生理阶段的动物，包括哺乳和育成两个阶段。根据动物生长发育规律，提供适宜的营养水平，是科学饲养生长动物、培育良好体型后备动物的关键。

1. 生长的概念　动物生长是指动物体重和体积的增加及组织器官功能的日趋完善。最佳的生长体现在生长速度正常和成熟动物器官的功能健全。

动物的生长一般用绝对生长和相对生长作为衡量指标。绝对生长是指一定时期内的总增重。相对生长是以原体重为基数的增重量，用增重的倍数或百分比表示。绝对生长速度越快，相对生长速度越快，表明生长速度越快。

2. 动物生长的一般规律及其与营养的关系

（1）生长曲线。随年龄增长，动物的体重变化呈缓慢的S形曲线。图4-1是一条以动物年龄为横坐标、体重为纵坐标的生长曲线。曲线上A、C两点所对应的横坐标上的两个点分别表示动物出生和成年时的年龄。A～B为生长递增期，此期动物绝对生长小，而相对生长大；B～C为生长递减期，动物绝对生长大，而相对生长减缓，成年后停止生长。曲线的B点为生长转缓点（生长速度由快向慢的转折点）。雄性动物的生长速度一般高于雌性动物，牛、羊尤为明显。在肉用动物生产中，常将生长转缓点所对应的年龄或体重作为屠宰的年龄和体重，以利用生长递增期动物生长速度快、饲料转化率高的特

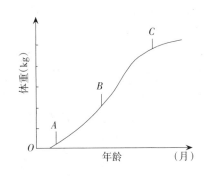

图 4-1　生长曲线
（引自邱以亮、宋健兰，《畜禽
营养与饲料》，2001）

点，加强营养与饲养，充分发挥此阶段生长优势，获得更高的经济效益。对于生长期的雌、雄动物应区别对待，雄性动物的营养水平高于雌性动物。

（2）体组织的生长规律。动物生长初期骨骼生长较快；生长中期，肌肉生长加快；接近成熟时脂肪沉积速度加快，生长后期以沉积脂肪为主。动物体骨骼、肌肉与脂肪的增长和沉积尽管同时并进，但在不同阶段各有侧重（图4-2）。根据这一规律，生长初期应供给动物生长骨骼所需的矿物质；中期必须供给足量的蛋白质和各种必需氨基酸，以促进肌肉生长；后期必须供给沉积脂肪所需的碳水化合物。对于种用动物及为了提高胴体瘦肉率的肥育动物，应适当限制碳水化合物的供给，肥育动物应在蛋白质沉积高峰过后屠宰。

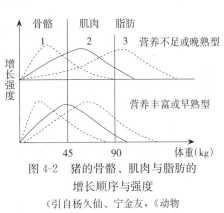

图 4-2　猪的骨骼、肌肉与脂肪的
增长顺序与强度
（引自杨久仙、宁金友，《动物
营养与饲料加工》，2006）

（3）内脏器官的增长规律。在生长期间，幼龄动物各内脏器官的增长速度不同。例如，犊牛开始采食植物性饲料后，瘤胃和大肠的增长速度远比真胃和小肠快。仔猪在生长期间，胃、小肠和大肠的容积增长迅速。生产中应利用这一规律，及早对幼龄动物补饲，有利于其消化器官的发育及机能锻炼。种用和役用动物，则不宜过早补饲，以免形成"草腹"而失去种用价值。

3. 生长动物营养需要特点　随年龄的增长，生长动物单位增重所需的能量逐渐增多，所需的蛋白质逐渐减少。生长动物对钙、磷的需要随年龄增长而逐渐减少，除钙、磷外，还需要其他矿物质元素。必须充分供应生长动物所需的各种维生素，特别应注意维生素A、维生素D及B族维生素的供应。种用动物在生长后期应限制饲养，以防过肥；对于单胃动物

及幼龄反刍动物在考虑日粮蛋白质需要量的同时，还应考虑蛋白质的品质。

二、动物繁殖的营养需要特点

繁殖是畜禽生产的重要环节之一。适宜的营养水平对于最大限度提高动物的繁殖性能十分重要。

1. 种公畜的营养需要特点　种公畜应具有健壮的体格、旺盛的性欲和良好的精液品质。营养物质的合理供给，对幼年公畜的培育、成年公畜的配种能力极其重要。能量供应不足或过多、蛋白质的数量和质量、各种矿物质及维生素供给合理与否均与种公畜的种用性能密切相关。种公畜日粮营养应全面、平衡，营养水平合理。根据种公畜的体况及配种任务量增减日粮，确保营养物质的合理供给。

2. 繁殖母畜的营养需要特点　繁殖母畜的营养需要分为配种前和妊娠后两个阶段，由于两个阶段的生理特点不同，营养需要也有很大差别。

（1）配种前母畜的营养需要特点。配种前母畜的饲养目标是体质健壮，发情正常及受胎率高。营养水平过高或过低均可影响母畜的体况、发情和受胎，甚至导致不孕。配种前母畜日粮营养应全面、平衡，但营养水平不必过高。母畜体况较好时，按维持需要的营养供给。对于体况较差的经产母猪可采用"短期优饲"法（配种前 10～15d 提高日粮能量水平至高于维持需要的 50%～100%，以促进母畜多排卵）。对于后备母畜应适当限制营养，使其体况适中。

（2）妊娠母畜营养需要特点。随妊娠期的进展母畜体重增加，代谢增强。妊娠母畜在妊娠期平均增重 10%～20%。增重内容包括子宫内容物（胎衣、胎水和胎儿）的增长和母体本身的增重。妊娠前期胎儿增重较慢，妊娠后期胎儿增重越来越快，胎重的 2/3 是在妊娠后 1/4 时期内增长的。母畜在妊娠期间体内沉积的养分一般要超过胎重的 1.5～2 倍。妊娠期间母畜代谢增强，代谢率平均增加 11%～14%，妊娠后期更为明显，可增加 30%～40%（表 4-1）。

表 4-1　母牛妊娠期体重与代谢的相对变化

（引自邱以亮、宋健兰，《畜禽营养与饲料》，2001）

妊娠月份	0	2	4	6	8	分娩
能量代谢率（%）	100	101	107	114	120	141
体重变化（%）	100	102	107	111	118	120

妊娠母畜日粮营养水平适宜且营养全面、平衡，才能保证母畜正常的繁殖机能。妊娠母畜前期所需营养较少，随妊娠的进展，妊娠母畜对各种营养物质的需要量逐渐增多。合理控制饲粮喂量，保持妊娠母畜适宜的体况。

三、泌乳动物的营养需要

1. 奶的成分与形成　母畜分娩后头几天分泌的乳汁称为初乳，5～7d 后转为常乳。不同种动物其奶成分的含量也不相同。奶成分含量为：干物质 10%～26%，蛋白质 1.8%～10.4%，脂肪 1.3%～12.6%，乳糖 1.8%～6.2%，灰分 0.4%～2.6%，奶中富含各种维生素，钙、磷含量符合幼龄动物需要。

（1）奶中成分。奶牛初乳中干物质（21.9%）、乳蛋白（14.3%）和灰分（1.5%）含量较高，而乳糖较低（3.1%）。初乳蛋白中含有较多的免疫球蛋白（5.5%～6.8%），初生的幼龄动物通过吸食初乳可获得抗体，这对不能通过胎盘从母体获得免疫力的牛、羊、猪和马等幼龄动物十分重要。初乳中维生素A是常乳的5～6倍，其矿物质中含有较多的镁盐（0.04%），有助于胎粪的排出。所以必须让幼龄动物及时吸食初乳。

（2）奶的形成。奶在乳腺中形成，其原料来自于血液中的养分。据研究，每形成1kg乳汁需500～600L血液流经乳腺。乳腺内的蛋白质、脂肪和乳糖大多通过血液供应的养分由乳腺重新合成；而维生素、无机盐、酶、激素等，则由血液直接过滤到奶中，不经改变成为奶的成分。

母畜分娩后泌乳量逐渐升高，到达高峰后逐渐下降，形成一条泌乳曲线。各种动物日产奶量不同，泌乳曲线中到达高峰的时间也有差异，如奶牛到达泌乳高峰的时间是产后第2个月，猪则是产后第3周。

2. 影响泌乳的因素　影响泌乳和奶成分的因素有品种、年龄、胎次、泌乳期、气温和营养水平等。其中，饲料和营养是重要因素。

（1）营养水平。泌乳母畜采食量不足或饲粮能量水平太低都会导致母畜过瘦，泌乳量下降，严重时影响繁殖。一般日粮营养水平应适当高于实际泌乳需要，并随泌乳量的升高而不断增加，可充分发挥母畜的泌乳潜力。奶牛生长期不宜采食高能日粮，否则易造成乳房沉积脂肪过多，引起乳腺组织增生，降低奶牛终身的产奶量。高、低能量水平下干草与精料比例对产奶量及乳脂的影响见表4-2。

表4-2　高、低能量水平条件下干草与精料比例对产奶量及乳脂的影响

采食能量水平	干草∶精料	产奶量（kg）	乳脂含量（g/kg）	乳脂产量（g）
低	40∶60	16.4	39.7	651
	20∶80	17.2	36.8	633
高	40∶60	17.8	36.9	657
	20∶80	19.1	31.0	592

（2）日粮精粗料比例。日粮中精粗料比例可影响瘤胃发酵性质和所产挥发性脂肪酸的比例，若精料比例大，则产乙酸少，丙酸多，从而影响乳脂合成而增加体脂。饲养实践证明，为提高泌乳量和乳脂率，奶牛日粮中以精料占40%～60%、粗纤维占15%～17%为宜。另外，母畜遗传性能、内分泌、乳腺发育程度、体重、挤奶技术及泌乳期发情与否等因素均会影响泌乳量。

3. 标准乳的折算与我国奶牛能量单位　日粮配合时，为了便于能量需要的计算和泌乳力的比较，一般将不同乳脂率的乳折算成含乳脂4%的乳（标准乳，FCM）。

折算公式如下：

$$4\%乳脂率的乳量（kg）=M（0.4+15F）$$

式中：M为未折算的乳量（kg）；F为乳脂率（%）。

如1kg含脂3.6%的乳按上式折算，等于0.94kg含脂4%的乳。

根据实测，每千克4%乳脂率的标准乳净能含量为3 054.32～3 138kJ。我国奶牛饲养标准采用相当于1kg含脂4%的标准乳所含能量（3 138kJ产奶净能）作为一个奶牛能量单位，

缩写成 NND（汉语拼音字首）。它可以用来标示各种奶牛饲料的产奶价值。

$$NND = \frac{产奶净能（kJ）}{3\ 138（kJ）}$$

如1kg 干物质为89%的优质玉米，产奶净能为9 012kJ，则为9 012/3 138＝2.87kg（NND）。其生产应用上的概念为1kg 这种玉米（能量）相当于生产2.87kg 奶（能量）的价值。

4. 泌乳动物的营养需要特点　泌乳动物日粮营养水平适当高于实际泌乳需要，营养全面，营养平衡；并随泌乳量的提高而不断增加，可充分发挥母畜的泌乳潜力。配制日粮时，泌乳母牛的营养需要应依据母牛的平均体重、平均产奶量及平均乳脂率等确定。生产中，饲养泌乳母牛时，粗饲料自由采食，精饲料的喂量随泌乳量的增减而增减；饲养泌乳母猪时，全价饲料的喂量应依据母猪体重及产仔数进行换算。

四、肥育动物的营养需要

肥育分幼龄肥育和成年肥育。前者是指肉用动物利用其生长发育迅速的优势，在断奶（出壳）之后到屠宰的较短时间内，采用高营养水平饲养，使体蛋白和体脂肪等充分沉积的饲养方式；而后者则是对淘汰的种用、乳用及役用等成年动物的肥育，主要是沉积脂肪。前者是指肉用动物进行的肥育，称幼龄肥育。后者称为成年肥育。

1. 肥育动物营养需要特点　动物生长肥育期体蛋白与体脂肪沉积随年龄和肥育方式而发生变化，但总趋势是随年龄的增长，蛋白质、水分和矿物质所占比例逐渐减少，而脂肪的比例相应增加，在肥育后期，单位增重中脂肪可占 70%～90%。因此，幼龄肥育的动物与生长动物对营养物质的需要基本相似。

2. 影响肥育效果的因素

（1）种类与品种。不同种类动物沉积脂肪的能力不同。猪沉积脂肪的能力最强，肉鸡次之，肉牛最差。不同品种的动物沉积脂肪和蛋白质的能力也不相同，如荣昌猪沉积脂肪的能力较强，长白猪沉积蛋白质的能力较强。

（2）年龄。饲料转化率随动物年龄增长而下降。其原因是维持消耗的比例随年龄增长而相对增多，增重的水分减少而脂肪增多，单位体重采食量减少，且一定年龄时体重增长趋于停止。因此，为获得较高的饲料转化率，必须根据商品肉质要求确定适宜的屠宰体重，如猪以 5～6 个月、体重达 90～100kg 时屠宰为宜。

（3）性别与去势。生产实践表明，在同一饲养水平下，母猪比公猪长得快，脂肪沉积能力强，而公猪的瘦肉率高于母猪。动物去势后性机能消失，一些内分泌机能受到抑制，神经系统的兴奋性降低，生长速度和脂肪沉积能力增强，故去势能促进动物肥育，并且肉质可得到改善。

（4）营养水平。试验证明，随着营养水平的提高，每千克增重耗料量降低。生长肥育动物全期采用高营养日粮可缩短肥育期，并提高饲料转化率，从而获得最大日增重；成年肥育动物，高营养可在短时间内迅速催肥。

（5）饲粮能量浓度。肥育动物的能量除用于维持需要外，主要用于体蛋白和体脂肪等的合成。动物能根据饲粮的能量浓度调节采食量。在一定能量浓度范围内，饲粮的能量浓度高，则采食量低，反之采食量高。

此外，环境温度对动物肥育也有影响。温度过高或过低均会通过增加维持消耗而影响肥育效果。

五、产蛋家禽的营养需要

产蛋是禽类特有的机能。家禽体重小，体温高，基础代谢率高，维持需要量高。产蛋家禽的生产水平高，产蛋的营养需要量高。如鸡年产蛋量高达 220 枚以上，1 只蛋鸡 1 年所产蛋中的干物质总量约为其自身体重的 4 倍以上。家禽的消化道短，消化道容积小，对饲料的消化吸收较其他动物低。因此，产蛋家禽对日粮的营养水平及营养平衡要求较高。

1. 蛋重及蛋的成分 禽蛋的大小因种类、品种及环境的不同而不同。一般鸡蛋平均重为 50～60g，鸭蛋平均重为 89～110g，鹅蛋平均重为 110～180g。

禽蛋可分为蛋壳、蛋白和蛋黄 3 部分。各类禽蛋的组成成分见表 4-3。

表 4-3 各类禽蛋的组成成分

（引自丛立新、张辉，《畜牧生产学》，2005）

	蛋重（g）	蛋壳（%）	蛋清（%）	蛋黄（%）	水分（%）	蛋白质（%）	脂类（%）	糖类（%）	灰分（%）	能量（kJ）
鸡蛋	58	12.3	55.8	31.9	73.6	12.8	11.8	1.0	0.8	400
鸭蛋	70	12.0	51.6	35.4	69.7	13.7	14.4	1.2	1.0	640
鹅蛋	150	12.4	52.6	35.0	70.6	14.0	13.0	12	1.2	1 470
火鸡蛋	75	12.8	54.9	32.3	73.7	13.7	11.7	0.7	0.8	675

不同种类的家禽因其体重、蛋重、蛋的成分、产蛋率不同，产蛋所需的营养物质的量不同。同种家禽因其品种不同，产蛋所需的营养物质的量也有差异。

2. 产蛋家禽的营养需要特点 产蛋家禽的营养需要量取决于体重、蛋重、蛋的成分、产蛋率及饲料成分转化为蛋中成分的转化率。不同品种的产蛋家禽，其营养需要量有较大的差异。确定产蛋家禽营养需要应依据专业标准（育种公司提供），综合考虑各种影响因素后合理确定（表 4-4）。产蛋家禽饲粮中能量浓度应合理，能量蛋白比适当，还应注意蛋白质品质；确保常量元素钙、磷、钠、氯，及微量元素锰、碘、铁、铜、锌、硒等合理供给；适当提高各种维生素的供给量，保证家禽自由饮水及水的质量。

表 4-4 蛋鸡在不同气温及产蛋率时的蛋白质及能量需要

产蛋率	夏 季			冬 季		
	粗蛋白质（%）	代谢能（MJ/kg）	蛋白能量比	粗蛋白质（%）	代谢能（MJ/kg）	蛋白能量比
大于 80%	18	11.506	15.6	17	12.887	13.2
70%～80%	17	11.276	15.1	16	12.657	12.6
小于 70%	16	11.046	14.5	15	12.426	12.1

六、产毛动物的营养需要

1. 毛的成分 毛是动物皮肤毛囊长出的纤维蛋白。毛的主要成分是角蛋白，并含有少量的脂肪和矿物质。角蛋白中胱氨酸含量比较高（羊毛中胱氨酸占蛋白总量的 9%，兔毛占蛋白总量的 13.84%～15.5%），这是毛成分最显著的特点。胱氨酸对羊毛的产量、弹性和强度等纺织性能有重要影响，但牧草中的胱氨酸含量仅占蛋白质总量的 1.1%～1.5%。

2. 产毛动物的营养需要特点 毛的发育和生长与动物胚胎发育、生长肥育、繁殖和泌乳同步进行。在羊的胚胎期及羔羊期，日粮营养水平能够制约其终身的产毛力。成年期的营养不但与毛的产量有关，而且还决定毛的品质。

适当提高产毛动物日粮中能量和蛋白质水平，可促进生长期产毛动物皮肤和毛囊的发育，提高生长动物、成年动物的产毛量及毛的品质。对于毛兔，还应考虑蛋白质品质，特别是含硫氨基酸的补充；对于绵羊，使用非蛋白氮饲料时，饲粮中应注意补充硫。维生素 A、矿物质（尤其是微量元素）与毛的产量及品质密切相关，配制日粮时应合理供给。

◀**走进生产**　合理地确定动物的营养需要量，既能发挥动物的生产潜力，又能提高饲料转化率，降低饲料成本，提高养殖业的经济效益。动物的营养需要包括维持需要和生产需要。只有了解维持需要的特点及影响维持需要的因素，了解动物各类生产需要的特点，才能合理确定动物的营养需要量。生产中，确定动物营养需要量时，必须以饲养标准为重要依据，充分考虑影响动物营养需要量的因素及动物生产需要的特点，制订合理的营养供给量。

边学边练

1. 解释　动物的营养需要　基础代谢　动物的维持需要　生长动物　奶牛能量单位
2. 简答
（1）影响维持需要的因素有哪些？
（2）生长动物营养特点是什么？
（3）生长动物体组织的变化规律是什么？
（4）妊娠母畜营养需要特点是什么？
（5）影响肥育动物饲料转化率的因素有哪些？
（6）产蛋家禽营养需要特点是什么？

课题二　动物的饲养标准

问题探究　如何根据饲养标准确定动物的营养需要量？

知识 1　饲养标准的概念及作用

1. 饲养标准的概念　饲养标准是根据动物的种类、性别、年龄、体重、生理状态、生产目的与生产水平等，科学地规定每头（只）动物每天应供给的能量和各种营养物质的数量。目前，饲料生产企业或养殖场（户）主要依据我国的饲养标准确定动物的营养需要量，有些参考 ARC（英国农业科学研究委员会）制定的标准或 NRC（美国国家科学委员会）制定的标准；有些依据专业标准（育种企业依据其品种的特点而制定的营养需要量）确定动物的营养需要量。合理供给动物营养能最大限度地发挥动物的生产潜力，提高饲料转化率。动物的营养需要量是依据长期的生产实践经验并结合科学试验研究而制定的。简而言之，由权威部门颁布的特定动物的营养需要量就是饲养标准。

2. 饲养标准的作用　饲养标准是合理确定动物营养需要、科学配制动物日粮的重要依据；是正确组织畜牧生产所必需的；是动物营养需要研究应用于动物饲养实践的权威表述；反映了动物生存和生产对饲料及营养物质的客观要求，高度概括和总结了营养研究和生产实践的最新进展，具有很强的科学性和广泛的指导性。

知识 2　饲养标准的表达方式

饲养标准的表达方式主要有两种：①按每头（只）动物每天需要量表示。这种表达方式对动物生产者估计饲料供给、对动物限饲以及合理确定动物日粮中营养物质浓度很实用；②按单位饲粮营养物质浓度表示。这种表达方式对于群体饲养、配合饲料生产和配方设计很实用。一般猪禽饲料的配方设计与饲料的生产均采用这种方法。

知识 3　饲养标准的合理利用

饲养标准所规定的动物的营养需要量是经过长期饲养实践经验的积累和科学实验研究的结果，对合理地确定动物的营养需要量，科学地配制动物日粮具有普遍的指导作用。但饲养标准反映的是群体的平均供给量和需要量，其使用性有一定限制。如不同品种其生产性能不同，营养需要量也不同，而饲养标准则反映的是不同品种营养需要的平均值。另外，饲养标准的制订不可能对影响动物营养需要的众多因素加以考虑。因此，我们确定动物营养需要时，必须以饲养标准为指导原则，依据配料对象的实际生产水平和饲养条件对饲养标准中的营养定额进行适当的调整和修正。

◀ **走进生产**　不同品种的鸡对营养物质需要量不同，且要求严格，配制鸡日粮时，最好以专业标准（育种公司提供）为依据。配制牛日粮时，以我国肉牛及奶牛饲养标准为依据。配制猪日粮时，以我国肉脂型和瘦肉型猪饲养标准为依据。从国外引进的优良品种动物，配料时可参考国外标准，如 NRC、ARC 标准。

🌀 **边学边练**

　　1. 什么是动物的饲养标准？
　　2. 动物的饲养标准有哪两种表达方式？
　　3. 如何正确使用动物饲养标准？

课题三　动物的日粮配合

❓ **问题探究**　怎样掌握日粮配方设计技巧？

知识 1　日粮、全价日粮和饲粮的概念

1. 日粮　是指一昼夜内 1 头动物所采食的饲料量。它是按动物的饲养标准合理地确定

动物的营养需要，选用适当的饲料配合而成。

2. 全价日粮　日粮中各种营养物质的种类、数量及其相互比例能满足动物的营养需要时，则称之为平衡日粮或全价日粮。

3. 饲粮　通常绝大多数的动物是群饲，单独饲喂的情况较少。因此，生产中通常是为同一生产目的的大群动物配制饲料。在饲养业中为了区别日粮，将这种按日粮中饲料比例配制成的大量的混合饲料，称为饲粮。

知识2　日粮配合的原则

1. 依据饲养标准确定动物的营养指标　饲养标准是科学饲养动物的依据。科学性原则是日粮配合的基本原则。依据饲养标准确定动物对营养物质的需要量，并在饲养实践中酌情调整。同时，要根据动物生产性能、饲养技术水平与饲养设备、饲养环境条件、市场行情等及时调整饲粮的营养水平，特别要考虑外界环境与加工条件等对饲料原料中活性成分的影响。

2. 注意各种养分之间的平衡　能量概括了饲料中三大营养物质的含量和利用情况，蛋白质是动物生活或生产中不可缺少的营养物质。能量和蛋白质在日粮中所占的比例最大，在配合日粮时，必须先满足能量和蛋白质的要求，再考虑维生素、矿物质的需要，若能量和蛋白质满足动物需要，其他营养指标稍加调整即可满足。另外，还要注意标准要求的能量和蛋白质含量的比例（能量蛋白比），以便于二者的利用。从某种程度上讲，各养分之间的相对比例比单种养分的绝对含量更重要，故设计配方时应重点考虑能量与蛋白质的平衡，其次应考虑能量与氨基酸、矿物质元素、维生素等营养物质之间的相互平衡。

3. 应考虑动物的消化生理特点，注意日粮的体积　动物的消化生理特点各不相同，配合日粮时要区别对待。如牛、羊宜多喂粗料，猪、禽则宜少喂。对于猪，粗纤维的喂量宜控制在5%～8%，不超过10%；对于鸡，粗纤维的喂量要严格控制在3%～5%。另外，各类动物采食量不同，日粮体积须与动物消化器官相适应。既让动物吃得下，又能吃得饱，并能满足营养需要。其日粮体积一般以饲料干物质含量衡量。各种动物可据下列参数确定，每100kg体重每天干物质的需要量：猪为2.5～4.5kg；奶牛2.5～3.5kg；役牛2～3kg；役马1.8～2.8kg；羊2.5～3.25kg。实践中可酌情增减。

4. 注意饲料多样化、适口性与安全性　选择饲料原料时，应依据当地饲料资源情况，科学地选择多种原料进行搭配。多种饲料配合，可发挥其互补作用，使之营养全面。原料营养成分值尽量有代表性，要注意原料的规格、等级和品质特性。对重要原料的重要指标最好进行实际测定，以提供准确的参考依据。

科学选择原料必须以动物及原料的营养特点和利用特点为依据。配制猪、禽日粮及犊牛代乳料时，选择蛋白质饲料应考虑所选蛋白质饲料的营养特点及利用特点，确保所配料的蛋白质品质。豆粕蛋白中赖氨酸含量高，赖氨酸与精氨配比例适当，蛋氨酸含量相对较低；菜籽粕蛋白中赖氨酸、蛋氨酸含量相对较高，精氨酸含量低且含有硫葡萄糖苷类物质；芝麻饼蛋白中赖氨酸含量低，蛋氨酸及精氨酸含量高；棉仁粕蛋白中赖氨酸及蛋氨酸含量较低，而精氨酸含量过高，且含有棉酚等有毒物质；花生饼蛋白中精氨酸含量很高，赖氨酸及蛋氨酸含量低。根据分析，选择豆粕、菜籽粕、其他任意一种杂饼粕（花生、棉籽粕、麻饼）、酵母粉或鱼粉，且菜籽粕用量控制在 5% 左右，其他杂饼粕用量控制在 4% 左右。这种选择和搭配蛋白质饲料的方法，所配料蛋白品质比较好且配料成本低。

各种动物的嗜好不同，配合日粮时，应注意其适口性，否则影响动物的采食量，依然不能满足其营养需要。

另外，配合饲料对动物自身必须是安全的，发霉、酸败、污染和未经处理含有对动物有害的饲料不能使用。动物采食配合饲料生产的动物产品，对人类必须是既富营养又健康安全。设计配方时，某些饲料添加剂（如抗生素等）的使用量和使用期限应符合安全法规。

5. 应符合经济实用的原则　饲料配方的设计要因地制宜。应充分利用当地饲料资源，不要盲目追求高营养指标。产品设计以市场为导向，及时了解市场动态，准确确定产品在市场中的定位（如高、中、低档等），明确用户的特殊要求，设计出各种不同档次的产品，以满足不同用户的需要。配方设计在确保科学的前提下，尽量降低成本。

知识 3　日粮配合的方法

1. 全价日粮的配方设计　全价日粮配方的设计方法有试差法、方形法（对角线法、交叉法）、代数法、计算机辅助设计等。生产中应用最广泛的是试差法。

试差法又称凑数法。此种方法是根据经验初拟一个日粮配方，然后计算该配方的营养成分含量，再与饲养标准比较，如某种营养成分含量过多或不足，再适当调整配方中饲料原料的比例，反复调整，直到所有营养成分含量都满足要求为止。此法简单，可用于各种日粮设计，应用面广，但必须有一定的经验。猪、禽日粮粗蛋白质水平与各种原料的大致比例关系见表 4-5。

表 4-5　日粮粗蛋白质水平与各种原料的大致比例关系（%）

	粗蛋白质含量	能量饲料比例	蛋白质饲料比例	矿物质及添加剂
猪及非产蛋家禽	14	83 左右	14 左右	3 左右
	15	78 左右	19 左右	3 左右
	17	72 左右	25 左右	3 左右
	18	68 左右	29 左右	3 左右
	19	65 左右	32 左右	3 左右
	21	61 左右	36 左右	3 左右
产蛋家禽		60 左右	30 左右	10 左右

注：此表仅供参考。确定各种蛋白质饲料原料配比时，先确定用量有限制的蛋白质饲料原料的配比。

示例 1：采用试差法，根据当地饲料资源情况，为体重 35～60kg 生长肥育猪设计日粮配方。

第一步：查饲养标准，确定体重 35～60kg 生长肥育猪的营养需要（表 4-6）。

表 4-6　体重 35～60kg 生长肥育猪每千克饲粮养分含量

消化能（MJ）	粗蛋白质（%）	钙（%）	有效磷（%）	赖氨酸（%）	蛋氨酸+胱氨酸（%）
13.39	16.4	0.55	0.20	0.82	0.48

第二步：选择原料，查饲料营养成分表，列出所用原料的营养成分含量（表 4-7）。

表 4-7　所用原料的营养成分含量

饲料原料	消化能 (MJ/kg)	粗蛋白质 (%)	钙 (%)	有效磷 (%)	赖氨酸 (%)	蛋氨酸十胱氨酸 (%)
玉米	14.27	8.7	0.02	0.12	0.24	0.38
麦麸	9.37	15.7	0.11	0.24	0.58	0.39
豆粕	14.26	44.2	0.33	0.21	2.68	1.24
菜籽粕	12.05	38.6	0.65	0.35	1.3	1.5
鱼粉	12.55	60.2	4.04	2.9	4.72	2.16

第三步：试配日粮与标准比较。先确定能量饲料和蛋白质饲料的比例为 97%，余下的 3% 为矿物质及复合预混料的用量。根据经验或参考表 4-5，各种饲料原料配比初步拟定为表 4-8 所示。根据配比计算出所配料中能量及蛋白质的含量。

表 4-8　所用原料的营养成分含量及初定配比

饲料原料	比例 (%)	消化能 (MJ/kg)	粗蛋白质 (%)	钙 (%)	有效磷 (%)	赖氨酸 (%)	蛋氨酸十胱 氨酸 (%)
玉米	70	$14.27\times70\%$ $=9.989$	$8.7\times70\%$ $=6.09$	0.02	0.12	0.24	0.38
麦麸	6	$9.37\times6\%$ $=0.562\,2$	$15.7\times6\%$ $=0.942$	0.11	0.24	0.58	0.39
豆粕	14	$14.26\times14\%$ $=1.996\,4$	$44.2\times14\%$ $=6.188$	0.33	0.21	2.68	1.24
菜籽粕	5	$12.05\times5\%$ $=0.602\,5$	$38.6\times5\%$ $=1.93$	0.65	0.35	1.3	1.5
鱼粉	2	$12.55\times2\%$ $=0.251$	$60.2\times2\%$ $=1.204$	4.04	2.9	4.72	2.16
合计	97	13.401 1	16.354				
饲养标准	100	13.39	16.4	0.55	0.20	0.82	0.48
相差	−3	+0.011 1	−0.046				

第四步：调整配比。配方中粗蛋白质含量比饲养标准低 0.046%，消化能高 0.011 1MJ/kg，需要增加蛋白质饲料的配比，降低能量饲料的配比。每使用 1% 的豆粕代替同比例的玉米可使能量降低 0.000 1MJ/kg（$14.26\times1\%-14.27\times1\%$），而粗蛋白质含量提高 0.355%（$44.2\times1\%-8.7\times1\%$）。豆粕配比增加 0.2%，玉米配比减少 0.2%，能量及粗蛋白质即可满足需要。调整后的配方见表 4-9。

表 4-9　调整后的配方组成及各种营养成分的含量

饲料原料	比例 (%)	消化能 (MJ/kg)	粗蛋白质 (%)	钙 (%)	有效磷 (%)	赖氨酸 (%)	蛋氨酸十胱 氨酸 (%)
玉米	69.8	$14.27\times69.8\%$ $=9.960$	$8.7\times69.8\%$ $=6.072\,6$	$0.02\times69.8\%$ $=0.013\,96$	$0.12\times69.8\%$ $=0.083\,76$	$0.24\times69.8\%$ $=0.167\,52$	$0.38\times69.8\%$ $=0.265\,24$
麦麸	6	$9.37\times6\%$ $=0.562\,2$	$15.7\times6\%$ $=0.942$	$0.11\times6\%$ $=0.006\,6$	$0.24\times6\%$ $=0.014\,4$	$0.58\times6\%$ $=0.034\,8$	$0.39\times6\%$ $=0.023\,4$
豆粕	14.2	$14.26\times14.2\%$ $=2.025$	$44.2\times14.2\%$ $=6.276\,4$	$0.33\times14.2\%$ $=0.046\,86$	$0.21\times14.2\%$ $=0.029\,82$	$2.68\times14.2\%$ $=0.380\,56$	$1.24\times14.2\%$ $=0.176\,08$

（续）

饲料原料	比例（%）	消化能（MJ/kg）	粗蛋白质（%）	钙（%）	有效磷（%）	赖氨酸（%）	蛋氨酸＋胱氨酸（%）
菜籽粕	5	12.05×5% ＝0.602 5	38.6×5% ＝1.93	0.65×5% ＝0.032 5	0.35×5% ＝0.017 5	1.3×5% ＝0.065	1.5×5% ＝0.075
鱼粉	2	12.55×2% ＝0.251	60.2×2% ＝1.204	4.04×2% ＝0.080 8	2.9×2% ＝0.058	4.72×2% ＝0.094 4	2.16×2% ＝0.043 2
合计	97	13.400 7	16.425	0.180 72	0.203 48	0.742 28	0.582 92
饲养标准	100	13.39	16.4	0.55	0.20	0.82	0.48
相差	−3	＋0.010 7	＋0.025	−0.369 28	＋0.003 48	−0.077 72	＋0.102 92

由表 4-9 可知，钙、赖氨酸的含量低于标准，可用石粉、合成赖氨酸（效价为 78% 计）进行调整。选择含钙为 35.08% 的石粉补充钙，石粉的用量约为 1.06%（0.369 28%/35.08%）；选择赖氨酸盐酸盐（效价 78%）补充赖氨酸，赖氨酸盐酸盐的用量约为 0.1%（0.077 72%/78%）。另外，补充食盐 0.24%，添加剂预混料 1%。因配方中总配比为99.4%，将麦麸配比增加 0.6% 对整个日粮配方的营养水平影响不大，故将麦麸的配比增加0.6%，使配方中所有饲料原料配比之和达到 100%。

第五步：整理列出日粮配方及营养水平（表 4-10）。

表 4-10 体重 35～60kg 生长肥育猪日粮配方及营养水平

饲料原料	比例（%）	营养水平
玉米	69.8	消化能 13.46MJ/kg
麦麸	6.6	粗蛋白质 16.5%
豆粕	14.2	钙 0.55%
菜籽粕	5	有效磷 0.20%
鱼粉	2	赖氨酸 0.82%
石粉	1.06	蛋氨酸＋胱氨酸 0.58%
食盐	0.24	
赖氨酸盐酸盐	0.1	
1%预混料	1	

示例 2：某奶牛场成年奶牛平均体重为 500kg，日产奶量 20kg，乳脂率 3.5%。依据当地的饲料资源情况，试配制奶牛的全价日粮。

第一步：查饲养标准，计算奶牛总营养需要量（表 4-11）。

表 4-11 奶牛总营养需要量

项 目	需日粮干物质（kg）	产奶净能（MJ）	可消化粗蛋白质（g）	钙（g）	磷（g）
维持需要（体重 500kg）	6.56	37.57	317	30.0	22
日产 20kg 奶（乳脂率 3.5%）	7.8	58.6	1 060	84	56
总营养需要	14.36	96.17	1 377	114	78
每千克干物质中含	1.00	6.69	95.89	7.94	5.43

由表 4-11 可知该奶牛日粮干物质的营养水平为：产奶净能 6.69MJ/kg，可消化粗蛋白

质 9.6%，钙 0.80%，磷 0.54%。

第二步：根据奶牛场饲料来源选择原料，查饲料营养成分表，见表 4-12。

表 4-12　饲料营养成分表

饲料	干物质（%）	干 物 质 中			
		产奶净能（MJ/kg）	可消化粗蛋白质（%）	钙（%）	磷（%）
小麦秸	90	3.45	1.1	0.28	0.03
玉米青贮	25	3.2	3.4	0.4	0.08
苜蓿干草	88.4	5.59	10.5	1.24	0.25
玉米	88.7	8.16	5.6	0.02	0.25
麦麸	88.6	6.81	9.8	0.2	0.88
豆粕	90.6	9.15	30.8	0.35	0.55
芝麻饼	90.7	8.31	29.5	2.5	0.87
磷酸氢钙	99.8			21.85	18.64
石粉	99.1			32.54	
食盐					
0.5%预混料					
植物油		23.64			

第三步：确定各种原料的大致配比，试配日粮。说明：奶牛日产奶量超过 15kg，配料时应考虑蛋白质品质（表 4-13）。

表 4-13　奶牛日粮组成表

饲料	比例（%）	干物质（%）	干 物 质 中			
			产奶净能（MJ/kg）	可消化粗蛋白质（%）	钙（%）	磷（%）
小麦秸	10	90	3.45×10%=0.345	1.1×10%=0.11	0.28×10%=0.028	0.03×10%=0.003
玉米青贮	8	25	3.2×8%=0.256	3.4×8%=0.272	0.4×8%=0.032	0.08×8%=0.006 4
苜蓿干草	15	88.4	5.59×15%=0.838 5	10.5×15%=1.575	1.24×15%=0.186	0.25×15%=0.037 5
玉米	37	88.7	8.16×37%=3.019 2	5.6×37%=2.072	0.02×37%=0.007 4	0.25×37%=0.092 5
麦麸	12	88.6	6.81×12%=0.817 2	9.8×12%=1.176	0.2×12%=0.024	0.88×12%=0.105 6
豆粕	8	90.6	9.15×8%=0.732	30.8×8%=2.464	0.35×8%=0.028	0.55×8%=0.044
芝麻饼	7	90.7	8.31×7%=0.581 7	29.5×7%=2.065	2.5×7%=0.175	0.87×7%=0.060 9
磷酸氢钙	1.1	99.8			21.85×1.1%=0.240 35	18.64×1.1%=0.205 04
石粉	0.4	99.1			32.54×0.4%=0.130 16	
食盐	0.5					
0.5%预混料	0.5					

（续）

饲料	比例 (%)	干物质 (%)	干　物　质　中			
			产奶净能 (MJ/kg)	可消化粗蛋白质 (%)	钙 (%)	磷 (%)
植物油	0.5		23.64×0.5% =0.118 2			
总配比	100		6.707 8	9.734	0.850 91	0.554 94
饲养标准	100		6.69	9.6	0.8	0.54
相　差	0		+0.017 8	+0.134	+0.050 91	+0.014 94

第四步：将所用的饲料干物质还原为饲料原料的数量（表4-14）。

表4-14　饲料干物质还原为饲料原料的数量

饲料名称	干物质配比 (%)	每天需各种原料干物质量 (kg)	原饲料中干物质的含量 (%)	每天需要饲料原料的量 (kg)
小麦秸	10	14.36×10%=1.436	90	1.4360÷90%≈1.60
玉米青贮	8	14.36×8%=1.148 8	25	1.1488÷25%≈4.60
苜蓿干草	15	14.36×15%=2.154	88.4	2.154÷88.4%≈2.44
玉米	37	14.36×37%=5.313 2	88.7	5.313÷88.7%≈5.99
麦麸	12	14.36×12%=1.723 2	88.6	1.723÷88.6%≈1.94
豆粕	8	14.36×8%=1.148 8	90.6	1.1488÷90.6%≈1.27
芝麻饼	7	14.36×7%=1.005 2	90.7	1.0052÷90.7%≈1.11
磷酸氢钙	1.1	14.36×1.1%=0.158	99.8	0.158÷99.8%≈0.16
石粉	0.4	14.36×0.4%=0.057 4	99.1	0.0574÷99.1%≈0.06
食盐	0.5	14.36×0.5%=0.071 8		0.07
0.5%预混料	0.5	14.36×0.5%=0.071 8		0.07
植物油	0.5	14.36×0.5%=0.071 8		0.07
合计	100	14.36		19.38

第五步：除去粗饲料，计算奶牛精料补充料配方，每天奶牛饲喂的精料量为：5.99＋1.94＋1.27＋1.11＋0.16＋0.06＋0.07＋0.07＋0.07＝10.74kg。玉米 5.99/10.74＝55.8%，麦麸 1.94/10.74＝18.1%，豆粕 1.27/10.74＝11.8%，芝麻饼 1.11/10.74＝10.3%，磷酸氢钙 0.16/10.74＝1.5%，石粉 0.06/10.74＝0.56%，食盐 0.07/10.74＝0.65%，0.5%预混料 0.07/10.74＝0.65%，植物油 0.07/10.74＝0.65%。

奶牛精饲料配方为：玉米 55.8%，麦麸 18.1%，豆粕 11.8%，芝麻饼 10.3%，磷酸氢钙 1.5%，石粉 0.56%，食盐 0.65%，0.5%预混料 0.65%，植物油 0.65%。另加 1%的小苏打饲养效果更好。

配方使用说明：奶牛每天饲喂小麦秸 1.6kg，玉米青贮 4.6kg，苜蓿干草 2.44kg，精料补充料 10.74kg。在实际生产中，一般粗料自由采食，精料的喂量依据产奶量而定，每产2～3kg奶需1kg精料。

2. 浓缩饲料配方的设计　浓缩饲料由蛋白质饲料、矿物质饲料和添加剂预混料按一定比例配制而成，相当于全价配合饲料减去能量饲料的剩余部分，它一般占全价配合饲料的20%～40%。

（1）浓缩饲料配方的设计有两种方法：一种是由全价配合饲料配方推算出浓缩饲料配方；另一种是由能量饲料和浓缩饲料的已知搭配比例推算出浓缩饲料配方。前者应用较方便，而后者则适用于专门从事浓缩饲料生产厂家。这里主要介绍由全价配合饲料配方推算浓缩饲料配方的方法。

首先设计出全价配合饲料配方，然后在全价配合饲料中扣除能量饲料，剩余的饲料按其各自所占的比例推算出浓缩饲料配方。

示例：设计体重 35～60kg 生长肥育猪的浓缩饲料配方。

①按全价配合饲料配方设计方法设计出 35～60kg 生长肥育猪的全价配合饲料配方（见本课题知识 3 全价日粮配方设计），见表 4-15。

表 4-15　体重 35～60kg 生长肥育猪的全价配合饲料配方

原料名称	比例（%）	原料名称	比例（%）
玉　米	69.8	石　粉	1.06
麦　麸	6.6	食　盐	0.24
豆　粕	14.2	赖氨酸盐酸盐	0.1
菜籽粕	5	1%预混料	1
鱼　粉	2		

②把全价配合饲料配方中的能量饲料去掉 76.4%（玉米 69.8%、麸皮 6.6%）。浓缩饲料部分占全价配合饲料的 23.6%（100%－69.8%－6.6%）。将豆粕、菜籽粕、鱼粉、石粉、食盐、赖氨酸盐酸盐、1%的预混料在全价配合饲料中的含量除以 23.6%，即得体重 35～60kg 生长肥育猪的浓缩饲料配方，见表 4-16。

表 4-16　体重 35～60kg 生长肥育猪的浓缩饲料配方

饲料名称	原配方比例（%）	浓缩饲料配方比例（%）	消化能（MJ/kg）	粗蛋白质（%）
玉米	69.8			
麦麸	6.6			
小计	76.4			
豆粕	14.2	14.2÷23.6%=60.17	60.17%×14.26=8.58	60.17%×44.2=26.595
菜籽粕	5	5÷23.6%=21.19	21.19%×12.05=2.55	21.19%×38.6=8.179
鱼粉	2	2÷23.6%=8.47	8.47%×12.55=1.06	8.47%×60.2=5.099
石粉	1.06	1.06%÷23.6%=4.49		
食盐	0.24	0.24÷23.6%=1.02		
赖氨酸盐酸盐	0.1	0.1÷23.6%=0.42		
1%预混料	1	1÷23.6%=4.24		
小计	23.6	100.00	12.19	39.873
合计	100			

③采用这种浓缩饲料配制全价饲料时，产品说明书上可注明每 23.6 份浓缩饲料加上 69.8 份玉米和 6.6 份麸皮混合均匀即成为体重 35～60kg 生长肥育猪的全价配合饲料。

（2）浓缩饲料的使用。发展浓缩饲料有利于养殖场（户）利用自产的谷物籽实类饲料和其他能量饲料，让用户就近利用饲料资源，减少运输费用，降低养殖场（户）成本。

使用浓缩饲料时，必须严格按照产品说明中补充能量饲料的种类和比例配制，使用前各种原料必须混合均匀。贮藏浓缩饲料时，要注意通风、阴凉、避光，严防潮湿、雨淋和暴晒。超过保质期的浓缩饲料要慎用。

◀ **走进生产**　科学饲养就是按动物的饲养标准合理地确定动物营养需要，选用适当的饲料配合日粮用于动物饲养，以使动物充分发挥其生产潜力。设计日粮配方要因地制宜，在确保科学的前提下，尽量降低饲料成本。在生产中及时发现并解决配方中存在的问题，不断完善动物日粮配方，提高日粮配方的设计水平。

边学边练

1. 解释　日粮　全价日粮　饲粮
2. 简答
(1) 日粮配合应遵循哪些原则？
(2) 简述试差法配制日粮的步骤。

单元实训 1　猪全价日粮及浓缩饲料配方设计

【目的要求】熟悉猪的饲养标准，掌握猪日粮配合的原则及方法，并在规定时间内为猪设计出较为合理的全价日粮配方及浓缩饲料配方。

【材料设备】猪的饲养标准、猪常用饲料成分及营养价值表、计算器。

【方法步骤】见本课题知识 3 全价日粮配方设计示例 1，浓缩饲料配方设计示例。

【考核内容】选用本地区常用的饲料原料，利用计算器为体重 140kg 哺乳母猪配制全价日粮。要求配方中消化能、粗蛋白质、蛋白能量比、钙、有效磷、赖氨酸、蛋氨酸＋胱氨酸与饲养标准的差值在±5％以内。根据哺乳母猪全价日粮配方推算出哺乳母猪的浓缩饲料配方。

在规定时间内，独立完成者得 100 分；所用时间较长，计算符合要求且独立完成者得80 分；在教师指导下，完成配方设计者得 70 分；否则不得分。

单元实训 2　鸡全价日粮及浓缩饲料配方设计

【目的要求】熟悉鸡的饲养标准，掌握鸡日粮配合的原则和方法，并在规定时间内为鸡设计出较为合理的全价日粮配方及浓缩饲料配方。

【材料设备】鸡的饲养标准、鸡常用饲料成分及营养价值表、计算器。

【方法步骤】见本课题知识 3 全价日粮配方设计示例 1，浓缩饲料配方示例。

【考核内容】选用本地区常用的饲料原料，利用计算器为产蛋率大于 85％的母鸡配制全价日粮。要求配方中代谢能、粗蛋白质、蛋白能量比、钙、有效磷、赖氨酸、蛋氨酸＋胱氨酸与饲养标准的差值在±5％以内。根据产蛋母鸡的全价日粮配方推算出产蛋母鸡的浓缩饲料配方。

在规定时间内，独立完成者得100分；所用时间较长，计算符合要求且独立完成者得80分；在教师指导下，完成配方设计者得70分；否则不得分。

 ## 单元实训3　牛全价日粮及精料补充料饲料配方设计

【目的要求】熟悉牛的饲养标准，掌握奶牛、肉牛日粮配合的原则和方法，并在规定时间内，为肉牛或乳牛设计出较为合理的全价日粮配方及精料补充料配方。

【材料设备】牛的饲养标准、牛常用饲料成分及营养价值表、计算器。

【方法步骤】见本课题知识3全价日粮配方设计示例2，浓缩饲料配方示例。

【考核内容】选用本地区常用饲料原料，利用计算器为体重600kg、乳脂率3.5%、日产奶量22kg的泌乳成年奶牛设计全价日粮及精料补充料配方。要求配方中产奶净能、可消化粗蛋白质、钙、磷与饲养标准的差值在±5%以内。

在规定时间内，独立完成者得100分；所用时间较长，计算符合要求且独立完成者得80分；在教师指导下，完成配方设计者得70分；否则不得分。

课题四　配合饲料

问题探究　如何提高配合饲料的质量？

知识1　配合饲料的概念及分类

一、配合饲料的概念

配合饲料是指根据动物饲养标准及饲料原料的营养特点，结合实际生产情况，按照科学的饲料配方生产出来的由多种饲料原料（包括添加剂）组成的均匀混合物。

配合饲料的优越性表现在：①科技含量高，能最大限度地发挥动物生产潜力，提高动物生产效益；②能充分、合理、高效地利用各种饲料资源；③产品质量稳定，饲用安全、高效、方便；④可减少养殖业的劳动支出，实现机械化养殖，促进现代化养殖业的发展。总之，大力推广和使用配合饲料，能充分利用饲料资源，降低饲养成本，提高饲料转化率及动物的生产性能，促进现代化养殖业健康、快速地发展。

二、配合饲料的分类

1. 按营养成分分类　据营养成分将配合饲料分为4类（图4-3）。

（1）添加剂预混合饲料。简称预混料，是一种或多种饲料添加剂与适当比例的载体或稀释剂配制而成的均匀混合物。预混合饲料不能单独饲喂动物，只有通过与其他饲料原料配制成全价配合饲料后才能饲喂动物。

（2）浓缩饲料。是添加剂预混合饲料、蛋白质及矿物质饲料，按配方制成的均匀混合物。与预混合饲料一样，其不能直接饲喂动物，必须与一定比例的能量饲料混合，才可制

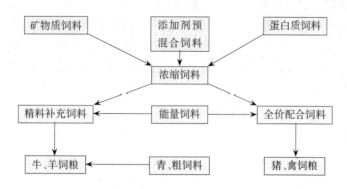

图 4-3　预混料、浓缩料、精料补充料与全价配合饲料的相互关系

成全价饲料或精料补充料。一般占全价料的 20％～40％。

（3）全价配合饲料。即通常所说的配合饲料，由浓缩饲料配以能量饲料制成，是一种可以直接饲喂单胃动物的营养平衡饲料。

（4）精料补充饲料。也是由浓缩饲料配以能量饲料制成，与全价配合饲料不同的是，它是用来饲喂反刍动物的，不过饲喂反刍动物时要加入大量的青绿饲料、粗饲料，且精料补充料与青粗饲料的比例要适当。它用以补充反刍动物采食粗饲料，青绿饲料时的营养不足。

2. 按物理形态分类　根据物理形态，配合饲料可分为粉料、颗粒饲料、碎粒料、块状饲料、压扁饲料、膨化饲料和液态饲料等。

知识 2　全价配合饲料加工工艺

全价配合饲料一般可分为先配合后粉碎或先粉碎后配合两类加工工艺。各有优缺点。

1. 先粉碎后配合工艺　先将不同的原料分别粉碎，贮入配料仓，然后按配方比例计量，进行充分混合，成为粉状全价配合饲料，也可进一步压制成颗粒饲料，其生产工艺流程见图 4-4。

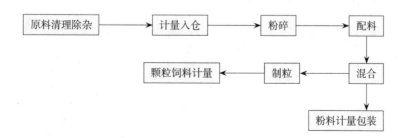

图 4-4　全价配合饲料生产工艺流程（先粉碎后配合）

此工艺的优点：可按需要对不同原料粉碎成不同的粒度；充分发挥粉碎机的生产效率，减少能耗和设备磨损，提高产量，降低成本；配料准确；易保证产品质量。缺点：需要较多的配料仓；生产工艺较复杂；设备投资大。

2. 先配合后粉碎工艺　先将各种需要粉碎的原料，包括谷物籽实类饲料和饼粕类饲料等，按配方要求比例计量，稍加混合后一起粉碎；然后在粉碎后的混合料中按配方比例加入其他不需要粉碎的原料；再经混合机充分混合均匀，成为粉状全价配合饲料。也可以进一步压制成颗粒饲料。这种工艺较适合于原料品种多、投资小的小型饲料厂或颗粒饲料生产车间。其生产工艺流程见图4-5。

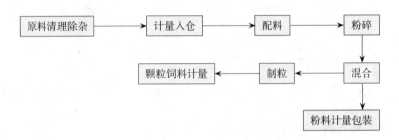

图 4-5　全价配合饲料生产工艺流程（先配合后粉碎）

此工艺的优点是：原料仓即是配料仓，节省了贮料仓的数量；工艺连续性好；工艺流程较简单。缺点是：粗细粉料不易搭配；易造成某些原料（主要是粉碎的饲料原料）粉碎过度现象；粒度、容重不同的物料，容易发生分级，配料误差大。产品质量不易保证。

知识 3　预混合饲料生产工艺

预混合饲料生产所需的原料，如维生素添加剂、微量元素添加剂、药物添加剂等一般都在添加剂生产厂进行过预处理，所以预混合饲料生产厂一般不需要预处理而直接使用。载体的预处理一般是在预混合饲料生产厂进行。

1. 载体预处理　作载体的原料一般含水量较高，粒度也不规范，故应将其处理后使用。处理方法是将载体干燥，使水分降至8%以下，然后粉碎。载体的粒度为0.216~0.61较理想，与被承载的物料粒度比为3~6：1。

2. 预混合饲料生产工艺　预混合饲料生产工艺流程见图4-6。

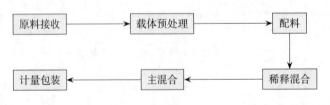

图 4-6　预混合饲料生产工艺流程

预混合饲料原料种类多，用量差异大。因此，为了提高配料精度，一般采用分组配料，即大料用大秤，小料用小秤。对于微量组分，先按一定配比稀释混合后再混入主配料。混合时，配比量小的原料先用小混合机进行稀释预混合，然后加入大混合机进行主混合。混合机的进料顺序为：先加载体、油脂，混合均匀后再加微量组分进行充分混合。混合时间根据产品类型、混合机机型、配料比确定，一般可先在生产过程中测出各种料型的最佳混合时间，然后按最佳混合时间进行生产，以避免过度混合。混合后的成品直接进入成品仓，计量打包封口，应尽量减少输送、提升次数，不要散装贮存。

知识 4　简单的加工设备加工饲料的技术

目前，很多养殖户自己加工饲料。为了减少设备投入，大多采用人工配料，人工混合的方法。为了确保配料的质量，应采用以下方法：

1. 各种原料的称量必须准确，并制作配料批次表，防止漏加或多加原料。

2. 混合均匀。先称取配比较大的原料，依次称取配比较小的原料放在配比较大的原料上。用量很小的原料首先进行预稀释，稀释后再倒入大堆原料上。人工混合时采用"倒堆"的方法，从不同的方位至少"倒堆"6次。采用这种方法混合，其混合的均匀度比较高。

知识 5　配合饲料的质量标准

配合饲料质量指标主要包括感官指标、水分指标、加工质量指标、营养指标和卫生指标等。感官指标主要指配合饲料的色泽、气味、滋味和手感等，通过这些指标可对某些原料或配合饲料产品进行初步的质量鉴定；水分指标是指饲料中水分含量，水分含量过高会降低配合饲料营养成分的浓度，也会引起饲料霉变，配合饲料中水分含量的一般要求是，北方不超过14%，南方不超过12.5%；加工质量指标是指为了确保饲料加工质量而要求加工饲料过程中必须达到的指标，主要有配合饲料的粉碎粒度、混合均匀度、杂质含量及颗粒料的硬度、粉化度、糊化度等；营养指标是配合饲料质量最主要的指标，包括各种营养成分的含量；卫生指标是指饲料中有毒有害物质及微生物等。

为了逐步实现配合饲料质量管理标准化，我国先后颁布了一系列国家强制执行标准或推荐执行标准。强制执行标准有饲料标签标准、饲料卫生标准、饲料检验化验方法标准等。推荐执行标准有饲料名词术语标准、饲料产品标准、饲料原料标准、饲料添加剂质量标准等。为了确保配合饲料质量标准的实施，国家还颁布了饲料法规，除了包括饲料质量标准的内容外，还规定了违法行为的惩处及监测机关和评定、检验人员的资格。

知识 6　配合饲料质量检测的基本内容

配合饲料质量检测是企业实施全面质量管理的重要环节，是保证配合饲料产品质量的必备手段。配合饲料质量检测的基本内容有：

1. **原料检测化验**　主要判断原料的真伪，测定其有效成分的含量，判定原料质量是否合格，或作为饲料配方设计的依据。

2. **加工质量检测化验**　主要测定原料的粉碎粒度，配合饲料混合均匀度、颗粒饲料的硬度和粉化率等。

3. 配合饲料产品质量检测化验　主要对配合饲料产品的感官性状、水分含量，有效成分含量等进行检测化验。

知识 7　配合饲料质量检测的方法

1. 感官鉴定　通过感官来鉴别原料和饲料产品的形状、色泽、味道、结块、异物等，以判断原料及产品的质量和加工工艺是否正确。好的原料和产品应该色泽一致，无发霉变质、结块和异味。感官鉴定法使用普遍，在原料检测上用得较多，但要求质量检测人员具有一定的素质和经验，否则容易出错。

2. 物理性检测　通过物理方法对饲料的容重、粒度、混合均匀度、颗粒饲料的硬度、粉化率等进行检测，以判定饲料是否掺假，含水量是否正常，产品加工质量是否达到要求。此外，为进一步确定饲料原料或产品中物质组成提供帮助。

3. 化学定性鉴定　利用饲料原料或产品的某些特性，通过化学试剂与其发生特定的反应，来鉴别饲料原料或产品的质量及真伪的方法。

4. 显微镜检测　就是用显微镜对饲料的外部色泽和形态，以及内部结构特征进行观察，并通过与正常样品进行比较判定饲料原料或产品的质量是否符合标准。这种方法具有快速、分辨率高等优点，并能检测出用化学方法不易检测出的项目，如某些掺杂物。

5. 化学分析法　用来检测饲料原料及产品中水分及其有效成分含量的定量分析法。可测定饲料原料及产品中真实成分含量。

将上述方法结合起来运用，基本上能保证对饲料原料或产品进行综合评定，准确判定其质量的优劣。

◀ **走进生产**　熟悉配合饲料加工工艺，严控加工质量，采用先进的检测技术，对原料、加工质量及配合饲料产品进行检测化验，才能生产出高质量的配合饲料产品。

边学边练

1. 填空
根据营养成分可将配合饲料分为＿＿＿＿＿、＿＿＿＿＿、＿＿＿＿＿和＿＿＿＿＿4类。

2. 简答
（1）配合饲料有哪些优点？
（2）配合饲料的生产工艺有哪几种？各有何特点？
（3）配合饲料质量检测的内容和方法有哪些？

课题五　饲养试验

问题探究

1. 饲养试验在畜牧生产中有何作用？

2. 如何设计动物的饲养试验方案？

知识 1　饲养试验的概念

饲养试验就是在饲养管理和环境条件接近生产实际情况下，选择一定数量的动物进行分组（试验组和对照组），测定供饲因素对动物的影响，从而得出科学的结论的一种研究方法。通过给动物饲喂已知营养成分的饲粮，或实施某一饲养技术，经过一段时间饲养后，比较各组动物的生产性能，以探讨与动物饲养有关的因子的作用。

知识 2　饲养试验的设计原则

1. 要有明确的试验目的和设计方案　饲养试验的目的要根据生产要求提出，试验应有实际意义，解决生产中亟待解决的问题，目的要明确，项目要切合实际，并且要有详细而正确的设计方案，使试验能够顺利地进行并得出科学的结论。饲养试验设计一般包括以下内容：

（1）研究题目。应一目了然，符合科技论文数字要求。

（2）前言。围绕试验题目的研究内容，根据国内外相关内容的研究结果、存在的问题、有待进一步研究的内容等作简要的综述，避免重复别人的研究，阐明本次试验的目的和意义。

（3）研究方法。包括试验设计方案，饲粮的组成及营养水平；试验动物的品种、体重及分组；试验圈舍条件及饲养管理方案；试验期的划分；试验数据的统计分析方法等。

2. 试畜要一致（对称原则）　要避免品种、年龄、性别、胎次、体重、生理状态、健康状况和其他方面的差异，应使这些条件尽量相同或相近。必要时可采用搭配的方式进行调整。另外，各组试畜不能太少，一般每组至少 3 头，猪、鸡可适当多些（10 头和 30 羽）。因为各个体生长快慢不一，这样可计其平均数，相对地排除个体间差异及偶然事故的干扰。新购试畜应有 2～4 周的观察、适应过程。

试验动物应能代表总体（群体）水平，试验条件尽量结合动物生产实际，同时还应考虑小试验扩大后可能出现的问题，能反映将来推广试验结果所在地区的自然条件、饲料状况和管理水平等，以便在具体条件下应用。既要代表目前条件，同时还要看到某些技术将被采用的可能性。降低误差的办法有增加重复、随机化、配对比较、区组设计等，可提高试验的精确性。

3. 要有对照比较　组间与前后期之间应相互对比，并有对比条件，方可取得试验与比较的资料，才有依据说明试验结果的好坏程度。

4. 试验期的长短以达到试验目的为准　试验期的长短决定于饲养效果的体现。试验阶段分预试期、正试期。

（1）预试期。试验开始前，要准备好供试个体及圈舍、料、水等设施及消毒工作，对选出的试验动物进行驱虫、免疫、称重和个体编号等项工作后，按试验设计要求进行分组。

正式试验开始前，应有 7～10d 的预试期。在此期间，各组都喂基础日粮。目的是使试验动物适应试验期的条件，淘汰不良个体，并对出现的显著组间差异进行调整。预试期开始和结束时应称测动物体重。

（2）正试期。预试期结束即为正式试验的开始，预试期结束时的体重就是正试期开始的体重。正式试验一开始，就要按设计要求，严格进行试验，不能再变更组别、饲料、饲养方法等。试验期的长短依试验目的而定，必须事先明确，以与供试动物的有关测定指标（日增重、饲料转化率等）能充分体现为原则。

在试验期间动物可能会有发病。如果动物疾病不是因饲粮引起，那就必须采取下列步骤进行处理。①治疗生病的动物。②若治疗 2d 仍无效果，须将生病的动物从试验组中淘汰。③记录生病动物的体重，在试验结束时将数值加入到处理组的总重中。④记录淘汰生病动物时处理组所采食的饲粮量，剩下来的动物所采食的饲粮量必须做出相应调整。

5. 作好有关资料的记录和处理　试验前，准备好试验期间所使用的各种记录表格，并准确填写有关数据。在试验开始和结束时应准确记录称重、饲料消耗等数据。称重时，所有试验动物应在早晨同一时间称空腹重，取其平均值。试验结束后，用生物统计的方法对原始数据进行统计处理，得出科学结论。

知识3　饲养试验的方法

有分组试验法、分期试验法、交叉试验法和屠宰试验法等。其中，分组试验法是最常用的一种方法。其设计方案见下表 4-17。

表 4-17　分组试验设计

试验组	预试期	正试期
对照组	基础日粮	基础日粮
试验组 1	基础日粮	基础日粮＋试验因子 A
试验组 2	基础日粮	基础日粮＋试验因子 B

在营养研究中，如需考察某一营养因素或非营养因素对动物是否有影响，就可采用分组试验。分组试验是最简单和最常用的饲养试验方法，其特点如下：

1. 供试动物选择的条件要求相同或相似。

2. 根据试验目的，随机分成两组或更多的组；用一组作为对照组，以供与各试验组比较而显示试验的效果。

3. 所得的试验数据通常是以增重、产品率、饲料转化率、经济效益等为指标。

4. 由于试验组与对照组是处在同一条件下进行饲养试验，可不考虑环境因素对每一个体的影响。当然，个体间的差异，因供试个体数量充足，可忽略不计。

5. 所取得的结果具有较高的置信度。

试验结束后，需对试验数据进行统计分析，对试验结果进行科学的分析和讨论，根据动物的生产性能和饲养的经济效益得出正确的结论，写出规范的试验报告。

试验报告的内容包括：题目、摘要、前言（引言）、材料与方法、试验结果、分析与讨论、小结或结论、参考文献等。

知识4   饲养试验实例分析

复合抗应激产品"康华安"对仔猪生产性能的影响

霍启光（中国农业科学院饲料研究所）

摘要   试验研究了不同水平"康华安"对仔猪生产性能的影响。选择28日龄、血缘与体重都接近、公母各半断奶仔猪96头，随机分成3个处理组，每个处理组4个重复组，每个重复组8头试猪。试验组在基础日粮基础上分别添加"康华安"50、100mg/kg。结果表明，饲料中添加50～100mg/kg的"康华安"，能明显提高仔猪日增重和采食量，降低饲料消耗比和腹泻率。其中，添加100mg/kg组与添加50mg/kg组在日增重和采食量方面差异显著（$P<0.05$）。

随着养殖业集约化生产的发展，为了最大限度地提高动物生产水平、增加经济效益，其所采用的生产工艺和技术措施，甚至动物品种本身所特具的高生产能力在内，往往会背离动物进化过程适应了的环境条件和动物的正常生理机能，从而导致生长发育缓慢，生产性能、免疫力、产品品质的下降，严重时引起死亡。养猪生产过程中的分群、断奶、驱赶、捕捉、去势、断尾、运输；兽医防治中的采血、检疫、预防、接种、消毒；饲养中的日粮类型、营养水平、给水、给料方法的突然变化等都是应激源。为此，本试验在28日龄仔猪日粮中添加不同水平的复合抗应激产品"康华安"，以探讨"康华安"对减少仔猪应激，改善仔猪生产性能的效果，为指导养猪生产提供科学的依据。

1. 材料与方法

（1）试验材料。北京康华远景科技有限公司生产的复合抗应激剂产品——"康华安"。

（2）试验时间。2002年7月10日至2002年8月6日。

（3）试验动物与处理。选用28日龄、血缘与体重都接近、公母各半断奶仔猪96头，随机分成3个处理组（分别为对照组、试验1组、试验2组），每个处理组4个重复组，每个重复组8头试猪。

（4）试验日粮。上述3个处理组的试猪给饲同一基础日粮，其配方为：玉米58.07％、麦麸2％、豆粕27％、鱼粉4％、豆油2％、乳清粉3％、石粉1.1％、磷酸氢钙1.2％、食盐0.3％、L-赖氨酸盐酸盐0.22％、蛋氨酸0.11％、维生素-微量元素预混料1％。营养水平为：消化能13.4MJ、粗蛋白质20％、赖氨酸1.2％、钙0.95％、总磷0.66％。对照组、试验1组、试验2组分别添加"康华安"0、50、100mg/kg，试验期为4周。

（5）测试指标与方法。

①分别于试验开始和试验结束日的清晨，对所有试验猪空腹个体称重并结料，计算每组的平均日增重（ADG）、平均日采食量（ADFI）及增重的饲料消耗比（F/G）。

②从试验开始到结束，每天观察并记录猪群的健康状况，记录腹泻个体与持续时间，最后以重复组为单位统计腹泻头次。

2. 结果与分析

（1）"康华安"对仔猪生产性能的影响，见表 4-18。

表 4-18　"康华安"对仔猪生产性能的影响

处理	康华安（mg/kg）		
	对照组（0）	试验 1 组（50）	试验 2 组（100）
始重（kg）	7.652±0.052	7.650±0.051	7.650±0.051
末重（kg）	15.129±0.43^c	15.655±0.58^b	15.812±0.30^a
日增重（g）	267.04±30.78^c	285.89±12.15^b	291.50±11.80^a
日采食量（g）	506.04±68.12^c	523.69±40.65^b	530.84±57.86^a
饲料消耗比	1.89±0.11^b	1.83±0.08^a	1.82±0.06^a
腹泻（头次）	8	4	2

注：同一横行内，不同字母之间表示差异显著（$P < 0.05$），未予标明或字母相同者表示差异不显著（$P > 0.05$）。

（2）日增重。由表 4-18 可见，各试验组与对照组之间的日增重差异显著，其中添加 50mg/kg 组日增重比对照组提高 7.06%，添加 100mg/kg 组日增重比对照组提高 9.16%，不同添加量间差异显著。

（3）日采食量。由表 4-18 可见，各试验组与对照组之间的日采食量差异显著，其中添加 50mg/kg 组日采食量比对照组提高 3.49%，添加 100mg/kg 组日采食量比对照组提高 4.90%，不同添加量间差异显著。

（4）饲料消耗比。由表 4-18 可见，各试验组与对照组之间的饲料消耗比差异显著，其中添加 50mg/kg 组饲料消耗比比对照组降低 3.17%，添加 100mg/kg 组饲料消耗比比对照组降低 3.70%，不同添加量间差异不显著。

（5）腹泻率。由表 4-18 可见，添加"康华安"能明显降低仔猪的腹泻发生率，随着添加量的提高，仔猪腹泻率有进一步降低的趋势。

（6）行为学观察。在试验全期过程中，添加"康华安"的两组仔猪明显比不加"康华安"组采食行为强，嗜睡；添加"康华安"的两组皮毛色泽比不加"康华安"组好；其中，添加 100mg/kg 组比添加 50mg/kg 组仔猪更安静，采食后入睡更快。

3. 小结　饲料中添加 50～100mg/kg 的"康华安"，能明显提高仔猪日增重和采食量，降低饲料消耗比和腹泻率。其中，添加 100mg/kg 组与添加 50mg/kg 组在日增重和采食量方面差异显著（$P < 0.05$）。

▨ **小资料**：饲养效果检查的内容

饲养效果是多种饲养因素在饲养过程的集中体现。它能够综合地、客观地反映日粮是否完善，饲养技术及其他管理措施是否合理。饲养效果检查的目的，就是通过对动物食欲、健康状况、繁殖性能、生产性能等方面的检查，发现不足和存在的问题，及时采取措施加以纠正修改，不断提高配合日粮质量、饲养技术及动物的生产性能。饲养效果检查的内容包括：

1. 食欲及健康状况　动物食欲的高低，即是其健康状态的标志，也在一定程度上反映了饲粮的综合质量。由于不正常的饲养而引起动物食欲不良或异嗜，反映了动物机体存在早期的代谢紊乱。如出现多数动物拒食或有大量剩料的现象，则多因饲料品质存在酸败、异味、霉烂变质等情况。日粮中长期缺乏某些养分，会导致动物患异嗜癖，如蛋鸡啄食蛋壳，往往是因日粮缺钙所致；肉鸡、肉鸭啄羽，通常是日粮缺乏含硫氨基酸、维生素所引起；仔猪舔食泥土，则可能与日粮缺钙、磷、铁等有关。

健康状态良好的动物，活动、采食正常；眼明有神，警觉性高，并对周围的异常变化反应敏锐；生长发育正常，群体整齐度好，生产水平达到本品种要求。营养状况良好，则被毛光亮而平滑，抗病力强。如有不良现象，则应查明原因，根据情况采取相应的措施对试验方案的内容进行调整，如日粮营养水平，加强饲养管理等。

2. 繁殖性能　种公畜的性欲、精液品质指标，以及母畜的发情、排卵、受胎、妊娠、产仔数、初生重、泌乳量等，均与饲养是否合理有关。如早春时节，补饲母畜蛋白质及维生素丰富的优质青绿饲料，可促进排卵，也可提高种公畜的精液品质。

3. 生产性能

（1）畜产品的数量。乳用动物的日产奶量，蛋禽的日产蛋量都反映了饲养效果。

（2）畜产品的质量。饲养因素可直接影响肉、脂肪、蛋、毛等畜产品的质量。如猪在屠宰前，日粮中鱼粉占有一定比例，则宰后商品肉会带有鱼腥味。产蛋鸡日粮中钙、磷缺乏或比例不当，维生素不足，均可导致产软蛋或蛋壳易破，造成经济损失。由此使畜产品商品等级和市场竞争力下降，损失更为严重。

（3）体重。无论处于任何生长发育阶段的动物，体重正常与否，都是评定饲养是否合理的重要标志。种用动物最忌过肥，过肥将导致繁殖性能降低。但过瘦也不符合种用要求。

（4）饲料转化率。饲料转化率即生产单位重量的动物产品或单位增重所需要的饲料量。它是衡量养殖业生产水平和经济效益的一个重要指标。当饲养水平低下或日粮营养组成不平衡时，都会增加单位重量产品耗料量。

（5）经济效益分析。经济效益是养殖业的全部产出与全部投入之差，是饲养效果的集中表现。饲养过程中经常性的效益分析与评估十分必要，如各类动物饲养后期（出栏或淘汰），应特别重视每天的实际经济效益。否则，往往会出现低效益甚至负效益饲养。

因此，在动物饲养过程中，应经常深入生产现场，观察动物行为表现、采食及粪便状况等。同时，要有畜产品产量、饲料消耗、生长发育、繁殖情况等各项生产记录，并及时分析记录，作为饲养效果检查的依据。经常分析饲养条件是否存在问题，以提高动物生产性能，取得最大的经济效益。

◀ **走进生产**　饲养试验是动物营养研究中最常用的一种试验方法。试验在接近生产条件的情况下进行，其测定结果包括动物的生产性能指标、饲粮的营养价值，在畜牧生产实践中应用广泛。饲养试验可用于评定某种饲粮的营养价值，为设计和优化饲粮配方提供科学依据；探讨新型饲料原料、饲料添加剂的使用效果和一定条件下的适宜用量；比较各种饲养方式、技术措施、管理因素和环境条件下动物的生产性能；比较测定不同动物品种或品系的生产性能。

边学边练

1. 解释　饲养试验

2. 填空

（1）饲养试验设计中应遵循 _____、_____、_____、_____、

_____的原则。

（2）饲养效果检查的内容包括_____、_____和_____。

3. 简答

（1）饲养试验的作用是什么？

（2）饲养试验有哪些基本要求？

（3）通过独立调查一规模化动物养殖场或养殖专业户，写出一份饲养效果的调查报告。

单元实训 4　饲养试验方案设计

1. 试验场的选择　猪场、奶牛场、鸡场、鸭场等。

2. 方案设计的内容

（1）选题（立题）深入动物养殖场，如猪场、奶牛场、鸡场、鸭场等，进行广泛地调查研究，发现动物饲养实践中存在的问题，以确定切合实际的饲养试验研究的课题或内容。

（2）饲养试验方案设计。

①确定饲养试验的题目。

②选题的背景、依据和试验目的。查阅相关资料，了解国内外在相关试验研究方面的最新进展。本试验预期的结果，可能产生的经济效益、社会效益及推广应用前景。

③试验的具体方案与步骤：试验地点（试验场）的确定；试验动物品种和数量的确定；圈舍、水等设施及消毒工作的准备；试验饲粮配方的设计和配制；试验记录表格的设计；试验动物的驱虫、免疫、称重和个体编号等项工作完成后，按试验设计要求分组；饲养管理方法的确定；试验期的确定和试验数据的获得方法；数据的统计与处理方法；预期的试验结果及试验报告的撰写。

边学边练

请选择一个标准化父母代种猪场，选用21日龄断奶仔猪，根据分组试验设计方法，设计一个在基础日粮中添加酸化剂分别为0、1、2、3kg/t对仔猪生产性能影响的饲养试验方案。

单元实训 5　参观配合饲料加工厂

1. 目的要求　通过参观配合饲料厂，初步了解配合饲料的原料组成、配合饲料的种类、配合饲料生产工艺、配合饲料质量管理措施及经营策略。

2. 参观方法与内容

（1）请饲料厂有关负责人介绍建厂简况、生产规模、生产任务、设备及饲料的生产工艺等。并通过座谈了解产品质量管理、生产管理和销售管理的措施及经营策略。

（2）参观内容。

①厂区，了解厂区布局及面积。

②饲料仓库，熟悉配合饲料原料种类及原料堆放原则与要求。

③生产车间，熟悉配合饲料生产工艺及生产过程中产品质量控制措施。

④饲料质量检测实验室，熟悉实验室的布局、各类饲料原料和产品的检测项目及检测方法。

边学边练

分小组以书面形式就上述参观内容写出实训报告。

附 录

附录一　动物的饲养标准

一、猪饲养标准（NY/T 65—2004）

附表 1-1　瘦肉型生长肥育猪每千克饲粮养分含量（自由采食，88%干物质）[a]

体重 BW，kg	3～8	8～20	20～35	35～60	60～90
平均体重 Average BW，kg	5.5	14.0	27.5	47.5	75.0
日增重 ADG，kg/d	0.24	0.44	0.61	0.69	0.80
采食量 ADFI，kg/d	0.30	0.74	1.43	1.90	2.50
饲料/增重 F/G	1.25	1.59	2.34	2.75	3.13
饲粮消化能含量 DE，MJ/kg（kcal/kg)	14.02（3 350)	13.60（3 250)	13.39（3 200)	13.39（3 200)	13.39（3 200)
饲粮代谢能含量 ME，MJ/kg（kcal/kg)[b]	13.46（3 215)	13.06（3 120)	12.86（3 070)	12.86（3 070)	12.86（3 070)
粗蛋白质 CP,%	21.0	19.0	17.8	16.4	14.5
能量蛋白比 DE/CP,kJ/%(kcal/%)	668（160)	716（170)	752（180)	817（195)	923（220)
赖氨酸能量比 Lys/ DE, g/ MJ（g/ Mcal)	1.01（4.24)	0.85（3.56)	0.68（2.83)	0.61（2.56)	0.53（2.19)
氨基酸 amino acids[c],%					
赖氨酸 Lys	1.42	1.16	0.90	0.82	0.70
蛋氨酸 Met	0.40	0.30	0.24	0.22	0.19
蛋氨酸＋胱氨酸 Met ＋Cys	0.81	0.66	0.51	0.48	0.40
苏氨酸 Thr	0.94	0.75	0.58	0.56	0.48
色氨酸 Trp	0.27	0.21	0.16	0.15	0.13
异亮氨酸 Ile	0.79	0.64	0.48	0.46	0.39
亮氨酸 Leu	1.42	1.13	0.85	0.78	0.63
精氨酸 Arg	0.56	0.46	0.35	0.30	0.21
缬氨酸 Val	0.98	0.80	0.61	0.57	0.47
组氨酸 His	0.45	0.36	0.28	0.26	0.21
苯丙氨酸 Phe	0.85	0.69	0.52	0.48	0.40
苯丙氨酸＋酪氨酸 Phe＋Tyr	1.33	1.07	0.82	0.77	0.64
矿物元素 minerals[d],%或每千克饲粮含量					
钙 Ca,%	0.88	0.74	0.62	0.55	0.49
总磷 Total P,%	0.74	0.58	0.53	0.48	0.43
非植酸磷 Nonphytate P,%	0.54	0.36	0.25	0.20	0.17
钠 Na,%	0.25	0.15	0.12	0.10	0.10

（续）

体重 BW, kg	3～8	8～20	20～35	35～60	60～90
氯 Cl,%	0.25	0.15	0.10	0.09	0.08
镁 Mg,%	0.04	0.04	0.04	0.04	0.04
钾 K,%	0.30	0.26	0.24	0.21	0.18
铜 Cu，mg	6.00	6.00	4.50	4.00	3.50
碘 I，mg	0.14	0.14	0.14	0.14	0.14
铁 Fe，mg	105	105	70	60	50
锰 Mn，mg	4.00	4.00	3.00	2.00	2.00
硒 Se，mg	0.30	0.30	0.25	0.25	0.25
锌 Zn，mg	110	110	70	60	50
维生素和脂肪酸 vitamins and fatty acid[e],%或每千克饲粮含量					
维生素 A Vitamin A, IU[f]	2 200	1 800	1 500	1 400	1 300
维生素 D_3 Vitamin D_3，IU[g]	220	200	170	160	150
维生素 E Vitamin E，IU[h]	16	11	11	11	11
维生素 K Vitamin K，mg	0.50	0.50	0.50	0.50	0.50
硫胺素 Thiamin, mg	1.50	1.00	1.00	1.00	1.00
核黄素 Riboflavin, mg	4.00	3.50	2.50	2.00	2.00
泛酸 Pantothenic acid, mg	12.00	10.00	8.00	7.50	7.00
烟酸 Niacin, mg	20.00	15.00	10.00	8.50	7.50
吡哆醇 Pyridoxine, mg	2.00	1.50	1.00	1.00	1.00
生物素 Biotin, mg	0.08	0.05	0.05	0.05	0.05
叶酸 Folic acid, mg	0.30	0.30	0.30	0.30	0.30
维生素 B_{12} Vitamin B_{12}，μg	20.00	17.50	11.00	8.00	6.00
胆碱 Choline, g	0.60	0.50	0.35	0.30	0.30
亚油酸 Linoleic acid,%	0.10	0.10	0.10	0.10	0.10

a　瘦肉率高于56%的公母混养猪群（阉公猪和青年母猪各一半）。

b　假定代谢能为消化能的96%。

c　3～20kg猪的赖氨酸百分比是根据试验和经验数据的估测值，其他氨基酸需要量是根据其与赖氨酸的比例（理想蛋白质）的估测值；20kg～90kg猪的赖氨酸需要量是结合生长模型、试验数据和经验数据的估测值，其他氨基酸需要量是根据其与赖氨酸的比例（理想蛋白质）的估测值。

d　矿物质需要量包括饲料原料中提供的矿物质量；对于发育公猪和后备母猪，钙、总磷和有效磷的需要量应提高0.05～0.1个百分点。

e　维生素需要量包括饲料原料中提供的维生素量。

f　1IU 维生素 A＝0.344μg 维生素 A 醋酸酯。

g　1IU 维生素 D_3＝0.025μg 胆钙化醇。

h　1IU 维生素 E＝0.67 mg D-α-生育酚或 1mg DL-α-生育酚醋酸酯。

附表 1-2　瘦肉型生长肥育猪每日每头养分需要量（自由采食，88%干物质）[a]

体重 BW, kg	3～8	8～20	20～35	35～60	60～90
平均体重 Average BW, kg	5.5	14.0	27.5	47.5	75.0
日增重 ADG, kg/d	0.24	0.44	0.61	0.69	0.80
采食量 ADFI, kg/d	0.30	0.74	1.43	1.90	2.50
饲料/增重 F/G	1.25	1.59	2.34	2.75	3.13
饲粮消化能摄入量 DE, MJ/d (Mcal/d)	4.21 (1 005)	10.06 (2 405)	19.15 (4 575)	25.44 (6 080)	33.48 (8 000)
饲粮代谢能摄入量 ME, MJ/d (Mcal/d)[b]	4.04 (965)	9.66 (2 310)	18.39 (4 390)	24.43 (5 835)	32.15 (7 675)
粗蛋白质 CP, g/d	63	141	255	312	363
氨基酸 amino acids[c], g/d					
赖氨酸 Lys	4.3	8.6	12.9	15.6	17.5
蛋氨酸 Met	1.2	2.2	3.4	4.2	4.8
蛋氨酸＋胱氨酸 Met＋Cys	2.4	4.9	7.3	9.1	10.0
苏氨酸 Thr	2.8	5.6	8.3	10.6	12.0

（续）

体重 BW, kg	3～8	8～20	20～35	35～60	60～90
色氨酸 Trp	0.8	1.6	2.3	2.9	3.3
异亮氨酸 Ile	2.4	4.7	6.7	8.7	9.8
亮氨酸 Leu	4.3	8.4	12.2	14.8	15.8
精氨酸 Arg	1.7	3.4	5.0	5.7	5.5
缬氨酸 Val	2.9	5.9	8.7	10.8	11.8
组氨酸 His	1.4	2.7	4.0	4.9	5.5
苯丙氨酸 Phe	2.6	5.1	7.4	9.1	10.0
苯丙氨酸＋酪氨酸 Phe＋Tyr	4.0	7.9	11.7	14.6	16.0
矿物元素 minerals[d]					
钙 Ca, g/d	2.64	5.48	8.87	10.45	12.25
总磷 Total P, g/d	2.22	4.29	7.58	9.12	10.75
非植酸磷 Nonphytate P, g/d	1.62	2.66	3.58	3.80	4.25
钠 Na, g/d	0.75	1.11	1.72	1.90	2.50
氯 Cl, g/d	0.75	1.11	1.43	1.71	2.00
镁 Mg, g/d	0.12	0.30	0.57	0.76	1.00
钾 K, g/d	0.90	1.92	3.43	3.99	4.50
铜 Cu, mg/d	1.80	4.44	6.44	7.60	8.75
碘 I, mg/d	0.04	0.10	0.20	0.27	0.35
铁 Fe, mg/d	31.50	77.70	100.10	114.00	125.00
锰 Mn, mg/d	1.20	2.96	4.29	3.80	5.00
硒 Se, mg/d	0.09	0.22	0.43	0.48	0.63
锌 Zn, mg/d	33.00	81.40	100.10	114.00	125.00
维生素和脂肪酸 vitamins and fatty acid[e]					
维生素 A Vitamin A, IU[f]/d	660	1 330	2 145	2 660	3 250
维生素 D₃ Vitamin D₃, IU[g]/d	66	148	243	304	375
维生素 E Vitamin E, IU[h]/d	5	8.5	16	21	28
维生素 K Vitamin K, mg/d	0.15	0.37	0.72	0.95	1.25
硫胺素 Thiamin, mg/d	0.45	0.74	1.43	1.90	2.50
核黄素 Riboflavin, mg/d	1.20	2.59	3.58	3.80	5.00
泛酸 Pantothenic acid, mg/d	3.60	7.40	11.44	14.25	17.5
烟酸 Niacin, mg/d	6.00	11.10	14.30	16.15	18.75
吡哆醇 Pyridoxine, mg/d	0.60	1.11	1.43	1.90	2.50
生物素 Biotin, mg/d	0.02	0.04	0.07	0.10	0.13
叶酸 Folic acid, mg/d	0.09	0.22	0.43	0.57	0.75
维生素 B₁₂ Vitamin B₁₂, μg/d	6.00	12.95	15.73	15.20	15.00
胆碱 Choline, g/d	0.18	0.37	0.50	0.57	0.75
亚油酸, g/d	0.30	0.74	1.43	1.90	2.50

a　瘦肉率高于56%的公母混养猪群（阉公猪和青年母猪各一半）。

b　假定代谢能为消化能的96%。

c　3～20kg猪的赖氨酸每日需要量是用附表1-1中的百分率乘以采食量的估测值，其他氨基酸需要量是根据其与赖氨酸的比例（理想蛋白质）的估测值；20～90kg猪的赖氨酸需要量是根据生长模型的估测值，其他氨基酸需要量是根据其与赖氨酸的比例（理想蛋白质）的估测值。

d　矿物质需要量包括饲料原料中提供的矿物质量；对于发育公猪和后备母猪，钙、总磷和有效磷的需要量应提高0.05～0.1个百分点。

e　维生素需要量包括饲料原料中提供的维生素量。

f　1IU 维生素 A＝0.344 μg 维生素 A 醋酸酯。

g　1IU 维生素 D₃＝0.025 μg 胆钙化醇。

h　1IU 维生素 E＝0.67 mg D-α-生育酚或 1mg DL-α-生育酚醋酸酯。

附表 1-3　瘦肉型妊娠母猪每千克饲粮养分含量（88%干物质）[a]

妊娠期	妊娠前期 Early pregnancy			妊娠后期 Late pregnancy		
配种体重 BW at mating, kg[b]	120～150	150～180	＞180	120～150	150～180	＞180
预期窝产仔数 Litter size	10	11	11	10	11	11

（续）

妊娠期	妊娠前期 Early pregnancy			妊娠后期 Late pregnancy		
采食量 ADFI，kg/d	2.10	2.10	2.00	2.60	2.80	3.00
饲粮消化能含量 DE，MJ/kg	12.75	12.35	12.15	12.75	12.55	12.55
（kcal/kg）	（3 050）	（2 950）	（2 950）	（3 050）	（3 000）	（3 000）
饲粮代谢能含量 ME，MJ/kg	12.25	11.85	11.65	12.25	12.05	12.05
（kcal/kg）c	（2 930）	（2 830）	（2 830）	（2 930）	（2 880）	（2 880）
粗蛋白质 CP，%d	13.0	12.0	12.0	14.0	13.0	12.0
能量蛋白比 DE/CP，kJ/%	981	1 029	1 013	911	965	1 045
（kcal/%）	（235）	（246）	（246）	（218）	（231）	（250）
赖氨酸能量比 Lys/DE，g/MJ	0.42	0.40	0.38	0.42	0.41	0.38
（g/Mcal）	（1.74）	（1.67）	（1.58）	（1.74）	（1.70）	（1.60）
氨基酸 amino acids，%						
赖氨酸 Lys	0.53	0.49	0.46	0.53	0.51	0.48
蛋氨酸 Met	0.14	0.13	0.12	0.14	0.13	0.12
蛋氨酸＋胱氨酸 Met＋Cys	0.34	0.32	0.31	0.34	0.33	0.32
苏氨酸 Thr	0.40	0.39	0.37	0.40	0.40	0.38
色氨酸 Trp	0.10	0.09	0.09	0.10	0.09	0.09
异亮氨酸 Ile	0.29	0.28	0.26	0.29	0.29	0.27
亮氨酸 Leu	0.45	0.41	0.37	0.45	0.42	0.38
精氨酸 Arg	0.06	0.02	0.00	0.06	0.02	0.00
缬氨酸 Val	0.35	0.32	0.30	0.35	0.33	0.31
组氨酸 His	0.17	0.16	0.15	0.17	0.17	0.16
苯丙氨酸 Phe	0.29	0.27	0.25	0.29	0.28	0.26
苯丙氨酸＋酪氨酸 Phe＋Tyr	0.49	0.45	0.43	0.49	0.47	0.44
矿物元素 mineralse，%或每千克饲粮含量						
钙 Ca，%	0.68					
总磷，Total P，%	0.54					
非植酸磷 Nonphytate P，%	0.32					
钠 Na，%	0.14					
氯 Cl，%	0.11					
镁 Mg，%	0.04					
钾 K，%	0.18					
铜 Cu，mg	5.0					
碘 I，mg	0.13					
铁 Fe，mg	75.0					
锰 Mn，mg	18.0					
硒 Se，mg	0.14					
锌 Zn，mg	45.0					
维生素和脂肪酸 vitamins and fatty acid，%或每千克饲粮含量f						
维生素 A Vitamin A，IUg	3 620					
维生素 D₃ Vitamin D₃，IUh	180					
维生素 E Vitamin E，IUi	40					
维生素 K Vitamin K，mg	0.50					
硫胺素 Thiamin，mg	0.90					
核黄素 Riboflavin，mg	3.40					
泛酸 Pantothenic acid，mg	11					
烟酸 Niacin，mg	9.05					
吡哆醇 Pyridoxine，mg	0.90					
生物素 Biotin，mg	0.19					
叶酸 Folic acid，mg	1.20					
维生素 B₁₂ Vitamin B₁₂，μg	14					
胆碱 Choline，g	1.15					
亚油酸 Linoleic acid，%	0.10					

a 消化能、氨基酸是根据国内试验报告、企业经验数据和 NRC（1998）妊娠模型得到的。

b 妊娠前期指妊娠前 12 周，妊娠后期指妊娠后 4 周；"120～150kg"阶段适用于初产母猪和因泌乳期消耗过度的经产母猪，"150～180kg"阶段适用于自身尚有生长潜力的经产母猪，"180kg 以上"指达到标准成年体重的经产母

（续）

　　猪，其对养分的需要量不随体重增长而变化。

　　c　假定代谢能为消化能的 96%。

　　d　以玉米—豆粕型日粮为基础确定的。

　　e　矿物质需要量包括饲料原料中提供的矿物质。

　　f　维生素需要量包括饲料原料中提供的维生素量。

　　g　1IU 维生素 A＝0.344μg 维生素 A 醋酸酯。

　　h　1IU 维生素 D_3＝0.025μg 胆钙化醇。

　　i　1IU 维生素 E＝0.67mg D-α-生育酚或 1-mg DL-α-生育酚醋酸酯。

附表 1-4　瘦肉型泌乳母猪每千克饲粮养分含量（88%干物质）[a]

分娩体重 BW post-farrowing, kg	140～180		180～240	
泌乳期体重变化，kg	0.0	−10.0	−7.5	−15
哺乳窝仔数 Litter size，头	9	9	10	10
采食量 ADFI，kg/d	5.25	4.65	5.65	5.20
饲粮消化能含量 DE，MJ/kg（kcal/kg）	13.80（3 300）	13.80（3 300）	13.80（3 300）	13.80（3 300）
饲粮代谢能含量 ME，MJ/kg[b]（kcal/kg）	13.25（3 170）	13.25（3 170）	13.25（3 170）	13.25（3 170）
粗蛋白质 CP，%[c]	17.5	18.0	18.0	18.5
能量蛋白比 DE/CP，kJ/%（Mcal/%）	789（189）	767（183）	767（183）	746（178）
赖氨酸能量比 Lys/ DE，g/ MJ（g/Mcal）	0.64（2.67）	0.67（2.82）	0.66（2.76）	0.68（2.85）
氨基酸 amino acids，%				
赖氨酸 Lys	0.88	0.93	0.91	0.94
蛋氨酸 Met	0.22	0.24	0.23	0.24
蛋氨酸＋胱氨酸 Met＋Cys	0.42	0.45	0.44	0.45
苏氨酸 Thr	0.56	0.59	0.58	0.60
色氨酸 Trp	0.16	0.17	0.17	0.18
异亮氨酸 Ile	0.49	0.52	0.51	0.53
亮氨酸 Leu	0.95	1.01	0.98	1.02
精氨酸 Arg	0.48	0.48	0.47	0.47
缬氨酸 Val	0.74	0.79	0.77	0.81
组氨酸 His	0.34	0.36	0.35	0.37
苯丙氨酸 Phe	0.47	0.50	0.48	0.50
苯丙氨酸＋酪氨酸 Phe＋Tyr	0.97	1.03	1.00	1.04
矿物元素 minerals[d]，%或每千克饲粮含量				
钙 Ca，%	0.77			
总磷 Total P，%	0.62			
有效磷 Nonphytate P，%	0.36			
钠 Na，%	0.21			
氯 Cl，%	0.16			
镁 Mg，%	0.04			
钾 K，%	0.21			
铜 Cu，mg	5.0			
碘 I，mg	0.14			
铁 Fe，mg	80.0			
锰 Mn，mg	20.5			
硒 Se，mg	0.15			
锌 Zn，mg	51.0			
维生素和脂肪酸 vitamins and fatty acid，%或每千克饲粮含量[e]				
维生素 A Vitamin A，IU[f]	2 050			
维生素 D_3 Vitamin D_3，IU[g]	205			
维生素 E Vitamin E，IU[h]	45			
维生素 K Vitamin K，mg	0.5			
硫胺素 Thiamin，mg	1.00			
核黄素 Riboflavin，mg	3.85			
泛酸 Pantothenic acid，mg	12			
烟酸 Niacin，mg	10.25			
吡哆醇 Pyridoxine，mg	1.00			
生物素 Biotin，mg	0.21			

（续）

分娩体重 BW post-farrowing, kg	140～180	180～240
叶酸 Folic acid，mg	1.35	
维生素 B₁₂ Vitamin B₁₂，μg	15.0	
胆碱 Choline，g	1.00	
亚油酸 Linolele acid，%	0.10	

ª　由于国内缺乏哺乳母猪的试验数据，消化能和氨基酸是根据国内一些企业的经验数据和 NRC（1998）的泌乳模型得到的。

ᵇ　假定代谢能为消化能的 96%。

ᶜ　以玉米—豆粕型日粮为基础确定的。

ᵈ　矿物质需要量包括饲料原料中提供的矿物质。

ᵉ　维生素需要量包括饲料原料中提供的维生素量。

ᶠ　1IU 维生素 A=0.344 μg 维生素 A 醋酸酯。

ᵍ　1IU 维生素 D₃=0.025 μg 胆钙化醇。

ʰ　1IU 维生素 E=0.67 mg D-α-生育酚或 1 mg DL-α-生育酚醋酸酯。

附表 1-5　配种公猪每千克饲粮和每日每头养分需要量（88%干物质）ª

	140～180	180～240
饲粮消化能含量 DE，MJ/kg（kcal/kg）	12.95（3 100）	12.95（3 100）
饲粮代谢能含量 ME，MJ/kgᵇ（kcal/kg）	12.45（2 975）	12.45（2 975）
消化能摄入量 DE，MJ/kg（kcal/kg）	21.70（6 820）	21.70（6 820）
代谢能摄入量 ME，MJ/kg（kcal/kg）	20.85（6 545）	20.85（6 545）
采食量 ADFI，kg/dᵈ	2.2	2.2
粗蛋白质 CP，%ᶜ	13.50	13.50
能量蛋白比 DE/CP，kJ/%（kcal/%）	959（230）	959（230）
赖氨酸能量比 Lys/DE，g/MJ（g/Mcal）	0.42（1.78）	0.42（1.78）

需要量 requirements		
	每千克饲粮中含量	每日需要量
氨基酸 amino acids		
赖氨酸 Lys	0.55 %	12.1 g
蛋氨酸 Met	0.15 %	3.31 g
蛋氨酸+胱氨酸 Met+Cys	0.38 %	8.4 g
苏氨酸 Thr	0.46 %	10.1 g
色氨酸 Trp	0.11 %	2.4 g
异亮氨酸 Ile	0.32 %	7.0 g
亮氨酸 Leu	0.47 %	10.3 g
精氨酸 Arg	0.00 %	0.0 g
缬氨酸 Val	0.36 %	7.9 g
组氨酸 His	0.17 %	3.7 g
苯丙氨酸 Phe	0.30 %	6.6 g
苯丙氨酸+酪氨酸 Phe+Tyr	0.52 %	11.4 g
矿物元素 mineralsᵉ		
钙 Ca	0.70 %	15.4 g
总磷 Total P	0.55 %	12.1 g
有效磷 Nonphytate P	0.32 %	7.04 g
钠 Na	0.14 %	3.08 g
氯 Cl	0.11 %	2.42 g
镁 Mg	0.04 %	0.88 g
钾 K	0.20 %	4.40 g
铜 Cu	5 mg	11.0 mg
碘 I	0.15 mg	0.33 mg
铁 Fe	80 mg	176.00 mg
锰 Mn	20 mg	44.00 mg
硒 Se	0.15 mg	0.33 mg
锌 Zn	75 mg	165 mg

（续）

维生素和脂肪酸 vitamins and fatty acid[f]		
维生素 A VitaminA[g]	4 000 IU	8 800 IU
维生素 D_3 Vitamin D_3 [h]	220 IU	485 IU
维生素 E Vitamin E[i]	45 IU	100 IU
维生素 K Vitamin K	0.50 mg	1.10 mg
硫胺素 Thiamin	1.0 mg	2.20 mg
核黄素 Riboflavin	3.5 mg	7.70 mg
泛酸 Pantothenic acid	12 mg	26.4 mg
烟酸 Niacin	10 mg	22 mg
吡哆醇 Pyridoxine	1.0 mg	2.20 mg
生物素 Biotin	0.20 mg	0.44 mg
叶酸 Folic acid	1.30 mg	2.86 mg
维生素 B_{12} Vitamin B_{12}	15 μg	33 μg
胆碱 Choline	1.25 g	2.75 g
亚油酸 Linoleic acid	0.1 %	2.2 g

a　需要量的制定以每日采食 2.2kg 饲粮为基础，采食量需根据公猪的体重和期望的增重进行调整。
b　假定代谢能为消化能的 96%。
c　以玉米—豆粕日粮为基础。
d　配种前一个月采食量增加 20%～25%，冬季严寒期采食量增加 10%～20%。
e　矿物质需要量包括饲料原料中提供的矿物质。
f　维生素需要量包括饲料原料中提供的维生素量。
g　1IU 维生素 A=0.344μg 维生素 A 醋酸酯。
h　1IU 维生素 D_3=0.025μg 胆钙化醇。
i　1IU 维生素 E=0.67mg D-α-生育酚或 1mg DL-α-生育酚醋酸酯。

二、鸡饲养标准（NY/T 33—2004）

附表 1-6　生长蛋鸡营养需要

营养指标 Nutrient	单位 Unit	0 周龄～8 周龄 0wks～8wks	9 周龄～18 周龄 9wks～18wks	19 周龄～开产 19wks～onset of lay
代谢能 ME	MJ/kg（Mcal/kg）	11.91（2.85）	11.70（2.80）	11.50（2.75）
粗蛋白质 CP	%	19.0	15.5	17.0
蛋白能量比 CP/ME	g/MJ（g/Mcal）	15.95（66.67）	13.25（55.30）	14.78（61.82）
赖氨酸能量比 Lys/ME	g/MJ（g/Mcal）	0.84（3.51）	0.58（2.43）	0.61（2.55）
赖氨酸 Lys	%	1.00	0.68	0.70
蛋氨酸 Met	%	0.37	0.27	0.34
蛋氨酸+胱氨酸 Met+Cys	%	0.74	0.55	0.64
苏氨酸 Thr	%	0.66	0.55	0.62
色氨酸 Trp	%	0.20	0.18	0.19
精氨酸 Arg	%	1.18	0.98	1.02
亮氨酸 Leu	%	1.27	1.01	1.07
异亮氨酸 Ile	%	0.71	0.59	0.60
苯丙氨酸 Phe	%	0.64	0.53	0.54
苯丙氨酸+酪氨酸 Phe+Tyr	%	1.18	0.98	1.00
组氨酸 His	%	0.31	0.26	0.27
脯氨酸 Pro	%	0.50	0.34	0.44
缬氨酸 Val	%	0.73	0.68	0.62
甘氨酸+丝氨酸 Gly+Ser	%	0.82	0.68	0.71
钙 Ca	%	0.90	0.80	2.00
总磷 Total P	%	0.70	0.60	0.55

（续）

营养指标 Nutrient	单位 Unit	0周龄～8周龄 0wks～8wks	9周龄～18周龄 9wks～18wks	19周龄～开产 19wks～onset of lay
非植酸磷 Nonphytate P	%	0.40	0.35	0.32
钠 Na	%	0.15	0.15	0.15
氯 Cl	%	0.15	0.15	0.15
铁 Fe	mg/kg	80	60	60
铜 Cu	mg/kg	8	6	8
锌 Zn	mg/kg	60	40	80
锰 Mn	mg/kg	60	40	60
碘 I	mg/kg	0.35	0.35	0.35
硒 Se	mg/kg	0.30	0.30	0.30
亚油酸 Linoleic Acid	%	1	1	1
维生素 A Vitamin A	IU/kg	4 000	4 000	4 000
维生素 D Vitamin D	IU/kg	800	800	800
维生素 E Vitamin E	IU/kg	10	8	8
维生素 K Vitamin K	mg/kg	0.5	0.5	0.5
硫胺素 Thiamin	mg/kg	1.8	1.3	1.3
核黄素 Riboflavin	mg/kg	3.6	1.8	2.2
泛酸 Pantothenic Acid	mg/kg	10	10	10
烟酸 Niacin	mg/kg	30	11	11
吡哆醇 Pyridoxine	mg/kg	3	3	3
生物素 Biotin	mg/kg	0.15	0.10	0.10
叶酸 Folic Acid	mg/kg	0.55	0.25	0.25
维生素 B_{12} Vitamin B_{12}	mg/kg	0.010	0.003	0.004
胆碱 Choline	mg/kg	1 300	900	500

注：根据中型体重鸡制订，轻型鸡可酌减10%；开产日龄按5%产蛋率计算。

Based on middle-weight layers but reduced 10% for light-weight. The day of 5% egg production is the onset lay age.

附表1-7　产蛋鸡营养需要

营养指标 Nutrient	单位 Unit	开产至高峰期（>85%） Onset of lay～over 85% rate of lay	高峰后（<85%） Rate of lay<85%	种鸡 Breeder
代谢能 ME	MJ/kg（Mcal/kg）	11.29 (2.70)	10.87 (2.65)	11.29 (2.70)
粗蛋白质 CP	%	16.5	15.5	18.0
蛋白能量比 CP/ME	g/MJ（g/Mcal）	14.61 (61.11)	14.26 (58.49)	15.94 (66.67)
赖氨酸能量比 Lys/ME	g/MJ（g/Mcal）	0.64 (2.67)	0.61 (2.54)	0.63 (2.63)
赖氨酸 Lys	%	0.75	0.70	0.75
蛋氨酸 Met	%	0.34	0.32	0.34
蛋氨酸+胱氨酸 Met+Cys	%	0.65	0.56	0.65
苏氨酸 Thr	%	0.55	0.50	0.55
色氨酸 Trp	%	0.16	0.15	0.16
精氨酸 Arg	%	0.76	0.69	0.76
亮氨酸 Leu	%	1.02	0.98	1.02
异亮氨酸 Ile	%	0.72	0.66	0.72
苯丙氨酸 Phe	%	0.58	0.52	0.58
苯丙氨酸+酪氨酸 Phe+Tyr	%	1.08	1.06	1.08
组氨酸 His	%	0.25	0.23	0.25
缬氨酸 Val	%	0.59	0.54	0.59
甘氨酸+丝氨酸 Gly+Ser	%	0.57	0.48	0.57
可利用赖氨酸 Available Lys	%	0.66	0.60	—
可利用蛋氨酸 Available Met	%	0.32	0.30	—
钙 Ca	%	3.5	3.5	3.5

（续）

营养指标 Nutrient	单位 Unit	开产至高峰期（＞85%） Onset of lay～over 85% rate of lay	高峰后（＜85%） Rate of lay＜85%	种鸡 Breeder
总磷 Total P	%	0.60	0.60	0.60
非植酸磷 Nonphytate P	%	0.32	0.32	0.32
钠 Na	%	0.15	0.15	0.15
氯 Cl	%	0.15	0.15	0.15
铁 Fe	mg/kg	60	60	60
铜 Cu	mg/kg	8	8	6
锰 Mn	mg/kg	60	60	60
锌 Zn	mg/kg	80	80	60
碘 I	mg/kg	0.35	0.35	0.35
硒 Se	mg/kg	0.30	0.30	0.30
亚油酸 Linoleic Acid	%	1	1	1
维生素 A Vitamin A	IU/kg	8 000	8 000	10 000
维生素 D Vitamin D	IU/kg	1 600	1 600	2 000
维生素 E Vitamin E	IU/kg	5	5	10
维生素 K Vitalmin K	mg/kg	0.5	0.5	1.0
硫胺素 Thiamin	mg/kg	0.8	0.8	0.8
核黄素 Riboflavin	mg/kg	2.5	2.5	3.8
泛酸 Pantothenic Acid	mg/kg	2.2	2.2	10
烟酸 Niacin	mg/kg	20	20	30
吡哆醇 Pyridoxine	mg/kg	3.0	3.0	4.5
生物素 Biotin	mg/kg	0.10	0.10	0.15
叶酸 Folic Acid	mg/kg	0.25	0.25	0.35
维生素 B_{12} Vitamin B_{12}	mg/kg	0.004	0.004	0.004
胆碱 Choline	mg/kg	500	500	500

附表 1-8　黄羽肉鸡仔鸡营养需要

营养指标 Nutrient	单位 Unit	♀0 周龄～4 周龄 ♂0 周龄～3 周龄 ♀0wks～4wks ♂0wks～3wks	♀5 周龄～8 周龄 ♂4 周龄～5 周龄 ♀5wks～8wks ♂4wks～5wks	♀＞8 周龄 ♂＞5 周龄 ♀＞8wks ♂＞5wks
代谢能 ME	MJ/kg （Mcal/kg）	12.12 (2.90)	12.54 (3.00)	12.96 (3.10)
粗蛋白质 CP	%	21.0	19.0	16.0
蛋白能量比 CP/ME	g/MJ （g/Mcal）	17.33 (72.41)	15.15 (63..3)	12.34 (51.61)
赖氨酸能量比 Lys/ME	g/MJ （g/Mcal）	0.87 (3.62)	0.78 (3.27)	0.66 (2.74)
赖氨酸 Lys	%	1.05	0.98	0.85
蛋氨酸 Met	%	0.46	0.40	0.34
蛋氨酸＋胱氨酸 Met＋Cys	%	0.85	0.72	0.65
苏氨酸 Thr	%	0.76	0.74	0.68
色氨酸 Trp	%	0.19	0.18	0.16
精氨酸 Arg	%	1.19	1.10	1.00
亮氨酸 Leu	%	1.15	1.09	0.93
异亮氨酸 Ile	%	0.76	0.73	0.62
苯丙氨酸 Phe	%	0.69	0.65	0.56
苯丙氨酸＋酪氨酸 Phe＋Tyr	%	1.28	1.22	1.00
组氨酸 His	%	0.33	0.32	0.27
脯氨酸 Pro	%	0.57	0.55	0.46
缬氨酸 Val	%	0.86	0.82	0.70
甘氨酸＋丝氨酸 Gly＋Ser	%	1.19	1.14	0.97
钙 Ca	%	1.00	0.90	0.80
总磷 Total P	%	0.68	0.65	0.60
非植酸磷 Nonphytate P	%	0.45	0.40	0.35

（续）

营养指标 Nutrient	单位 Unit	♀0 周龄～4 周龄 ♂0 周龄～3 周龄 ♀0wks～4wks ♂0wks～3wks	♀5 周龄～8 周龄 ♂4 周龄～5 周龄 ♀5wks～8wks ♂4wks～5wks	♀>8 周龄 ♂>5 周龄 ♀>8wks ♂>5wks
钠 Na	%	0.15	0.15	0.15
氯 Cl	%	0.15	0.15	0.15
铁 Fe	mg/kg	80	80	80
铜 Cu	mg/kg	8	8	8
锰 Mn	mg/kg	80	80	80
锌 Zn	mg/kg	60	60	60
碘 I	mg/kg	0.35	0.35	0.35
硒 Se	mg/kg	0.15	0.15	0.15
亚油酸 Linoleic Acid	%	1	1	1
维生素 A Vitamin A	IU/kg	5 000	5 000	5 000
维生素 D Vitamin D	IU/kg	1 000	1 000	1 000
维生素 E Vitamin E	IU/kg	10	10	10
维生素 K Vitamin K	mg/kg	0.50	0.50	0.50
硫胺素 Thiamin	mg/kg	1.80	1.80	1.80
核黄素 Riboflavin	mg/kg	3.60	3.60	3.00
泛酸 Pantothenic Acid	mg/kg	10	10	10
烟酸 Niacin	mg/kg	35	30	25
吡哆醇 Pyridoxine	mg/kg	3.5	3.5	3.0
生物素 Biotin	mg/kg	0.15	0.15	0.15
叶酸 Folic Acid	mg/kg	0.55	0.55	0.55
维生素 B_{12} Vitamin B_{12}	mg/kg	0.010	0.010	0.010
胆碱 Choline	mg/kg	1 000	750	500

附表 1-9　黄羽肉鸡种鸡营养需要

营养指标 Nutrient	单位 Unit	0 周龄～6 周龄 0wks～6wks	7 周龄～18 周龄 7wks～18wks	19 周龄至开产 19wks～Onset of lay	产蛋期 Laying Period
代谢能 ME	MJ/kg(Mcal/kg)	12.12 (2.90)	11.70 (2.70)	11.50 (2.75)	11.50 (2.75)
粗蛋白质 CP	%	20.0	15.0	16.0	16.0
蛋白能量比 CP/ME	g/MJ (g/Mcal)	16.50 (68.96)	12.82 (55.56)	13.91 (58.18)	13.91 (58.18)
赖氨酸能量比 Lys/ME	g/MJ (g/Mcal)	0.74 (3.10)	0.56 (2.32)	0.70 (2.91)	0.70 (2.91)
赖氨酸 Lys	%	0.90	0.75	0.80	0.80
蛋氨酸 Met	%	0.38	0.29	0.37	0.40
蛋氨酸+胱氨酸 Met+Cys	%	0.69	0.61	0.69	0.80
苏氨酸 Thr	%	0.58	0.52	0.55	0.56
色氨酸 Trp	%	0.18	0.16	0.17	0.17
精氨酸 Arg	%	0.99	0.87	0.90	0.95
亮氨酸 Leu	%	0.94	0.74	0.83	0.86
异亮氨酸 Ile	%	0.60	0.55	0.56	0.60
苯丙氨酸 Phe	%	0.51	0.48	0.50	0.51
苯丙氨酸+酪氨酸 Phe+Tyr	%	0.86	0.81	0.82	0.84
组氨酸 His	%	0.28	0.24	0.25	0.26
脯氨酸 Pro	%	0.43	0.39	0.40	0.42
缬氨酸 Val	%	0.60	0.52	0.57	0.70
甘氨酸+丝氨酸 Gly+Ser	%	0.77	0.69	0.75	0.78
钙 Ca	%	0.90	0.90	2.00	3.00
总磷 Total P	%	0.65	0.61	0.63	0.65
非植酸磷 Nonphytate P	%	0.40	0.36	0.38	0.41
钠 Na	%	0.16	0.16	0.16	0.16
氯 Cl	%	0.16	0.16	0.16	0.16

（续）

营养指标 Nutrient	单位 Unit	0 周龄～6 周龄 0wks～6wks	7 周龄～18 周龄 7wks～18wks	19 周龄至开产 19wks～Onset of lay	产蛋期 Laying Period
铁 Fe	mg/kg	54	54	72	72
铜 Cu	mg/kg	5.4	5.4	7.0	7.0
锰 Mn	mg/kg	72	72	90	90
锌 Zn	mg/kg	54	54	72	72
碘 I	mg/kg	0.60	0.60	0.90	0.90
硒 Se	mg/kg	0.27	0.27	0.27	0.27
亚油酸 Linoleic Acid	%	1	1	1	1
维生素 A Vitamin A	IU/kg	7 200	5 400	7 200	10 800
维生素 D Vitamin D	IU/kg	1 440	1 080	1 620	2 160
维生素 E Vitamin E	IU/kg	18	9	9	27
维生素 K Vitamin K	mg/kg	1.4	1.4	1.4	1.4
硫胺素 Thiamin	mg/kg	1.6	1.4	1.4	1.8
核黄素 Riboflavin	mg/kg	7	5	5	8
泛酸 Pantothenic Acid	mg/kg	11	9	9	11
烟酸 Niacin	mg/kg	27	18	18	32
吡哆醇 Pyridoxine	mg/kg	2.7	2.7	2.7	4.1
生物素 Biotin	mg/kg	0.14	0.09	0.09	0.18
叶酸 Folic Acid	mg/kg	0.90	0.45	0.45	1.08
维生素 B_{12} Vitamin B_{12}	mg/kg	0.009	0.005	0.007	0.010
胆碱 Choline	mg/kg	1 170	810	450	450

三、奶牛饲养标准（NY/T 34—2004）（节选）

本标准适用于奶牛饲料厂、国营、集体、个体奶牛场配合饲料和日粮。

1. **奶牛能量单位** 本标准采用相当于 1kg 含脂率为 4% 的标准乳能量，即 3 138kJ 产奶净能作为一个"奶牛能量单位"，汉语拼音字首的缩写为 NND。为了应用的方便，对饲料能量价值的评定和各种牛的能量需要均采用产奶净能和 NND。

2. **产奶牛的干物质需要**

适用于偏精料型日粮的参考干物质进食量（kg）$= 0.062W^{0.75} + 0.40Y$

适用于偏粗料型日粮的参考干物质进食量（kg）$= 0.062W^{0.75} + 0.45Y$

式中 Y——标准乳重量，单位为千克（kg）；

W——体重，单位为千克（kg）。

牛是反刍动物，为保证正常的消化机能，配合日粮时应考虑粗纤维的供给量。粗纤维量过低会影响瘤胃的消化机能，粗纤维量过高则达不到所需的能量浓度。日粮中的中性洗涤纤维（NDF）应不低于 25%。

附表 1-10 成年母牛维持的营养需要

体重 kg	日粮干物质 kg	奶牛能量单位 NND	产奶净能 Mcal	产奶净能 MJ	可消化粗蛋白质 g	小肠可消化粗蛋白质 g	钙 g	磷 g	胡萝卜素 mg	维生素 A IU
350	5.02	9.17	6.88	28.79	243	202	21	16	63	25 000
400	5.55	10.13	7.60	31.80	268	224	24	18	75	30 000
450	6.06	11.07	8.30	34.73	293	244	27	20	85	34 000

（续）

体重 kg	日粮干物质 kg	奶牛能量单位 NND	产奶净能 Mcal	产奶净能 MJ	可消化粗蛋白质 g	小肠可消化粗蛋白质 g	钙 g	磷 g	胡萝卜素 mg	维生素A IU
500	6.56	11.97	8.98	37.57	317	264	30	22	95	38 000
550	7.04	12.88	9.65	40.38	341	284	33	25	105	42 000
600	7.52	13.73	10.30	43.10	364	303	36	27	115	46 000
650	7.98	14.59	10.94	45.77	386	322	39	30	123	49 000
700	8.44	15.43	11.57	48.41	408	340	42	32	133	53 000
750	8.89	16.24	12.18	50.96	430	358	45	34	143	57 000

注1：对第一个泌乳期的维持需要按上表基础增加20%，第二个泌乳期增加10%。

注2：如第一个泌乳期的年龄和体重过小，应按生长牛的需要计算实际增重的营养需要。

注3：放牧运动时，须在上表基础上增加能量需要量，按正文中的说明计算。

注4：在环境温度低的情况下，维持能量消耗增加，须在上表基础上增加需要量，按正文说明计算。

注5：泌乳期间，每增重1 kg体重需增加8 NND和325 g可消化粗蛋白质；每减重1 kg需扣除6.56 NND和250g可消化粗蛋白质。

附表1-11　每产1kg奶的营养需要

乳脂率 %	日粮干物质 kg	奶牛能量单位 NND	产奶净能 Mcal	产奶净能 MJ	可消化粗蛋白质 g	小肠可消化粗蛋白质 g	钙 g	磷 g	胡萝卜素 mg	维生素A IU
2.5	0.31~0.35	0.80	0.60	2.51	49	42	3.6	2.4	1.05	420
3.0	0.34~0.38	0.87	0.65	2.72	51	44	3.9	2.6	1.13	452
3.5	0.37~0.41	0.93	0.70	2.93	53	46	4.2	2.8	1.22	486
4.0	0.40~0.45	1.00	0.75	3.14	55	47	4.5	3.0	1.26	502
4.5	0.43~0.49	1.06	0.80	3.35	57	49	4.8	3.2	1.39	556
5.0	0.46~0.52	1.13	0.84	3.52	59	51	5.1	3.4	1.46	584
5.5	0.49~0.55	1.19	0.89	3.72	61	53	5.4	3.6	1.55	619

附表1-12　母牛妊娠最后4个月的营养需要

体重 kg	怀孕月份	日粮干物质 kg	奶牛能量单位 NND	产奶净能 Mcal	产奶净能 MJ	可消化粗蛋白质 g	小肠可消化粗蛋白质 g	钙 g	磷 g	胡萝卜素 mg	维生素A IU
350	6	5.78	10.51	7.88	32.97	293	245	27	18	67	27 000
	7	6.28	11.44	8.58	35.90	327	275	31	20		
	8	7.23	13.17	9.88	41.34	375	317	37	22		
	9	8.70	15.84	11.84	49.54	437	370	45	25		
400	6	6.30	11.47	8.60	35.99	318	267	30	20	76	30 000
	7	6.81	12.40	9.30	38.92	352	297	34	22		
	8	7.76	14.13	10.60	44.36	400	339	40	24		
	9	9.22	16.80	12.60	52.72	462	392	48	27		
450	6	6.81	12.40	9.30	38.92	343	287	33	22	86	34 000
	7	7.32	13.33	10.00	41.84	377	317	37	24		
	8	8.27	15.07	11.30	47.28	425	359	43	26		
	9	9.73	17.73	13.30	55.65	487	412	51	29		
500	6	7.31	13.32	9.99	41.80	367	307	36	25	95	38 000
	7	7.82	14.25	10.69	44.73	401	337	40	27		
	8	8.78	15.99	11.99	50.17	449	379	46	29		
	9	10.24	18.65	13.99	58.54	511	432	54	32		
550	6	7.80	14.20	10.65	44.56	391	327	39	27	105	42 000
	7	8.31	15.13	11.35	47.49	425	357	43	29		
	8	9.26	16.87	12.65	52.93	473	399	49	31		
	9	10.72	19.53	14.65	61.30	535	452	57	34		

（续）

体重 kg	怀孕月份	日粮干物质 kg	奶牛能量单位 NND	产奶净能 Mcal	产奶净能 MJ	可消化粗蛋白质 g	小肠可消化粗蛋白质 g	钙 g	磷 g	胡萝卜素 mg	维生素A IU
600	6	8.27	15.07	11.30	47.28	414	346	42	29	114	46 000
	7	8.78	16.00	12.00	50.21	448	376	46	31		
	8	9.73	17.73	13.30	55.65	496	418	52	33		
	9	11.20	20.40	15.30	64.02	558	471	60	36		
650	6	8.74	15.92	11.94	49.96	436	365	45	31	124	50 000
	7	9.25	16.85	12.64	52.89	470	395	49	33		
	8	10.21	18.59	13.94	58.33	518	437	55	35		
	9	11.67	21.25	15.94	66.70	580	490	63	38		
700	6	9.22	16.76	12.57	52.60	458	383	48	34	133	53 000
	7	9.71	17.69	13.27	55.53	492	413	52	36		
	8	10.67	19.43	14.57	60.97	540	455	58	38		
	9	12.13	22.09	16.57	69.33	602	508	66	41		
750	6	9.65	17.57	13.13	55.15	480	401	51	36	143	57 000
	7	10.16	18.51	13.88	58.08	514	431	55	38		
	8	11.11	20.24	15.18	63.52	562	473	61	40		
	9	12.58	22.91	17.18	71.89	624	526	69	43		

注1：怀孕牛干奶期间按上表计算营养需要。

注2：怀孕期间如未干奶，除按上表计算营养需要外，还应加产奶的营养需要。

附表 1-13　生长母牛的营养需要

体重 kg	日增重 g	日粮干物质 kg	奶牛能量单位 NND	产奶净能 Mcal	产奶净能 MJ	可消化粗蛋白质 g	小肠可消化粗蛋白质 g	钙 g	磷 g	胡萝卜素 mg	维生素A IU
40	0		2.20	1.65	6.90	41	—	2	2	4.0	1 600
	200		2.67	2.00	8.37	92	—	6	4	4.1	1 600
	300		2.93	2.20	9.21	117	—	8	5	4.2	1 700
	400		2.23	2.42	10.13	141	—	11	6	4.3	1 700
	500		3.52	2.64	11.05	164	—	12	7	4.4	1 800
	600		3.84	2.86	12.05	188	—	14	8	4.5	1 800
	700		4.19	3.14	13.14	210	—	16	10	4.6	1 800
	800		4.56	3.42	14.31	231	—	18	11	4.7	1 900
50	0		2.56	1.92	8.04	49	—	3	3	5.0	2 000
	300		3.32	2.49	10.42	124	—	9	5	5.3	2 100
	400		3.60	2.70	11.30	148	—	11	6	5.4	2 200
	500		3.92	2.94	12.31	172	—	13	8	5.5	2 200
	600		4.24	3.18	13.31	194	—	15	9	5.6	2 200
	700		4.60	3.45	14.44	216	—	17	10	5.7	2 300
	800		4.99	3.74	15.65	238	—	19	11	5.8	2 300
60	0		2.89	2.17	9.08	56		4	3	6.0	2 400
	300		3.67	2.75	11.51	131		10	5	6.3	2 500
	400		3.96	2.97	12.43	154		12	6	6.4	2 600
	500		4.28	3.21	13.44	178		14	8	6.5	2 600
	600		4.63	3.47	14.52	199		16	9	6.6	2 600
	700		4.99	3.74	15.65	221		18	10	6.7	2 700
	800		5.37	4.03	16.87	243		20	11	6.8	2 700
70	0	1.22	3.21	2.41	10.09	63		4	4	7.0	2 800
	300	1.67	4.01	3.01	12.60	142		10	6	7.9	3 200
	400	1.85	4.32	3.24	13.56	168		12	7	8.1	3 200
	500	2.03	4.64	3.48	14.56	193		14	8	8.3	3 300
	600	2.21	4.99	3.74	15.65	215		16	10	8.4	3 400
	700	2.39	5.36	4.02	16.82	239		18	11	8.5	3 400
	800	3.61	5.76	4.32	18.08	262		20	12	8.6	3 400

（续）

体重 kg	日增重 g	日粮干物质 kg	奶牛能量单位 NND	产奶净能 Mcal	产奶净能 MJ	可消化粗蛋白质 g	小肠可消化粗蛋白质 g	钙 g	磷 g	胡萝卜素 mg	维生素A IU
	0	1.35	3.51	2.63	11.01	70	—	5	4	8.0	3 200
	300	1.80	1.80	3.24	13.56	149	—	11	6	9.0	3 600
	400	1.98	4.64	3.48	14.57	174	—	13	7	9.1	3 600
80	500	2.16	4.96	3.72	15.57	198	—	15	8	9.2	3 700
	600	2.34	5.32	3.99	16.70	222	—	17	10	9.3	3 700
	700	2.57	5.71	4.28	17.91	245	—	19	11	9.4	3 800
	800	2.79	6.12	4.59	19.21	268	—	21	12	9.5	3 800
	0	1.45	3.80	2.85	11.93	76	—	6	5	9.0	3 600
	300	1.84	4.64	3.48	14.57	154	—	12	7	9.5	3 800
	400	2.12	4.96	3.72	15.57	179	—	14	8	9.7	3 900
90	500	2.30	5.29	3.97	16.62	203	—	16	9	9.9	4 000
	600	2.48	5.65	4.24	17.75	226	—	18	11	10.1	4 000
	700	2.70	6.06	4.54	19.00	249	—	20	12	10.3	4 100
	800	2.93	6.48	4.86	20.34	272	—	22	13	10.5	4 200
	0	1.62	4.08	3.06	12.81	82	—	6	5	10.0	4 000
	300	2.07	4.93	3.70	15.49	173	—	13	7	10.5	4 200
	400	2.25	5.27	3.95	16.53	202	—	14	8	10.7	4 300
100	500	2.43	5.61	4.21	17.62	231	—	16	9	11.0	4 400
	600	2.66	5.99	4.49	18.79	258	—	18	11	11.2	4 400
	700	2.84	6.39	4.79	20.05	285	—	20	12	11.4	4 500
	800	3.11	6.81	5.11	21.39	311	—	22	13	11.6	4 600
	0	1.89	4.73	3.55	14.86	97	82	8	6	12.5	5 000
	300	2.39	5.64	4.23	17.70	186	164	14	7	13.0	5 200
	400	2.57	5.96	4.47	18.71	215	190	16	8	13.2	5 300
	500	2.79	6.35	4.76	19.92	243	215	18	10	13.4	5 400
125	600	3.02	6.75	5.06	21.18	268 .	239	20	11	13.6	5 400
	700	3.24	7.17	5.38	22.51	295	264	22	12	13.8	5 500
	800	3.51	7.63	5.72	23.94	322	288	24	13	14.0	5 600
	900	3.74	8.12	6.09	25.48	347	311	26	14	14.2	5 700
	1 000	4.05	8.67	6.50	27.20	370	332	28	16	14.4	5 800
	0	2.21	5.35	4.01	16.78	111	94	9	8	15.0	6 000
	300	2.70	6.31	4.73	19.80	202	175	15	9	15.7	6 300
	400	2.88	6.67	5.00	20.92	226	200	17	10	16.0	6 400
	500	3.11	7.05	5.29	22.14	254	225	19	11	16.3	6 500
150	600	3.33	7.47	5.60	23.44	279	248	21	12	16.6	6 600
	700	3.60	7.92	5.94	24.86	305	272	23	13	17.0	6 800
	800	3.83	8.40	6.30	26.36	331	296	25	14	17.3	6 900
	900	4.10	8.92	6.69	28.00	356	319	27	16	17.6	7 000
	1 000	4.41	9.49	7.12	29.80	378	339	29	17	18.0	7 200
	0	2.48	5.93	4.45	18.62	125	106	11	9	17.5	7 000
	300	3.02	7.05	5.29	22.14	210	184	17	10	18.2	7 300
	400	3.20	7.48	5.61	23.48	238	210	19	11	18.5	7 400
	500	3.42	7.95	5.96	24.94	266	235	22	12	18.8	7 500
175	600	3.65	8.43	6.32	26.45	290	257	23	13	19.1	7 600
	700	3.92	8.96	6.72	28.12	316	281	25	14	19.4	7 800
	800	4.19	9.53	7.15	29.92	341	304	27	15	19.7	7 900
	900	4.50	10.15	7.61	31.85	365	326	29	16	20.0	8 000
	1 000	4.82	10.81	8.11	33.94	387	346	31	17	20.3	8 100

（续）

体重 kg	日增重 g	日粮干物质 kg	奶牛能量单位 NND	产奶净能 Mcal	产奶净能 MJ	可消化粗蛋白质 g	小肠可消化粗蛋白质 g	钙 g	磷 g	胡萝卜素 mg	维生素A IU
200	0	2.70	6.48	4.86	20.34	160	133	12	10	20.0	8 000
	300	3.29	7.65	5.74	24.02	244	210	18	11	21.0	8 400
	400	3.51	8.11	6.08	25.44	271	235	20	12	21.5	8 600
	500	3.74	8.59	6.44	26.95	297	259	22	13	22.0	8 800
	600	3.96	9.11	6.83	28.58	322	282	24	14	22.5	9 000
	700	4.23	9.67	7.25	30.34	347	305	26	15	23.0	9 200
	800	4.55	10.25	7.69	32.18	372	327	28	16	23.5	9 400
	900	4.86	10.91	8.18	34.23	396	349	30	17	24.0	9 600
	1 000	5.18	11.60	8.70	36.41	417	368	32	18	24.5	9 800
250	0	3.20	7.53	5.65	23.64	189	157	15	13	25.0	10 000
	300	3.83	8.83	6.62	27.70	270	231	21	14	26.5	10 600
	400	4.05	9.31	6.98	29.21	296	255	23	15	27.0	10 800
	500	4.32	9.83	7.37	30.84	323	279	25	16	27.5	11 000
	600	4.59	10.40	7.80	32.64	345	300	27	17	28.0	11 200
	700	4.86	11.01	8.26	34.56	370	323	29	18	28.5	11 400
	800	5.18	11.65	8.74	36.57	394	345	31	19	29.0	11 600
	900	5.54	12.37	9.28	38.83	417	365	33	20	29.5	11 800
	1 000	5.90	13.13	9.83	41.13	437	385	35	21	30.0	12 000
300	0	3.69	8.51	6.38	26.70	216	180	18	15	30.0	12 000
	300	4.37	10.08	7.56	31.64	295	253	24	16	31.5	12 600
	400	4.59	10.68	8.01	33.52	321	276	26	17	32.0	12 800
	500	4.91	11.31	8.48	35.49	346	299	28	18	32.5	13 000
	600	5.18	11.99	8.99	37.62	368	320	30	19	33.0	13 200
	700	5.49	12.72	9.54	39.92	392	342	32	20	33.5	13 400
	800	5.85	13.51	10.13	42.39	415	362	34	21	34.0	13 600
	900	6.21	14.36	10.77	45.07	438	383	36	22	34.5	13 800
	1 000	6.62	15.29	11.47	48.00	458	402	38	23	35.0	14 000
350	0	4.14	9.43	7.07	29.59	243	202	21	18	35.0	14 000
	300	4.86	11.11	8.33	34.86	321	273	27	19	36.8	14 700
	400	5.13	11.76	8.82	36.91	345	296	29	20	37.4	15 000
	500	5.45	12.44	9.33	39.04	369	318	31	21	38.0	15 200
	600	5.76	13.17	9.88	41.34	392	338	33	22	38.6	15 400
	700	6.08	13.96	10.47	43.81	415	360	35	23	39.2	15 700
	800	6.39	14.83	11.12	46.53	442	381	37	24	39.8	15 900
	900	6.84	15.75	11.81	49.42	460	401	39	25	40.4	16 100
	1 000	7.29	16.75	12.56	52.56	480	419	41	26	41.0	16 400
400	0	4.55	10.32	7.74	32.39	268	224	24	20	40.0	16 000
	300	5.36	12.28	9.21	38.54	344	294	30	21	42.0	16 800
	400	5.63	13.03	9.77	40.88	368	316	32	22	43.0	17 200
	500	5.94	13.81	10.36	43.35	393	338	34	23	44.0	17 600
	600	6.30	14.65	10.99	45.99	415	359	36	24	45.0	18 000
	700	6.66	15.57	11.68	48.87	438	380	38	25	46.0	18 400
	800	7.07	16.56	12.42	51.97	460	400	40	26	47.0	18 800
	900	7.47	17.64	13.24	55.40	482	420	42	27	48.0	19 200
	1 000	7.97	18.80	14.10	59.00	501	437	44	28	49.0	19 600
450	0	5.00	11.16	8.37	35.03	293	244	27	23	45.0	18 000
	300	5.80	13.25	9.94	41.59	368	313	33	24	48.0	19 200
	400	6.10	14.04	10.53	44.06	393	335	35	25	49.0	19 600
	500	6.50	14.88	11.16	46.70	417	355	37	26	50.0	20 000
	600	6.80	15.80	11.85	49.59	439	377	39	27	51.0	20 400
	700	7.20	16.79	12.58	52.64	461	398	41	28	52.0	20 800
	800	7.70	17.84	13.38	55.99	484	419	43	29	53.0	21 200
	900	8.10	18.99	14.24	59.59	505	439	45	30	54.0	21 600
	1 000	8.60	20.23	15.17	63.48	524	456	47	31	55.0	22 000

（续）

体重 kg	日增重 g	日粮干物质 kg	奶牛能量单位 NND	产奶净能 Mcal	产奶净能 MJ	可消化粗蛋白质 g	小肠可消化粗蛋白质 g	钙 g	磷 g	胡萝卜素 mg	维生素A IU
	0	5.40	11.97	8.98	37.58	317	264	30	25	50.0	20 000
	300	6.30	14.37	10.78	45.11	392	333	36	26	53.0	21 200
	400	6.60	15.27	11.45	47.91	417	355	38	27	54.0	21 600
	500	7.00	16.24	12.18	50.97	441	377	40	28	55.0	22 000
500	600	7.30	17.27	12.95	54.19	463	397	42	29	56.0	22 400
	700	7.80	18.39	13.79	57.70	485	418	44	30	57.0	22 800
	800	8.20	19.61	14.71	61.55	507	438	46	31	58.0	23 200
	900	8.70	20.91	15.68	65.61	529	458	48	32	59.0	23 600
	1 000	9.30	22.33	16.75	70.09	548	476	50	33	60.0	24 000
	0	5.80	12.77	9.58	40.09	341	284	33	28	55.0	22 000
	300	6.80	15.31	11.48	48.04	417	354	39	29	58.0	23 000
	400	7.10	16.27	12.20	51.05	441	376	30	30	59.0	23 600
	500	7.50	17.29	12.97	54.27	465	397	31	31	60.0	24 000
550	600	7.90	18.40	13.80	57.74	487	418	45	32	61.0	24 400
	700	8.30	19.57	14.68	61.43	510	439	47	33	62.0	24 800
	800	8.80	20.85	15.64	65.44	533	460	49	34	63.0	25 200
	900	9.30	22.25	16.69	69.84	554	480	51	35	64.0	25 600
	1 000	9.90	23.76	17.82	74.56	573	496	53	36	65.0	26 000
	0	6.20	13.53	10.15	42.47	364	303	36	30	60.0	24 000
	300	7.20	16.39	12.29	51.43	441	374	42	31	66.0	26 400
	400	7.60	17.48	13.11	54.86	465	396	44	32	67.0	26 800
	500	8.00	18.64	13.98	58.50	489	418	46	33	68.0	27 200
600	600	8.40	19.88	14.91	62.39	512	439	48	34	69.0	27 600
	700	8.90	21.23	15.92	66.61	535	459	50	35	70.0	28 000
	800	9.40	22.67	17.00	71.13	557	480	52	36	71.0	28 400
	900	9.90	24.24	18.18	76.07	580	501	54	37	72.0	28 800
	1 000	10.50	25.93	19.45	81.38	599	518	56	38	73.0	29 200

附表 1-14　生长公牛的营养需要

体重 kg	日增重 g	日粮干物质 kg	奶牛能量单位 NND	产奶净能 Mcal	产奶净能 MJ	可消化粗蛋白质 g	小肠可消化粗蛋白质 g	钙 g	磷 g	胡萝卜素 mg	维生素A IU
	0	—	2.20	1.65	6.91	41	—	2	2	4.0	1 600
	200	—	2.63	1.97	8.25	92	—	6	4	4.1	1 600
	300	—	2.87	2.15	9.00	117	—	8	5	4.2	1 700
40	400	—	3.12	2.34	9.80	141	—	11	6	4.3	1 700
	500	—	3.39	2.54	10.63	164	—	12	7	4.4	1 800
	600	—	3.68	2.76	11.55	188	—	14	8	4.5	1 800
	700	—	3.99	2.99	12.52	210	—	16	10	4.6	1 800
	800	—	4.32	3.24	13.56	231	—	18	11	4.7	1 900
	0	—	2.56	1.92	8.04	49	—	3	3	5.0	2 000
	300	—	3.24	2.43	10.17	124	—	9	5	5.3	2 100
	400	—	3.51	2.63	11.01	148	—	11	6	5.4	2 200
50	500	—	3.77	2.83	11.85	172	—	13	8	5.5	2 200
	600	—	4.08	3.06	12.81	194	—	15	9	5.6	2 200
	700	—	4.40	3.30	13.81	216	—	17	10	5.7	2 300
	800	—	4.73	3.55	14.86	238	—	19	11	5.8	2 300
	0	—	2.89	2.17	9.08	56	—	4	4	7.0	2 800
	300	—	3.60	2.70	11.30	131	—	10	6	7.9	3 200
	400	—	3.85	2.89	12.10	154	—	12	7	8.1	3 200
60	500	—	4.15	3.11	13.02	178	—	14	8	8.3	3 300
	600	—	4.45	3.34	13.98	199	—	16	10	8.4	3 400
	700	—	4.77	3.58	14.98	221	—	18	11	8.5	3 400
	800	—	5.13	3.85	16.11	243	—	20	12	8.6	3 400

（续）

体重 kg	日增重 g	日粮干物质 kg	奶牛能量单位 NND	产奶净能 Mcal	产奶净能 MJ	可消化粗蛋白质 g	小肠可消化粗蛋白质 g	钙 g	磷 g	胡萝卜素 mg	维生素 A IU
	0	1.2	3.21	2.41	10.09	63	—	4	4	7.0	3 200
	300	1.6	3.93	2.95	12.35	142	—	10	6	7.9	3 600
	400	1.8	4.20	3.15	13.18	168	—	12	7	8.1	3 600
70	500	1.9	4.49	3.37	14.11	193	—	14	8	8.3	3 700
	600	2.1	4.81	3.61	15.11	215	—	16	10	8.4	3 700
	700	2.3	5.15	3.86	16.16	239	—	18	11	8.5	3 800
	800	2.5	5.51	4.13	17.28	262	—	20	12	8.6	3 800
	0	1.4	3.51	2.63	11.01	70	—	5	4	8.0	3 200
	300	1.8	4.24	3.18	13.31	149	—	11	6	9.0	3 600
	400	1.9	4.52	3.39	14.19	174	—	13	7	9.1	3 600
80	500	2.1	4.81	3.61	15.11	198	—	15	8	9.2	3 700
	600	2.3	5.13	3.85	16.11	222	—	17	9	9.3	3 700
	700	2.4	5.48	4.11	17.20	245	—	19	11	9.4	3 800
	800	2.7	5.85	4.39	18.37	268	—	21	12	9.5	3 800
	0	1.5	3.80	2.85	11.93	76	—	6	5	9.0	3 600
	300	1.9	4.56	3.42	14.31	154	—	12	7	9.5	3 800
	400	2.1	4.84	3.63	15.19	179	—	14	8	9.7	3 900
90	500	2.2	5.15	3.86	16.16	203	—	16	9	9.9	4 000
	600	2.4	5.47	4.10	17.16	226	—	18	11	10.1	4 000
	700	2.6	5.83	4.37	18.29	249	—	20	12	10.3	4 100
	800	2.8	6.20	4.65	19.46	272	—	22	13	10.5	4 200
	0	1.6	4.08	3.06	12.81	82	—	6	5	10.0	4 000
	300	2.0	4.85	3.64	15.23	173	—	13	7	10.5	4 200
	400	2.2	5.15	3.86	16.16	202	—	14	8	10.7	4 300
100	500	2.3	5.45	4.09	17.12	231	—	16	9	11.0	4 400
	600	2.5	5.79	4.34	18.16	258	—	18	11	11.2	4 400
	700	2.7	6.16	4.62	19.34	285	—	20	12	11.4	4 500
	800	2.9	6.55	4.91	20.55	311	—	22	13	11.6	4 600
	0	1.9	4.73	3.55	14.86	97	82	8	6	12.5	5 000
	300	2.3	5.55	4.16	17.41	186	164	14	7	13.0	5 200
	400	2.5	5.87	4.40	18.41	215	190	16	8	13.2	5 300
	500	2.7	6.19	4.64	19.42	243	215	18	10	13.4	5 400
125	600	2.9	6.55	4.91	20.55	268	239	20	11	13.6	5 400
	700	3.1	6.93	5.20	21.76	295	264	22	12	13.8	5 500
	800	3.3	7.33	5.50	23.02	322	288	24	13	14.0	5 600
	900	3.6	7.79	5.84	24.44	347	311	26	14	14.2	5 700
	1 000	3.8	8.28	6.21	25.99	370	332	28	16	14.4	5 800
	0	2.2	5.35	4.01	16.78	111	94	9	8	15.0	6 000
	300	2.7	6.21	4.66	19.50	202	175	15	9	15.7	6 300
	400	2.8	6.53	4.90	20.51	226	200	17	10	16.0	6 400
	500	3.0	6.88	5.16	21.59	254	225	19	11	16.3	6 500
150	600	3.2	7.25	5.44	22.77	279	248	21	12	16.6	6 600
	700	3.4	7.67	5.75	24.06	305	272	23	13	17.0	6 800
	800	3.7	8.09	6.07	25.40	331	296	25	14	17.3	6 900
	900	3.9	8.56	6.42	26.87	356	319	27	16	17.6	7 000
	1 000	4.2	9.08	6.81	28.50	378	339	29	17	18.0	7 200
	0	2.5	5.93	4.45	18.62	125	106	11	9	17.5	7 000
	300	2.9	6.95	5.21	21.80	210	184	17	10	18.2	7 300
	400	3.2	7.32	5.49	22.98	238	210	19	11	18.5	7 400
	500	3.6	7.75	5.81	24.31	266	235	22	12	18.8	7 500
175	600	3.8	8.17	6.13	25.65	290	257	23	13	19.1	7 600
	700	3.8	8.65	6.49	27.16	316	281	25	14	19.4	7 700
	800	4.0	9.17	6.88	28.79	341	304	27	15	19.7	7 800
	900	4.3	9.72	7.29	30.51	365	326	29	16	20.0	7 900
	1 000	4.6	10.32	7.74	32.39	387	346	31	17	20.3	8 000

（续）

体重 kg	日增重 g	日粮干物质 kg	奶牛能量单位 NND	产奶净能 Mcal	产奶净能 MJ	可消化粗蛋白质 g	小肠可消化粗蛋白质 g	钙 g	磷 g	胡萝卜素 mg	维生素A IU
	0	2.7	6.48	4.86	20.34	160	133	12	10	20.0	8 100
	300	3.2	7.53	5.65	23.64	244	210	18	11	21.0	8 400
	400	3.4	7.95	5.96	24.94	271	235	20	12	21.5	8 600
	500	3.6	8.37	6.28	26.28	297	259	22	13	22.0	8 800
200	600	3.8	8.84	6.63	27.74	322	282	24	14	22.5	9 000
	700	4.1	9.35	7.01	29.33	347	305	26	15	23.0	9 200
	800	4.4	9.88	7.41	31.01	372	327	28	16	23.5	9 400
	900	4.6	10.47	7.85	32.85	396	349	30	17	24.0	9 600
	1 000	5.0	11.09	8.32	34.82	417	368	32	18	24.5	9 800
	0	3.2	7.53	5.65	23.64	189	157	15	13	25.0	10 000
	300	3.8	8.69	6.52	27.28	270	231	21	14	26.5	10 600
	400	4.0	9.13	6.85	28.67	296	255	23	15	27.0	10 800
	500	4.2	9.60	7.20	30.13	323	279	25	16	27.5	11 000
250	600	4.5	10.12	7.59	31.76	345	300	27	17	28.0	11 200
	700	4.7	10.67	8.00	33.48	370	323	29	18	28.5	11 400
	800	5.0	11.24	8.43	35.28	394	345	31	19	29.0	11 600
	900	5.3	11.89	8.92	37.33	417	366	33	20	29.5	11 800
	1 000	5.6	12.57	9.43	39.46	437	385	35	21	30.0	12 000
	0	3.7	8.51	6.38	26.70	216	180	18	15	30.0	12 000
	300	4.3	9.92	7.44	31.13	295	253	24	16	31.5	12 600
	400	4.5	10.47	7.85	32.85	321	276	26	17	32.0	12 800
	500	4.8	11.03	8.27	34.61	346	299	28	18	32.5	13 000
300	600	5.0	11.64	8.73	36.53	368	320	30	19	33.0	13 200
	700	5.3	12.29	9.22	38.85	392	342	32	20	33.5	13 400
	800	5.6	13.01	9.76	40.84	415	362	34	21	34.0	13 600
	900	5.9	13.77	10.33	43.23	438	383	36	22	34.5	13 800
	1 000	6.3	14.61	10.96	45.86	458	402	38	23	35.0	14 000
	0	4.1	9.43	7.07	29.59	243	202	21	18	35.0	14 000
	300	4.8	10.93	8.20	34.31	321	273	27	19	36.8	14 700
	400	5.0	11.53	8.65	36.20	345	296	29	20	37.4	15 000
	500	5.3	12.13	9.10	38.08	369	318	31	21	38.0	15 200
350	600	5.6	12.80	9.60	40.17	392	338	33	22	38.6	15 400
	700	5.9	13.51	10.13	42.39	415	360	35	23	39.2	15 700
	800	6.2	14.29	10.72	44.86	442	381	37	24	39.8	15 900
	900	6.6	15.12	11.34	47.45	460	401	39	25	40.4	16 100
	1 000	7.0	16.01	12.01	50.25	480	419	41	26	41.0	16 400
	0	4.5	10.32	7.74	32.39	268	224	24	20	40.0	16 000
	300	5.3	12.08	9.05	37.91	344	294	30	21	42.0	16 800
	400	5.5	12.76	9.57	40.05	368	316	32	22	43.0	17 200
	500	5.8	13.47	10.10	42.26	393	338	34	23	44.0	17 600
400	600	6.1	14.23	10.67	44.65	415	359	36	24	45.0	18 000
	700	6.4	15.05	11.29	47.24	438	380	38	25	46.0	18 400
	800	6.8	15.93	11.95	50.00	460	400	40	26	47.0	18 800
	900	7.2	16.91	12.68	53.06	482	420	42	27	48.0	19 200
	1 000	7.6	17.95	13.46	56.32	501	437	44	28	49.0	19 600
	0	5.0	11.16	8.37	35.03	293	244	27	23	45.0	18 000
	300	5.7	13.04	9.78	40.92	368	313	33	24	48.0	19 200
	400	6.0	13.75	10.31	43.14	393	335	35	25	49.0	19 600
	500	6.3	14.51	10.88	45.53	417	355	37	26	50.0	20 000
450	600	6.7	15.33	11.50	48.10	439	377	39	27	51.0	20 400
	700	7.0	16.21	12.16	50.88	461	398	41	28	52.0	20 800
	800	7.4	17.17	12.88	53.89	484	419	43	29	53.0	21 200
	900	7.8	18.20	13.65	57.12	505	439	45	30	54.0	21 600
	1 000	8.2	19.32	14.49	60.63	524	456	47	31	55.0	22 000

（续）

体重 kg	日增重 g	日粮干 物质 kg	奶牛能 量单位 NND	产奶 净能 Mcal	产奶净能 MJ	可消化 粗蛋 白质 g	小肠可消 化粗蛋 白质 g	钙 g	磷 g	胡萝卜素 mg	维生素 A IU
500	0	5.4	11.97	8.93	37.58	317	264	30	25	50.0	20 000
	300	6.2	14.13	10.60	44.36	392	333	36	26	53.0	21 200
	400	6.5	14.93	11.20	46.87	417	355	38	27	54.0	21 600
	500	6.8	15.81	11.86	49.63	441	377	40	28	55.0	22 000
	600	7.1	16.73	12.55	52.51	463	397	42	29	56.0	22 400
	700	7.6	17.75	13.31	55.69	485	418	44	30	57.0	22 800
	800	8.0	18.85	14.14	59.17	507	438	46	31	58.0	23 200
	900	8.4	20.01	15.01	62.81	529	458	48	32	59.0	23 600
	1 000	8.9	21.29	15.97	66.82	548	476	50	33	60.0	24 000
550	0	5.8	12.77	9.58	40.09	341	284	33	28	55.0	22 000
	300	6.7	15.04	11.28	47.20	417	354	39	29	58.0	23 000
	400	6.9	15.92	11.94	49.96	441	376	41	30	59.0	23 600
	500	7.3	16.84	12.63	52.85	465	397	43	31	60.0	24 000
	600	7.7	17.84	13.38	55.99	487	418	45	32	61.0	24 400
	700	8.1	18.89	14.17	59.29	510	439	47	33	62.0	24 800
	800	8.5	20.04	15.03	62.89	533	460	49	34	63.0	25 200
	900	8.9	21.31	15.98	66.87	554	480	51	35	64.0	25 600
	1 000	9.5	22.67	17.00	71.13	573	496	53	36	65.0	26 000
600	0	6.2	13.53	10.15	42.47	364	303	36	30	60.0	24 000
	300	7.1	16.11	12.08	50.55	441	374	42	31	66.0	26 400
	400	7.4	17.08	12.81	53.60	465	396	44	32	67.0	26 800
	500	7.8	18.13	13.60	56.91	489	418	46	33	68.0	27 200
	600	8.2	19.24	14.43	60.38	512	439	48	34	69.0	27 600
	700	8.6	20.45	15.34	64.19	535	459	50	35	70.0	28 000
	800	9.0	21.76	16.32	68.29	557	480	52	36	71.0	28 400
	900	9.5	23.17	17.38	72.72	580	501	54	37	72.0	28 800
	1 000	10.1	24.69	18.52	77.49	599	518	56	38	73.0	29 200

附表 1-15　种公牛的营养需要

体重 kg	日粮 干物质 kg	奶牛能量 单位 NND	产奶净能 Mcal	产奶净能 MJ	可消化粗 蛋白质 g	钙 g	磷 g	胡萝卜素 mg	维生素 A IU
500	7.99	13.40	10.05	42.05	423	32	24	53	21 000
600	9.17	15.36	11.52	48.20	485	36	27	64	26 000
700	10.29	17.24	12.93	54.10	544	41	31	74	30 000
800	11.37	19.05	14.29	59.79	602	45	34	85	34 000
900	12.42	20.81	15.61	65.32	657	49	37	95	38 000
1 000	13.44	22.52	16.89	70.64	711	53	40	106	42 000
1 100	14.44	24.26	18.15	75.94	764	57	43	117	47 000
1 200	15.42	25.83	19.37	81.05	816	61	46	127	51 000
1 300	16.37	27.49	20.57	86.07	866	65	49	138	55 000
1 400	17.31	28.99	21.74	90.97	916	69	52	148	59 000

附录二 常用饲料成分及营养价值表

一、中国饲料成分及营养价值表（2013年第24版）

附表 2-1 饲料描述及常规成分*

序号	中国饲料号 CFN	饲料名称 Feed Name	饲料描述 Description	干物质 DM (%)	粗蛋白质 CP (%)	粗脂肪 EE (%)	粗纤维 CF (%)	无氮浸出物 NFE (%)	粗灰分 Ash (%)	中性洗涤纤维 NDF (%)	酸性洗涤纤维 ADF (%)	淀粉 Starch(%)	钙 Ca (%)	总磷 P (%)	有效磷 A-P (%)
1	4-07-0278	玉米 corn grain	成熟、高蛋白、优质	86.0	9.4	3.1	1.2	71.1	1.2	9.4	3.5	60.9	0.09	0.22	0.09
2	4-07-0288	玉米 corn grain	成熟、高赖氨酸、优质	86.0	8.5	5.3	2.6	68.3	1.3	9.4	3.5	59.0	0.16	0.25	0.09
3	4-07-0279	玉米 corn grain	成熟、GB/T 17890-2008 1级	86.0	8.7	3.6	1.6	70.7	1.4	9.3	2.7	65.4	0.02	0.27	0.11
4	4-07-0280	玉米 corn grain	成熟、GB/T 17890-2008 2级	86.0	7.8	3.5	1.6	71.8	1.3	7.9	2.6	62.6	0.02	0.27	0.11
5	4-07-0272	高粱 sorghum grain	成熟、NY/T 1级	86.0	9.0	3.4	1.4	70.4	1.8	17.4	8.0	68.0	0.13	0.36	0.12
6	4-07-0270	小麦 wheat grain	混合小麦、成熟 GB1351-2008 2级	88.0	13.4	1.7	1.9	69.1	1.9	13.3	3.9	54.6	0.17	0.41	0.13
7	4-07-0274	大麦（裸）naked barley grain	裸大麦、成熟 GB/T 11760-2008 2级	87.0	13.0	2.1	2.0	67.7	2.2	10.0	2.2	50.2	0.04	0.39	0.13
8	4-07-0277	大麦（皮）barley grain	皮大麦、成熟 GB 10367-89 1级	87.0	11.0	1.7	4.8	67.1	2.4	18.4	6.8	52.2	0.09	0.33	0.12
9	4-07-0281	黑麦 rye	籽粒、进口	88.0	9.5	1.5	2.2	73.0	1.8	12.3	4.6	56.5	0.05	0.30	0.11
10	4-07-0273	稻谷 paddy	成熟、晒干 NY/T 2级	86.0	7.8	1.6	8.2	63.8	4.6	27.4	28.7	—	0.03	0.36	0.15
11	4-07-0276	糙米 rough rice	除去外壳的大米、GB/T 18810-2002 1级	87.0	8.8	2.0	0.7	74.2	1.3	1.6	0.8	47.8	0.03	0.35	0.13
12	4-07-0275	碎米 broken rice	加工精米后的副产品 GB/T 5503-2009 1级	88.0	10.4	2.2	1.1	72.7	1.6	0.8	0.6	51.6	0.06	0.35	0.12
13	4-07-0479	粟（谷子）millet grain	合格、带壳、成熟	86.5	9.7	2.3	6.8	65.0	2.7	15.2	13.3	63.2	0.12	0.30	0.09
14	4-04-0067	木薯干 cassava tuber flake	木薯干片、晒干 GB 10369-89 合格	87.0	2.5	0.7	2.5	79.4	1.9	8.4	6.4	71.6	0.27	0.09	—
15	4-04-0068	甘薯干 sweet potato tuber flake	甘薯干片、晒干 NY/T 121-1989 合格	87.0	4.0	0.8	2.8	76.4	3.0	8.1	4.1	64.5	0.19	0.02	—
16	4-08-0104	次粉 wheat middling and red dog	黑面、黄粉、下面 NY/T 211-92 1级	88.0	15.4	2.2	1.5	67.1	1.5	18.7	4.3	37.8	0.08	0.48	0.15

（续）

序号	中国饲料号 CFN	饲料名称 Feed Name	饲料描述 Description	干物质 DM (%)	粗蛋白质 CP (%)	粗脂肪 EE (%)	粗纤维 CF (%)	无氮浸出物 NFE (%)	粗灰分 Ash (%)	中性洗涤纤维 NDF (%)	酸性洗涤纤维 ADF (%)	淀粉 Starch(%)	钙 Ca (%)	总磷 P (%)	有效磷 A-P (%)
17	4-08-0105	次粉 wheat middling and red dog	黑面、黄粉、下面 NY/T 211-92 2级	87.0	13.6	2.1	2.8	66.7	1.8	31.9	10.5	36.7	0.08	0.48	0.15
18	4-08-0069	小麦麸 wheat bran	传统制粉工艺 GB 10368-89 1级	87.0	15.7	3.9	6.5	56.0	4.9	37.0	13.0	22.6	0.11	0.92	0.28
19	4-08-0070	小麦麸 wheat bran	传统制粉工艺 GB 10368-89 2级	87.0	14.3	4.0	6.8	57.1	4.8	41.3	11.9	19.8	0.10	0.93	0.28
20	4-08-0041	米糠 rice bran	新鲜，不脱脂 NY/T 2级	87.0	12.8	16.5	5.7	44.5	7.5	22.9	13.4	27.4	0.07	1.43	0.20
21	4-10-0025	米糠饼 rice bran meal (exp.)	未脱脂，机榨 NY/T 1级	88.0	14.7	9.0	7.4	48.2	8.7	27.7	11.6	30.2	0.14	1.69	0.24
22	4-10-0018	米糠粕 rice bran meal (sol.)	浸提或预压浸提，NY/T 1级	87.0	15.1	2.0	7.5	53.6	8.8	23.3	10.9	—	0.15	1.82	0.25
23	5-09-0127	大豆 soybean	黄大豆、成熟 GB 1352-86 2级	87.0	35.5	17.3	4.3	25.7	4.2	7.9	7.3	2.6	0.27	0.48	0.14
24	5-09-0128	全脂大豆 full-fat soybean	微粒化 GB 1352-86 2级	88.0	35.5	18.7	4.6	25.2	4.0	11.0	6.4	6.7	0.32	0.40	0.14
25	5-10-0241	大豆饼 soybean meal (exp.)	机榨 GB 10379-1989 2级	89.0	41.8	5.8	4.8	30.7	5.9	18.1	15.5	3.6	0.31	0.50	0.17
26	5-10-0103	大豆粕 soybean meal (sol.)	去皮、浸提或预压浸提 NY/T 1级	89.0	47.9	1.5	3.3	29.7	4.9	8.8	5.3	1.8	0.34	0.65	0.22
27	5-10-0102	大豆粕 soybean meal (sol.)	浸提或预压浸提 NY/T 1级	89.0	44.2	1.9	5.9	28.3	6.1	13.6	9.6	3.5	0.33	0.62	0.21
28	5-10-0118	棉籽饼 cottonseed meal (exp.)	机榨 NY/T 129-1989 2级	88.0	36.3	7.4	12.5	26.1	5.7	32.1	22.9	3.0	0.21	0.83	0.28
29	5-10-0119	棉籽粕 cottonseed meal (sol.)	浸提 GB 21264-2007 1级	90.0	47.0	0.5	10.2	26.3	6.0	22.5	15.3	1.5	0.25	1.10	0.38
30	5-10-0117	棉籽粕 cottonseed meal (sol.)	浸提 GB 21264-2007 2级	90.0	43.5	0.5	10.5	28.9	6.6	28.4	19.4	1.8	0.28	1.04	0.36
31	5-10-0220	棉籽蛋白 cottonseed protein	脱酚、低温一次浸出、分步萃取	92.0	51.1	1.0	6.9	27.3	5.7	20.0	13.7	—	0.29	0.89	0.29
32	5-10-0183	菜籽饼 rapeseed meal (exp.)	机榨 NY/T 1799-2009 2级	88.0	35.7	7.4	11.4	26.3	7.2	33.3	26.0	3.8	0.59	0.96	0.33
33	5-10-0121	菜籽粕 rapeseed meal (sol.)	浸提 GB/T 23736-2009 2级	88.0	38.6	1.4	11.8	28.9	7.3	20.7	16.8	6.1	0.65	1.02	0.35

（续）

序号	中国饲料号 CFN	饲料名称 Feed Name	饲料描述 Description	干物质 DM (%)	粗蛋白质 CP (%)	粗脂肪 EE (%)	粗纤维 CF (%)	无氮浸出物 NFE (%)	粗灰分 Ash (%)	中性洗涤纤维 NDF (%)	酸性洗涤纤维 ADF (%)	淀粉 Starch(%)	钙 Ca (%)	总磷 P (%)	有效磷 A-P (%)
34	5-10-0116	花生仁饼 peanut meal (exp.)	机榨 NY/T 2级	88.0	44.7	7.2	5.9	25.1	5.1	14.0	8.7	6.6	0.25	0.53	0.16
35	5-10-0115	花生仁粕 peanut meal (sol.)	浸提 NY/T 133-1989 2级	88.0	47.8	1.4	6.2	27.2	5.4	15.5	11.7	6.7	0.27	0.56	0.17
36	1-10-0031	向日葵仁饼 sunflower meal(exp.)	壳仁比 35∶65 NY/T 3级	88.0	29.0	2.9	20.4	31.0	4.7	41.4	29.6	2.0	0.24	0.87	0.22
37	5-10-0242	向日葵仁粕 sunflower meal (sol.)	壳仁比 16∶84 NY/T 2级	88.0	36.5	1.0	10.5	34.4	5.6	14.9	13.6	6.2	0.27	1.13	0.29
38	5-10-0243	向日葵仁粕 sunflower meal (sol.)	壳仁比 24∶76 NY/T 2级	88.0	33.6	1.0	14.8	38.8	5.3	32.8	23.5	4.4	0.26	1.03	0.26
39	5-10-0119	亚麻仁饼 linseed meal (exp.)	机榨 NY/T 2级	88.0	32.2	7.8	7.8	34.0	6.2	29.7	27.1	11.4	0.39	0.88	—
40	5-10-0120	亚麻仁粕 linseed meal (sol.)	浸提或预压浸提 NY/T 2级	88.0	34.8	1.8	8.2	36.6	6.6	21.6	14.4	13.0	0.42	0.95	—
41	5-10-0246	芝麻饼 sesame meal (exp.)	机榨，CP 40%	92.0	39.2	10.3	7.2	24.9	10.4	18.0	13.2	1.8	0.24	1.19	0.22
42	5-11-0001	玉米蛋白粉 corn gluten meal	去胚芽、淀粉后的面筋部分 CP 60%	90.1	63.5	5.4	1.0	19.2	1.0	8.7	4.6	17.2	0.07	0.44	0.16
43	5-11-0002	玉米蛋白粉 corn gluten meal	去胚芽、淀粉后的面筋部分，中等蛋白质产品，CP 50%	91.2	51.3	7.8	2.1	28.0	2.0	10.1	7.5	—	0.06	0.42	0.15
44	5-11-0008	玉米蛋白粉 corn gluten meal	去胚芽、淀粉后的面筋部分，中等蛋白质产品，CP 40%	89.9	44.3	6.0	1.6	37.1	0.9	29.1	8.2	—	0.12	0.50	0.31
45	5-11-0003	玉米蛋白饲料 corn gluten feed	玉米去胚芽、淀粉后的含皮残渣	88.0	19.3	7.5	7.8	48.0	5.4	33.6	10.5	21.5	0.15	0.70	0.17
46	4-10-0026	玉米胚芽饼 corn germ meal (exp.)	玉米湿磨后的胚芽，机榨	90.0	16.7	9.6	6.3	50.8	6.6	28.5	7.4	13.5	0.04	0.50	0.15
47	4-10-0244	玉米胚芽粕 corn germ meal (sol.)	玉米湿磨后的胚芽，浸提	90.0	20.8	2.0	6.5	54.8	5.9	38.2	10.7	14.2	0.06	0.50	0.15
48	5-11-0007	DDGS（distiller dried grains with solubles）	玉米酒精糟及可溶物，脱水	89.2	27.5	10.1	6.6	39.9	5.1	27.6	12.2	26.7	0.05	0.71	0.48
49	5-11-0009	蚕豆粉浆蛋白粉 broad bean gluten meal	蚕豆去皮制粉丝后的浆液，脱水	88.0	66.3	4.7	4.1	10.3	2.6	13.7	9.7	—		0.59	0.18

（续）

序号	中国饲料号 CFN	饲料名称 Feed Name	饲料描述 Description	干物质 DM (%)	粗蛋白质 CP (%)	粗脂肪 EE (%)	粗纤维 CF (%)	无氮浸出物 NFE (%)	粗灰分 Ash (%)	中性洗涤纤维 NDF (%)	酸性洗涤纤维 ADF (%)	淀粉 Starch(%)	钙 Ca (%)	总磷 P (%)	有效磷 A-P (%)
50	5-11-0004	麦芽根 barley malt sprouts	大麦芽副产品、干燥	89.7	28.3	1.4	12.5	41.4	6.1	40.0	15.1	7.2	0.22	0.73	—
51	5-13-0044	鱼粉（CP 67%） fish meal	进口 GB/T 19164-2003 特级	92.4	67.0	8.4	0.2	0.4	16.4				4.56	2.88	2.88
52	5-13-0046	鱼粉（CP60.2%） fish meal	沿海产的海鱼粉、脱脂，12样平均值	90.0	60.2	4.9	0.5	11.6	12.8				4.04	2.90	2.90
53	5-13-0077	鱼粉（CP53.5%） fish meal	沿海产的海鱼粉、脱脂，11样平均值	90.0	53.5	10.0	0.8	4.9	20.8				5.88	3.20	3.20
54	5-13-0036	血粉 blood meal	鲜猪血、喷雾干燥	88.0	82.8	0.4		1.6	3.2				0.29	0.31	0.31
55	5-13-0037	羽毛粉 feather meal	纯净羽毛、水解	88.0	77.9	2.2	0.7	1.4	5.8				0.20	0.68	0.68
56	5-13-0038	皮革粉 leather meal	废牛皮、水解	88.0	74.7	0.8	1.6		10.9				4.40	0.15	0.15
57	5-13-0047	肉骨粉 meat and bone meal	屠宰下脚、带骨干燥粉碎	93.0	50.0	8.5	2.8		31.7	32.5	5.6		9.20	4.70	4.70
58	5-13-0048	肉粉 meat meal	脱脂	94.0	54.0	12.0	1.4	4.3	22.3	31.6	8.3		7.69	3.88	3.88
59	1-05-0074	苜蓿草粉（CP 19%） alfalfa meal NY/T 1级	一茬盛花期烘干	87.0	19.1	2.3	22.7	35.3	7.6	36.7	25.0	6.1	1.40	0.51	0.51
60	1-05-0075	苜蓿草粉（CP 17%） alfalfa meal NY/T2级	一茬盛花期烘干	87.0	17.2	2.6	25.6	33.3	8.3	39.0	28.6	3.4	1.52	0.22	0.22
61	1-05-0076	苜蓿草粉（CP 14%~15%） alfalfa meal	NY/T3级	87.0	14.3	2.1	29.8	33.8	10.1	36.8	2.9	3.5	1.34	0.19	0.19
62	5-11-0005	啤酒糟 brewers dried grain	大麦酿造副产品	88.0	24.3	5.3	13.4	40.8	4.2	39.4	24.6	11.5	0.32	0.42	0.14
63	7-15-0001	啤酒酵母 brewers dried yeast	啤酒酵母菌粉、QB/T1940-94	91.7	52.4	0.4	0.6	33.6	4.7	6.1	1.8	1.0	0.16	1.02	0.46
64	4-13-0075	乳清粉 whey, dehydrated	乳清、脱水、低乳糖含量	94.0	12.0	0.7		71.6	9.7				0.87	0.79	0.79

（续）

序号	中国饲料号 CFN	饲料名称 Feed Name	饲料描述 Description	干物质 DM (%)	粗蛋白质 CP (%)	粗脂肪 EE (%)	粗纤维 CF (%)	无氮浸出物 NFE (%)	粗灰分 Ash (%)	中性洗涤纤维 NDF (%)	酸性洗涤纤维 ADF (%)	淀粉 Starch(%)	钙 Ca (%)	总磷 P (%)	有效磷 A-P (%)
65	5-01-0162	酪蛋白 casein	脱水	91.0	84.4	0.6		2.4	3.6				0.36	0.32	0.32
66	5-14-0503	明胶 gelatin	食用	90.0	88.6	0.5		0.59	0.31				0.49		
67	4-06-0076	牛奶乳糖 milk lactose	进口，含乳糖80%以上	96.0	3.5	0.5		82.0	10.0				0.52	0.62	0.62
68	4-06-0077	乳糖 lactose	食用	96.0	0.3			95.7							
69	4-06-0078	葡萄糖 glucose	食用	90.0	0.3			89.7							
70	4-06-0079	蔗糖 sucrose	食用	99.0				98.5	0.5				0.04	0.01	0.01
71	4-02-0889	玉米淀粉 corn starch	食用	99.0	0.3	0.2		98.5				98.0		0.03	0.01
72	4-17-0001	牛脂 beef tallow		99.0		98.0*		0.5	0.5						
73	4-17-0002	猪油 lard		99.0		98.0*		0.5	0.5						
74	4-17-0003	家禽脂肪 poultry fat		99.0		98.0*		0.5	0.5						99.0
75	4-17-0004	鱼油 fish oil		99.0		98.0*		0.5	0.5						
76	4-17-0005	菜籽油 rapeseed oil		99.0		98.0*		0.5	0.5						
77	4-17-0006	椰子油 coconut oil		99.0		98.0*		0.5	0.5						
78	4-07-0007	玉米油 corn oil		99.0		98.0*		0.5	0.5						
79	4-17-0008	棉籽油 cottonseed oil		99.0		98.0*		0.5	0.5						
80	4-17-0009	棕榈油 palm oil		99.0		98.0*		0.5	0.5						
81	4-17-0010	花生油 peanuts oil		99.0		98.0*		0.5	0.5						
82	4-17-0011	芝麻油 sesame oil		99.0		98.0*		0.5	0.5						
83	4-17-0012	大豆油 soybean oil	粗制	99.0		98.0*		0.5	0.5						
84	4-17-0013	葵花油 sunflower oil		99.0		98.0*		0.5	0.5						

注：①"－"表示未测值（下同）；②*代表典型值（下同）；③空的数据项代表为"0"（下同）；④从表1至表11所示所有数据，无特别说明者，均表示为饲喂状状细含量数据。

附表 2-2　饲料中有效能值*

序号	中国饲料号 CFN	饲料名称 Feed Name	干物质 DM(%)	粗蛋白质 CP(%)	猪消化能 DE Mcal/kg	MJ/kg	猪代谢能 ME Mcal/kg	MJ/kg	猪净能 NE Mcal/kg	MJ/kg	鸡代谢能 ME Mcal/kg	MJ/kg	肉牛维持净能 NE_m Mcal/kg	MJ/kg	肉牛增重净能 NE_g Mcal/kg	MJ/kg	奶牛产奶净能 NE_l Mcal/kg	MJ/kg	羊消化能 DE Mcal/kg	MJ/kg
1	4-07-0278	玉米	86.0	9.4	3.44	14.39	3.24	13.57	2.67	11.18	3.18	13.31	2.20	9.19	1.68	7.02	1.83	7.66	3.40	14.23
2	4-07-0288	玉米	86.0	8.5	3.45	14.43	3.25	13.60	2.72	11.37	3.25	13.60	2.24	9.39	1.72	7.21	1.84	7.70	3.41	14.27
3	4-07-0279	玉米	86.0	8.7	3.41	14.27	3.21	13.43	2.70	11.30	3.24	13.56	2.21	9.25	1.69	7.09	1.84	7.70	3.41	14.27
4	4-07-0280	玉米	86.0	7.8	3.39	14.18	3.20	13.39	2.68	11.21	3.22	13.47	2.19	9.16	1.67	7.00	1.83	7.66	3.38	14.14
5	4-07-0272	高粱	86.0	9.0	3.15	13.18	2.97	12.43	2.47	10.34	2.94	12.30	1.86	7.80	1.30	5.44	1.59	6.65	3.12	13.05
6	4-07-0270	小麦	88.0	13.4	3.39	14.18	3.16	13.22	2.52	10.56	3.04	12.72	2.09	8.73	1.55	6.46	1.75	7.32	3.40	14.23
7	4-07-0274	大麦（裸）	87.0	13.0	3.24	13.56	3.03	12.68	2.43	10.15	2.68	11.21	1.99	8.31	1.43	5.99	1.68	7.03	3.21	13.43
8	4-07-0277	大麦（皮）	87.0	11.0	3.02	12.64	2.83	11.84	2.25	9.42	2.70	11.30	1.90	7.95	1.35	5.64	1.62	6.78	3.16	13.22
9	4-07-0281	黑麦	88.0	11.0	3.31	13.85	3.10	12.97	2.51	10.50	2.69	11.25	1.98	8.27	1.42	5.95	1.68	7.03	3.39	14.18
10	4-07-0273	稻谷	86.0	7.8	2.69	11.25	2.54	10.63	1.94	8.10	2.63	11.00	1.80	7.54	1.28	5.33	1.53	6.40	3.02	12.64
11	4-07-0276	糙米	87.0	8.8	3.44	14.39	3.24	13.57	2.57	10.77	3.36	14.06	2.22	9.28	1.71	7.16	1.84	7.70	3.41	14.27
12	4-07-0275	碎米	88.0	10.4	3.60	15.06	3.38	14.14	2.73	11.41	3.40	14.23	2.40	10.05	1.92	8.03	1.97	8.24	3.43	14.35
13	4-07-0479	粟（谷子）	86.5	9.7	3.09	12.93	2.91	12.18	2.32	9.71	2.84	11.88	1.97	8.25	1.43	6.00	1.67	6.99	3.00	12.55
14	4-04-0067	木薯干	87.0	2.5	3.13	13.10	2.97	12.43	2.51	10.50	2.96	12.38	1.67	6.99	1.12	4.70	1.43	5.98	2.99	12.51
15	4-04-0068	甘薯干	87.0	4.0	2.82	11.80	2.68	11.21	2.26	9.46	2.34	9.79	1.85	7.76	1.33	5.57	1.57	6.57	3.27	13.68
16	4-08-0104	次粉	88.0	15.4	3.27	13.68	3.04	12.72	2.33	9.76	3.05	12.76	2.41	10.10	1.92	8.02	1.99	8.32	3.32	13.89
17	4-08-0105	次粉	87.0	13.6	3.21	13.43	2.99	12.51	2.24	9.37	2.99	12.51	2.37	9.92	1.88	7.87	1.95	8.16	3.25	13.60
18	4-08-0069	小麦麸	87.0	15.7	2.24	9.37	2.08	8.70	1.47	6.15	1.36	5.69	1.67	7.01	1.09	4.55	1.46	6.11	2.91	12.18
19	4-08-0070	小麦麸	87.0	14.3	2.23	9.33	2.07	8.66	1.47	6.15	1.35	5.65	1.66	6.95	1.07	4.50	1.45	6.08	2.89	12.10
20	4-08-0041	米糠	87.0	12.8	3.02	12.64	2.82	11.80	2.30	9.63	2.68	11.21	2.05	8.58	1.40	5.85	1.78	7.45	3.29	13.77

（续）

序号	中国饲料号 CFN	饲料名称 Feed Name	干物质 DM(%)	粗蛋白质 CP(%)	猪消化能 DE Mcal/kg	MJ/kg	猪代谢能 ME Mcal/kg	MJ/kg	猪净能 NE Mcal/kg	MJ/kg	鸡代谢能 ME Mcal/kg	MJ/kg	肉牛维持净能 NE_m Mcal/kg	MJ/kg	肉牛增重净能 NE_g Mcal/kg	MJ/kg	奶牛产奶净能 NE_l Mcal/kg	MJ/kg	羊消化能 DE Mcal/kg	MJ/kg
21	4-10-0025	米糠饼	88.0	14.7	2.99	12.51	2.78	11.63	2.16	9.02	2.43	10.17	1.72	7.20	1.11	4.65	1.50	6.28	2.85	11.92
22	4-10-0018	米糠粕	87.0	15.1	2.76	11.55	2.57	10.75	1.98	8.31	1.98	8.28	1.45	6.06	0.90	3.75	1.26	5.27	2.39	10.00
23	5-09-0127	大豆	87.0	35.5	3.97	16.61	3.53	14.77	2.67	11.17	3.24	13.56	2.16	9.03	1.42	5.93	1.90	7.95	3.91	16.36
24	5-09-0128	全脂大豆	88.0	35.5	4.24	17.74	3.77	15.77	2.92	12.20	3.75	15.69	2.20	9.19	1.44	6.01	1.94	8.12	3.99	16.99
25	5-10-0241	大豆饼	89.0	41.8	3.44	14.39	3.01	12.59	1.95	8.17	2.52	10.54	2.02	8.44	1.36	5.67	1.75	7.32	3.37	14.10
26	5-10-0103	大豆粕	89.0	47.9	3.60	15.06	3.11	13.01	2.01	8.43	2.53	10.58	2.07	8.68	1.45	6.06	1.78	7.45	3.42	14.31
27	5-10-0102	大豆粕	89.0	44.2	3.37	14.26	2.97	12.43	1.87	7.81	2.39	10.00	2.08	8.71	1.48	6.20	1.78	7.45	3.41	14.27
28	5-10-0118	棉籽饼	88.0	36.3	2.37	9.92	2.10	8.79	1.21	5.06	2.16	9.04	1.79	7.51	1.13	4.72	1.58	6.61	3.16	13.22
29	5-10-0119	棉籽粕	90.0	47.0	2.25	9.41	1.95	8.28	0.97	4.05	1.86	7.78	1.78	7.44	1.13	4.73	1.56	6.53	3.12	13.05
30	5-10-0117	棉籽粕	90.0	43.5	2.31	9.68	2.01	8.43	1.01	4.22	2.03	8.49	1.76	7.35	1.12	4.69	1.54	6.44	2.98	12.47
31	5-10-0220	棉籽蛋白	92.0	51.1	2.45	10.25	2.13	8.91	1.35	5.63	2.16	9.04	1.87	7.82	1.20	5.02	1.82	7.61	3.16	13.22
32	5-10-0183	菜籽饼	88.0	35.7	2.88	12.05	2.56	10.71	1.54	6.47	1.95	8.16	1.59	6.64	0.93	3.90	1.42	5.94	3.14	13.14
33	5-10-0121	菜籽粕	88.0	38.6	2.53	10.59	2.23	9.33	1.26	5.29	1.77	7.41	1.57	6.56	0.95	3.98	1.39	5.82	2.88	12.05
34	5-10-0116	花生仁饼	88.0	44.7	3.08	12.89	2.68	11.21	1.77	7.43	2.78	11.63	2.37	9.91	1.73	7.22	2.02	8.45	3.44	14.39
35	5-10-0115	花生仁粕	88.0	47.8	2.97	12.43	2.56	10.71	1.53	6.41	2.60	10.88	2.10	8.80	1.48	6.20	1.80	7.53	3.24	13.56
36	5-10-0031	向日葵仁饼	88.0	29.0	1.89	7.91	1.70	7.11	0.79	3.32	1.59	6.65	1.43	5.99	0.82	3.41	1.28	5.36	2.10	8.79
37	5-10-0242	向日葵仁粕	88.0	36.5	2.78	11.63	2.46	10.29	1.48	6.22	2.32	9.71	1.75	7.33	1.14	4.76	1.53	6.40	2.54	10.63
38	5-10-0243	向日葵仁粕	88.0	33.6	2.49	10.42	2.22	9.29	1.21	5.04	2.03	8.49	1.58	6.60	0.93	3.90	1.41	5.90	2.04	8.54
39	5-10-0119	亚麻仁饼	88.0	32.2	2.90	12.13	2.60	10.88	1.63	6.84	2.34	9.79	1.90	7.96	1.25	5.23	1.66	6.95	3.20	13.39
40	5-10-0120	亚麻仁粕	88.0	34.8	2.37	9.92	2.11	8.83	1.26	5.27	1.90	7.95	1.78	7.44	1.17	4.89	1.54	6.44	2.99	12.51
41	5-10-0246	芝麻饼	92.0	39.2	3.20	13.39	2.82	11.80	1.92	8.02	2.14	8.95	1.92	8.02	1.23	5.13	1.69	7.07	3.51	14.69
42	5-11-0001	玉米蛋白粉	90.1	63.5	3.60	15.06	3.00	12.55	2.02	8.46	3.88	16.23	2.32	9.71	1.58	6.61	2.02	8.45	4.39	18.37

（续）

序号	中国饲料号 CFN	饲料名称 Feed Name	干物质 DM(%)	粗蛋白质 CP(%)	猪消化能 DE Mcal/kg	猪消化能 DE MJ/kg	猪代谢能 ME Mcal/kg	猪代谢能 ME MJ/kg	猪净能 NE Mcal/kg	猪净能 NE MJ/kg	鸡代谢能 ME Mcal/kg	鸡代谢能 ME MJ/kg	肉牛维持净能 NE$_m$ Mcal/kg	肉牛维持净能 NE$_m$ MJ/kg	肉牛增重净能 NE$_g$ Mcal/kg	肉牛增重净能 NE$_g$ MJ/kg	奶牛产奶净能 NE$_l$ Mcal/kg	奶牛产奶净能 NE$_l$ MJ/kg	羊消化能 DE Mcal/kg	羊消化能 DE MJ/kg
43	5-11-0002	玉米蛋白粉	91.2	51.3	3.73	15.61	3.19	13.35	2.24	9.36	3.41	14.27	2.14	8.96	1.40	5.85	1.89	7.91	3.56	14.90
44	5-11-0008	玉米蛋白粉	89.9	44.3	3.59	15.02	3.13	13.10	2.13	8.92	3.18	13.31	1.93	8.08	1.26	5.26	1.74	7.28	3.28	13.73
45	5-11-0003	玉米蛋白饲料	88.0	19.3	2.48	10.38	2.28	9.54	1.68	7.06	2.02	8.45	2.00	8.36	1.36	5.69	1.70	7.11	3.20	13.39
46	4-10-0026	玉米胚芽饼	90.0	16.7	3.51	14.69	3.25	13.60	2.46	10.29	2.24	9.37	2.06	8.62	1.40	5.86	1.75	7.32	3.29	13.77
47	4-10-0244	玉米胚芽粕	90.0	20.8	3.28	13.72	3.01	12.59	2.09	8.76	2.07	8.66	1.87	7.83	1.27	5.33	1.60	6.69	3.01	12.60
48	5-11-0007	DDGS	89.2	27.5	3.43	14.35	3.10	12.97	2.32	9.74	2.20	9.20	1.86	7.78	1.57	6.58	2.14	8.97	3.50	14.64
49	5-11-0009	蚕豆粉浆蛋白粉	88.0	66.3	3.23	13.51	2.69	11.25	1.93	8.10	3.47	14.52	2.16	9.03	1.47	6.16	1.92	8.03	3.61	15.11
50	5-11-0004	麦芽根	89.7	28.3	2.31	9.67	2.09	8.74	1.25	5.22	1.41	5.90	1.60	6.69	1.02	4.29	1.43	5.98	2.73	11.42
51	5-13-0044	鱼粉(CP67%)	92.4	67.0	3.22	13.47	2.67	11.16	1.74	7.28	3.10	12.97	1.72	7.20	1.10	4.60	2.33	9.75	3.09	12.93
52	5-13-0046	鱼粉(CP60.2%)	90.0	60.2	3.00	12.55	2.52	10.54	1.58	6.61	2.82	11.80	1.86	7.77	1.19	4.98	1.63	6.82	3.07	12.85
53	5-13-0077	鱼粉(CP53.5%)	90.0	53.5	3.09	12.93	2.63	11.00	1.80	7.54	2.90	12.13	1.85	7.72	1.21	5.05	1.61	6.74	3.14	13.14
54	5-13-0036	血粉	88.0	82.8	2.73	11.42	2.16	9.04	1.06	4.44	2.46	10.29	1.45	6.08	0.75	3.13	1.34	5.61	2.40	10.04
55	5-13-0037	羽毛粉	88.0	77.9	2.77	11.59	2.22	9.29	1.17	4.91	2.73	11.42	1.46	6.10	0.76	3.19	1.34	5.61	2.54	10.63
56	5-13-0038	皮革粉	88.0	74.7	2.75	11.51	2.23	9.33	1.16	4.88	1.48	6.19	0.67	2.81	0.37	1.55	0.74	3.10	2.64	11.05
57	5-13-0047	肉骨粉	93.0	50.0	2.83	11.84	2.43	10.17	1.59	6.64	2.38	9.96	1.65	6.91	1.08	4.53	1.43	5.98	2.77	11.59
58	5-13-0048	肉粉	94.0	54.0	2.70	11.30	2.30	9.62	1.49	6.25	2.20	9.20	1.66	6.95	1.05	4.39	1.34	5.61	2.52	10.55
59	1-05-0074	苜蓿草粉(CP 19%)	87.0	19.1	1.66	6.95	1.53	6.40	0.79	3.30	0.97	4.06	1.29	5.40	0.73	3.04	1.15	4.81	2.36	9.87
60	1-05-0075	苜蓿草粉(CP17%)	87.0	17.2	1.46	6.11	1.35	5.65	0.62	2.61	0.87	3.64	1.29	5.38	0.73	3.05	1.14	4.77	2.29	9.58

（续）

序号	中国饲料号 CFN	饲料名称 Feed Name	干物质 DM(%)	粗蛋白质 CP(%)	猪消化能 DE Mcal/kg	DE MJ/kg	猪代谢能 ME Mcal/kg	ME MJ/kg	猪净能 NE Mcal/kg	NE MJ/kg	鸡代谢能 ME Mcal/kg	ME MJ/kg	肉牛维持净能 NE_m Mcal/kg	NE_m MJ/kg	肉牛增重净能 NE_g Mcal/kg	NE_g MJ/kg	奶牛产奶净能 NE_l Mcal/kg	NE_l MJ/kg	羊消化能 DE Mcal/kg	DE MJ/kg
61	1-05-0076	苜蓿草粉(CP 14%~15%)	87.0	14.3	1.49	6.23	1.39	5.82	0.92	3.86	0.84	3.51	1.11	4.66	0.57	2.40	1.00	4.18	1.87	7.83
62	5-11-0005	啤酒糟	88.0	24.3	2.25	9.41	2.05	8.58	1.24	5.19	2.37	9.92	1.56	6.55	0.93	3.90	1.39	5.82	2.58	10.80
63	7-15-0001	啤酒酵母	91.7	52.4	3.54	14.81	3.02	12.64	1.95	8.17	2.52	10.54	1.90	7.93	1.22	5.10	1.67	6.99	3.21	13.43
64	4-13-0075	乳清粉	94.0	12.0	3.44	14.39	3.22	13.47	2.78	11.66	2.73	11.42	2.05	8.56	1.53	6.39	1.72	7.20	3.43	14.35
65	5-01-0162	酪蛋白	91.0	84.4	4.13	17.27	3.22	13.47	2.55	10.67	4.13	17.28	3.14	13.14	2.36	9.88	2.31	9.67	4.28	17.90
66	5-14-0503	明胶	90.0	88.6	2.80	11.72	2.19	9.16	2.51	10.54	2.36	9.87	1.80	7.53	1.36	5.70	1.56	6.53	3.36	14.06
67	4-06-0076	牛奶乳糖	96.0	3.5	3.37	14.10	3.21	13.43	2.33	9.77	2.69	11.25	2.32	9.72	1.85	7.76	1.91	7.99	3.48	14.56
68	4-06-0077	乳糖	96.0	0.3	3.53	14.77	3.39	14.18	2.47	10.33	2.70	11.30	2.31	9.67	1.84	7.70	2.06	8.62	3.92	16.41
69	4-06-0078	葡萄糖	90.0	0.3	3.36	14.06	3.22	13.47	2.35	9.83	3.08	12.89	2.66	11.13	2.13	8.92	1.76	7.36	3.28	13.73
70	4-06-0079	蔗糖	99.0		3.80	15.90	3.65	15.27	2.66	11.13	3.90	16.32	3.37	14.10	2.69	11.26	2.06	8.62	4.02	16.82
71	4-02-0889	玉米淀粉	99.0	0.3	4.00	16.74	3.84	16.07	3.28	13.72	3.16	13.22	2.73	11.43	2.20	9.12	1.87	7.82	3.50	14.65
72	4-17-0001	牛油	99.0		8.00	33.47	7.68	32.13	7.19	30.01	7.78	32.55	4.76	19.90	3.52	14.73	4.23	17.70	7.62	31.86
73	4-17-0002	猪油	99.0		8.29	34.69	7.96	33.30	7.39	30.94	9.11	38.11	5.60	23.43	4.15	17.37	4.86	20.34	8.51	35.60
74	4-17-0003	家禽脂肪	99.0		8.52	35.65	8.18	34.23	7.55	31.62	9.36	39.16	5.47	22.89	4.10	17.00	4.96	20.76	8.68	36.30
75	4-17-0004	鱼油	99.0		8.44	35.31	8.10	33.89	7.50	31.38	8.45	35.35	9.55	39.92	5.26	21.20	4.64	19.40	8.36	34.95
76	4-17-0005	菜籽油	99.0		8.76	36.65	8.41	35.19	7.72	32.32	9.21	38.53	10.14	42.30	5.68	23.77	5.01	20.97	8.92	37.33
77	4-17-0006	玉米油	99.0		8.75	36.61	8.40	35.15	7.71	32.29	9.66	40.42	10.44	43.64	5.75	24.10	5.26	22.01	9.42	39.42
78	4-17-0007	椰子油	99.0		8.40	35.11	8.06	33.69	7.47	31.27	8.81	36.83	9.78	40.92	5.58	23.35	4.79	20.05	8.63	36.11
79	4-17-0008	棉籽油	99.0		8.60	35.98	8.26	34.43	7.61	31.86	9.05	37.87	10.20	42.68	5.72	23.94	4.92	20.06	8.91	37.25
80	4-17-0009	棕榈油	99.0		8.01	33.51	7.69	32.17	7.20	30.30	5.80	24.27	6.56	27.45	3.94	16.50	3.16	13.23	5.76	24.10
81	4-17-0010	花生油	99.0		8.73	36.53	8.38	35.06	7.70	32.24	9.36	39.16	10.50	43.89	5.57	23.31	5.09	21.30	9.17	38.33
82	4-17-0011	芝麻油	99.0		8.75	36.61	8.40	35.15	7.72	32.30	8.48	35.48	9.60	40.14	5.20	21.76	4.61	19.29	8.35	34.91
83	4-17-0012	大豆油	99.0		8.75	36.61	8.40	35.15	7.72	32.23	8.37	35.02	9.38	39.21	5.44	22.76	4.55	19.04	8.29	34.69
84	4-17-0013	葵花油	99.0		8.76	36.65	8.41	35.19	7.73	32.32	9.66	40.42	10.44	43.64	5.43	22.72	5.26	22.01	9.47	39.63

* 猪饲料净能是按中国饲料成分及营养价值表（2012年第23版）修订说明中列出的公式（1）计算得到的。奶牛的产奶净能为 3 倍维持饲喂水平数值。

附表 2-3　饲料中氨基酸含量

序号	中国饲料号 CFN	饲料名称 Feed Name	干物质 DM (%)	粗蛋白质 CP (%)	精氨酸 Arg (%)	组氨酸 His (%)	异亮氨酸 Ile (%)	亮氨酸 Leu (%)	赖氨酸 Lys (%)	蛋氨酸 Met (%)	胱氨酸 Cys (%)	苯丙氨酸 Phe (%)	酪氨酸 Tyr (%)	苏氨酸 Thr (%)	色氨酸 Trp (%)	缬氨酸 Val (%)
1	4-07-0278	玉米 corn grain	86.0	9.4	0.38	0.23	0.26	1.03	0.26	0.19	0.22	0.43	0.34	0.31	0.08	0.40
2	4-07-0288	玉米 corn grain	86.0	8.5	0.50	0.29	0.27	0.74	0.36	0.15	0.18	0.37	0.28	0.30	0.08	0.46
3	4-07-0279	玉米 corn grain	86.0	8.5	0.39	0.21	0.25	0.93	0.24	0.18	0.20	0.41	0.33	0.30	0.07	0.38
4	4-07-0280	玉米 corn grain	86.0	7.8	0.37	0.20	0.24	0.93	0.23	0.15	0.15	0.38	0.31	0.29	0.06	0.35
5	4-07-0272	高粱 sorghum grain	86.0	9.0	0.33	0.18	0.35	1.08	0.18	0.17	0.12	0.45	0.32	0.26	0.08	0.44
6	4-07-0270	小麦 wheat grain	88.0	13.4	0.62	0.30	0.46	0.89	0.35	0.21	0.30	0.61	0.37	0.38	0.15	0.56
7	4-07-0274	大麦（裸）naked barley grain	87.0	13.0	0.64	0.16	0.43	0.87	0.44	0.14	0.25	0.68	0.40	0.43	0.16	0.63
8	4-07-0277	大麦（皮）barley grain	87.0	11.0	0.65	0.24	0.52	0.91	0.42	0.18	0.18	0.59	0.35	0.41	0.12	0.64
9	4-07-0281	黑麦 rye	88.0	9.50	0.48	0.22	0.30	0.58	0.35	0.15	0.21	0.42	0.26	0.31	0.10	0.43
10	4-07-0273	稻谷 paddy	86.0	7.8	0.57	0.15	0.32	0.58	0.29	0.19	0.16	0.40	0.37	0.25	0.10	0.47
11	4-07-0276	糙米 rough rice	87.0	8.8	0.65	0.17	0.30	0.61	0.32	0.20	0.14	0.35	0.31	0.28	0.12	0.49
12	4-07-0275	碎米 broken rice	88.0	10.4	0.78	0.27	0.39	0.74	0.42	0.22	0.17	0.49	0.39	0.38	0.12	0.57
13	4-07-0479	粟（谷子）millet grain	86.5	9.7	0.30	0.20	0.36	1.15	0.15	0.25	0.20	0.49	0.26	0.35	0.17	0.42
14	4-04-0067	木薯干 cassava tuber flake	87.0	2.5	0.40	0.05	0.11	0.15	0.13	0.05	0.04	0.10	0.04	0.10	0.03	0.13
15	4-04-0068	甘薯干 sweet potato tuber flake	87.0	4.0	0.16	0.08	0.17	0.26	0.16	0.06	0.08	0.19	0.13	0.18	0.05	0.27
16	4-08-0104	次粉 wheat middling and reddog	88.0	15.4	0.86	0.41	0.55	1.06	0.59	0.23	0.37	0.66	0.46	0.50	0.21	0.72
17	4-08-0105	次粉 wheat middling and reddog	87.0	13.6	0.85	0.33	0.48	0.98	0.52	0.16	0.33	0.63	0.45	0.50	0.18	0.68
18	4-08-0069	小麦麸 wheat bran	87.0	15.7	1.00	0.41	0.51	0.96	0.63	0.23	0.32	0.62	0.43	0.50	0.25	0.71
19	4-08-0070	小麦麸 wheat bran	87.0	14.3	0.88	0.37	0.46	0.88	0.56	0.22	0.31	0.57	0.34	0.45	0.18	0.65
20	4-08-0041	米糠 rice bran	87.0	12.8	1.06	0.39	0.63	1.00	0.74	0.25	0.19	0.63	0.50	0.48	0.14	0.81
21	4-10-0025	米糠饼 rice bran meal (exp.)	88.0	14.7	1.19	0.43	0.72	1.06	0.66	0.26	0.30	0.76	0.51	0.53	0.15	0.99

（续）

序号	中国饲料号 CFN	饲料名称 Feed Name	干物质 DM (%)	粗蛋白质 CP (%)	精氨酸 Arg (%)	组氨酸 His (%)	异亮氨酸 Ile (%)	亮氨酸 Leu (%)	赖氨酸 Lys (%)	蛋氨酸 Met (%)	胱氨酸 Cys (%)	苯丙氨酸 Phe (%)	酪氨酸 Tyr (%)	苏氨酸 Thr (%)	色氨酸 Trp (%)	缬氨酸 Val (%)
22	4-10-0018	米糠粕 rice bran meal (sol.)	87.0	15.1	1.28	0.46	0.78	1.30	0.72	0.28	0.32	0.82	0.55	0.57	0.17	1.07
23	5-09-0127	大豆 soybeans	87.0	35.5	2.57	0.59	1.28	2.72	2.20	0.56	0.70	1.42	0.64	1.41	0.45	1.50
24	5-09-0128	全脂大豆 full-fat soybeans	88.0	35.5	2.62	0.95	1.63	2.64	2.20	0.53	0.57	1.77	1.25	1.43	0.45	1.69
25	5-10-0241	大豆饼 soybean meal (exp.)	89.0	41.8	2.53	1.10	1.57	2.75	2.43	0.60	0.62	1.79	1.53	1.44	0.64	1.70
26	5-10-0103	大豆粕 soybean meal (sol.)	89.0	47.9	3.43	1.22	2.10	3.57	2.99	0.68	0.73	2.33	1.57	1.85	0.65	2.26
27	5-10-0102	大豆粕 soybean meal (sol.)	89.0	44.2	3.38	1.17	1.99	3.35	2.68	0.59	0.65	2.21	1.47	1.71	0.57	2.09
28	5-10-0118	棉籽饼 cottonseed meal (exp.)	88.0	36.3	3.94	0.90	1.16	2.07	1.40	0.41	0.70	1.88	0.95	1.14	0.39	1.51
29	5-10-0119	棉籽粕 cottonseed meal (sol.)	88.0	47.0	5.44	1.28	1.41	2.60	2.13	0.65	0.75	2.47	1.46	1.43	0.57	1.98
30	5-10-0117	棉籽粕 cottonseed meal (sol.)	90.0	43.5	4.65	1.19	1.29	2.47	1.97	0.58	0.68	2.28	1.05	1.25	0.51	1.91
31	5-10-0220	棉籽蛋白 cottonseed protein	92.0	51.1	6.08	1.58	1.72	3.13	2.26	0.86	1.04	2.94	1.42	1.60		2.48
32	5-10-0183	菜籽饼 rapeseed meal (exp.)	88.0	35.7	1.82	0.83	1.24	2.26	1.33	0.60	0.82	1.35	0.92	1.40	0.42	1.62
33	5-10-0121	菜籽粕 rapeseed meal (sol.)	88.0	38.6	1.83	0.86	1.29	2.34	1.30	0.63	0.87	1.45	0.97	1.40	0.43	1.74
34	5-10-0116	花生仁饼 peanut meal (exp.)	88.0	44.7	4.60	0.83	1.18	2.36	1.32	0.39	0.38	1.81	1.31	1.05	0.42	1.28
35	5-10-0115	花生仁粕 peanut meal (sol.)	88.0	47.8	4.88	0.88	1.25	2.50	1.40	0.41	0.40	1.92	1.39	1.11	0.45	1.36
36	5-10-0031	向日葵仁饼 sunflower meal (exp.)	88.0	29.0	2.44	0.62	1.19	1.76	0.96	0.59	0.43	1.21	0.77	0.88	0.28	1.35

（续）

序号	中国饲料号 CFN	饲料名称 Feed Name	干物质 DM (%)	粗蛋白质 CP (%)	精氨酸 Arg (%)	组氨酸 His (%)	异亮氨酸 Ile (%)	亮氨酸 Leu (%)	赖氨酸 Lys (%)	蛋氨酸 Met (%)	胱氨酸 Cys (%)	苯丙氨酸 Phe (%)	酪氨酸 Tyr (%)	苏氨酸 Thr (%)	色氨酸 Trp (%)	缬氨酸 Val (%)
37	5-10-0242	向日葵仁粕 sunflower meal(sol.)	88.0	36.5	3.17	0.81	1.51	2.25	1.22	0.72	0.62	1.56	0.99	1.25	0.47	1.72
38	5-10-0243	向日葵仁粕 sunflower meal(sol.)	88.0	33.6	2.89	0.74	1.39	2.07	1.13	0.69	0.50	1.43	0.91	1.14	0.37	1.58
39	5-10-0119	亚麻仁饼 linseed meal (exp.)	88.0	32.2	2.35	0.51	1.15	1.62	0.73	0.46	0.48	1.32	0.50	1.00	0.48	1.44
40	5-10-0120	亚麻仁粕 linseed meal (sol.)	88.0	34.8	3.59	0.64	1.33	1.85	1.16	0.55	0.55	1.51	0.93	1.10	0.70	1.51
41	5-10-0246	芝麻饼 sesame meal (exp.)	92.0	39.2	2.38	0.81	1.42	2.52	0.82	0.82	0.75	1.68	1.02	1.29	0.49	1.84
42	5-11-0001	玉米蛋白粉 corn gluten meal	90.1	63.5	2.01	1.23	2.92	10.50	1.10	1.60	0.99	3.94	3.19	2.11	0.36	2.94
43	5-11-0002	玉米蛋白粉 corn gluten meal	91.2	51.3	1.48	0.89	1.75	7.87	0.92	1.14	0.76	2.83	2.25	1.59	0.31	2.05
44	5-11-0008	玉米蛋白粉 corn gluten meal	89.9	44.3	1.31	0.78	1.63	7.08	0.71	1.04	0.65	2.61	2.03	1.38	-	1.84
45	5-11-0003	玉米蛋白饲料 corn gluten feed	88.0	19.3	0.77	0.56	0.62	1.82	0.63	0.29	0.33	0.70	0.50	0.68	0.14	0.93
46	4-10-0026	玉米胚芽饼 corn germ meal (exp.)	90.0	16.7	1.16	0.45	0.53	1.25	0.70	0.31	0.47	0.64	0.54	0.64	0.16	0.91
47	4-10-0244	玉米胚芽粕 corn germ meal (soL.)	90.0	20.8	1.51	0.62	0.77	1.54	0.75	0.21	0.28	0.93	0.66	0.68	0.18	1.66
48	5-11-0007	DDGS (distiller dried grains with solubles)	89.2	27.5	1.23	0.75	1.06	3.21	0.87	0.56	0.57	1.40	1.09	1.04	0.22	1.41
49	5-11-0009	蚕豆粉浆蛋白粉 broad bean gluten meal	88.0	66.3	5.96	1.66	2.90	5.88	4.44	0.60	0.57	3.34	2.21	2.31	-	3.20
50	5-11-0004	麦芽根 barley malt sprouts	89.7	28.3	1.22	0.54	1.08	1.58	1.30	0.37	0.26	0.85	0.67	0.96	0.42	1.44

（续）

序号	中国饲料号 CFN	饲料名称 Feed Name	干物质 DM (%)	粗蛋白质 CP (%)	精氨酸 Arg (%)	组氨酸 His (%)	异亮氨酸 Ile (%)	亮氨酸 Leu (%)	赖氨酸 Lys (%)	蛋氨酸 Met (%)	胱氨酸 Cys (%)	苯丙氨酸 Phe (%)	酪氨酸 Tyr (%)	苏氨酸 Thr (%)	色氨酸 Trp (%)	缬氨酸 Val (%)
51	5-13-0044	鱼粉（CP 67%）fish meal	92.4	67.0	3.93	2.01	2.61	4.94	4.97	1.86	0.60	2.61	1.97	2.74	0.77	3.11
52	5-13-0046	鱼粉（CP 60.2%）fish meal	90.0	60.2	3.57	1.71	2.68	4.80	4.72	1.64	0.52	2.35	1.96	2.57	0.70	3.17
53	5-13-0077	鱼粉（CP 53.5%）fish meal	90.0	53.5	3.24	1.29	2.30	4.30	3.87	1.39	0.49	2.22	1.70	2.51	0.60	2.77
54	5-13-0036	血粉 blood meal	88.0	82.8	2.99	4.40	0.75	8.38	6.67	0.74	0.98	5.23	2.55	2.86	1.11	6.08
55	5-13-0037	羽毛粉 feather meal	88.0	77.9	5.30	0.58	4.21	6.78	1.65	0.59	2.93	3.57	1.79	3.51	0.40	6.05
56	5-13-0038	皮革粉 leather meal	88.0	74.7	4.45	0.40	1.06	2.53	2.18	0.80	0.16	1.56	0.63	0.71	0.50	1.91
57	5-13-0047	肉骨粉 meat and bone meal	93.0	50.0	3.35	0.96	1.70	3.20	2.60	0.67	0.33	1.70	1.26	1.63	0.26	2.25
58	5-13-0048	肉粉 meat meal	94.0	54.0	3.60	1.14	1.60	3.84	3.07	0.80	0.60	2.17	1.40	1.97	0.35	2.66
59	1-05-0074	苜蓿草粉（CP 19%）alfalfa meal	87.0	19.1	0.78	0.39	0.68	1.20	0.82	0.21	0.22	0.82	0.58	0.74	0.43	0.91
60	1-05-0075	苜蓿草粉（CP17%）alfalfa meal	87.0	17.2	0.74	0.32	0.66	1.10	0.81	0.20	0.16	0.81	0.54	0.65	0.37	0.85
61	1-05-0076	苜蓿草粉（CP14%~15%）alfalfa meal	87.0	14.3	0.61	0.19	0.58	1.00	0.60	0.18	0.15	0.59	0.38	0.45	0.24	0.58
62	5-11-0005	啤酒糟 brewers dried grain	88.0	24.3	0.98	0.51	1.18	1.08	0.72	0.52	0.35	2.35	1.17	0.81	0.28	1.66
63	7-15-0001	啤酒酵母 brewers dried yeast	91.7	52.4	2.67	1.11	2.85	4.76	3.38	0.83	0.50	4.07	0.12	2.33	0.21	3.40
64	4-13-0075	乳清粉 whey, dehydrated	94.0	12.0	0.40	0.20	0.90	1.20	1.10	0.20	0.30	0.40	0.21	0.80	0.20	0.70
65	5-01-0162	酪蛋白 casein	91.0	84.4	3.10	2.68	4.43	8.36	6.99	2.57	0.39	4.56	4.54	3.79	1.08	5.80
66	5-14-0503	明胶 gelatin	90.0	88.6	6.60	0.66	1.42	2.91	3.62	0.76	0.12	1.74	0.43	1.82	0.05	2.26
67	4-06-0076	牛奶乳糖 milk lactose	96.0	3.5	0.25	0.09	0.09	0.16	0.14	0.03	0.04	0.09	0.02	0.09	0.09	0.09

附表 2-4　矿物质及维生素含量

序号	中国饲料号 CFN	饲料名称 Feed Name	钠 Na (%)	氯 Cl (%)	镁 Mg (%)	钾 K (%)	铁 Fe (mg/kg)	铜 Cu (mg/kg)	锰 Mn (mg/kg)	锌 Zn (mg/kg)	硒 Se (mg/kg)	胡萝卜素 (mg/kg)	维生素 E (mg/kg)	维生素 B_1 (mg/kg)	维生素 B_2 (mg/kg)	泛酸 (mg/kg)	烟酸 (mg/kg)	生物素 (mg/kg)	叶酸 (mg/kg)	胆碱 (mg/kg)	维生素 B_6 (mg/kg)	维生素 B_{12} (pg/kg)	亚油酸 (%)
1	4-07-0278	玉米 corn grain	0.01	0.04	0.11	0.29	36	3.4	5.8	21.1	0.04	2	22.0	3.5	1.1	5.0	24.0	0.06	0.15	620	10.0		2.20
2	4-07-0272	高粱 sorghum grain	0.03	0.09	0.15	0.34	87	7.6	17.1	20.1	0.05		7.0	3.0	1.3	12.4	41.0	0.26	0.20	668	5.2		1.13
3	4-07-0270	小麦 wheat grain	0.06	0.07	0.11	0.50	88	7.9	45.9	29.7	0.05	0.4	13.0	4.6	1.3	11.9	51.0	0.11	0.36	1 040	3.7		0.59
4	4-07-0274	大麦（裸）naked barley grain	0.04		0.11	0.60	100	7.0	18.0	30.0	0.16		48.0	4.1	1.4		87.0				19.3		
5	4-07-0277	大麦（皮）barley grain	0.02	0.15	0.14	0.56	87	5.6	17.5	23.6	0.06	4.1	20.0	4.5	1.8	8.0	55.0	0.15	0.07	990	4.0		0.83
6	4-07-0281	黑麦 rye	0.02	0.04	0.12	0.42	117	7.0	53.0	35.0	0.40		15.0	3.6	1.5	8.0	16.0	0.06	0.60	440	2.6		0.76
7	4-07-0273	稻谷 paddy	0.04	0.07	0.07	0.34	40	3.5	20.0	8.0	0.04		16.0	3.1	1.2	3.7	34.0	0.08	0.45	900	28.0		0.28
8	4-07-0276	糙米 rough rice	0.04	0.06	0.14	0.34	78	3.3	21.0	10.0	0.07		13.5	2.8	1.1	11.0	30.0	0.08	0.40	1 014	0.04		
9	4-07-0275	碎米 broken rice	0.07	0.08	0.11	0.13	62	8.8	47.5	36.4	0.06		14.0	1.4	0.7	8.0	30.0	0.08	0.20	800	28.0		
10	4-07-0479	粟（谷子）millet grain	0.04	0.14	0.16	0.43	270	24.5	22.5	15.9	0.08	1.2	36.3	6.6	1.6	7.4	53.0		15.00	790			0.84
11	4-04-0067	木薯干 cassava tuber flake	0.03	0.11		0.78	150	4.2	6.0	14.0	0.04			1.7	0.8	1.0	3.0				1.00		0.10
12	4-04-0068	甘薯干 sweet potato tuber flake	0.16		0.08	0.36	107	6.1	10.0	9.0	0.07												
13	4-08-0104	次粉 wheat middling and reddog	0.60	0.04	0.41	0.60	140	11.6	94.2	73.0	0.07	3.0	20.0	16.5	1.8	15.6	72.0	0.33	0.76	1 187	9.0		1.74
14	4-08-0105	次粉 wheat middling and reddog	0.60	0.04	0.41	0.60	140	11.6	94.2	73.0	0.07	3.0	20.0	16.5	1.8	15.6	72.0	0.33	0.76	1 187	9.0		1.74
15	4-08-0069	小麦麸 wheat bran	0.07	0.07	0.52	1.19	170	13.8	104.3	96.5	0.07	1.0	14.0	8.0	4.6	31.0	186.0	0.36	0.63	980	7.0		1.70
16	4-08-0070	小麦麸 wheat bran	0.07	0.07	0.47	1.19	157	16.5	80.6	104.7	0.05	1.0	14.0	8.0	4.6	31.0	186.0	0.36	0.63	980	7.0		1.70
17	4-08-0041	米糠 rice bran	0.07	0.07	0.90	1.73	304	7.1	175.9	50.3	0.09		60.0	22.5	2.5	23.0	293.0	0.42	2.20	1 135	14.0		3.57
18	4-10-0025	米糠饼 rice bran meal (exp.)	0.08		1.26	1.80	400	8.7	211.6	56.4	0.09		11.0	24.0	2.9	94.9	689.0	0.70	0.88	1 700	54.0	40.0	

（续）

序号	中国饲料号 CFN	饲料名称 Feed Name	钠 Na (%)	氯 Cl (%)	镁 Mg (%)	钾 K (%)	铁 Fe (mg/kg)	铜 Cu (mg/kg)	锰 Mn (mg/kg)	锌 Zn (mg/kg)	硒 Se (mg/kg)	胡萝卜素 (mg/kg)	维生素E (mg/kg)	维生素B₁ (mg/kg)	维生素B₂ (mg/kg)	泛酸 (mg/kg)	烟酸 (mg/kg)	生物素 (mg/kg)	叶酸 (mg/kg)	胆碱 (mg/kg)	维生素B₆ (mg/kg)	维生素B₁₂ (pg/kg)	亚油酸 (%)
19	4-10-0018	米糠粕 rice bran meal (sol.)	0.09	0.10		1.80	432	9.4	228.4	60.9	0.10												
20	5-09-0127	大豆 soybeans	0.02	0.03	0.28	1.70	111	18.1	21.5	40.7	0.06		40.0	12.3	2.9	17.4	24.0	0.42	2.00	3 200	12.0	0.0	8.00
21	5-09-0128	全脂大豆 full-fat soybeans	0.02	0.03	0.28	1.70	111	18.1	21.5	40.7	0.06		40.0	12.3	2.9	17.4	24.0	0.42	4.00	3 200	12.00	0.0	8.00
22	5-10-0241	大豆饼 soybean meal (exp.)	0.02	0.02	0.25	1.77	187	19.8	32.0	43.4	0.04		6.6	1.7	4.4	13.8	37.0	0.32	0.45	2 673	10.00	0.0	0.0
23	5-10-0103	大豆粕 soybean meal (sol.)	0.03	0.05	0.28	2.05	185	24.0	38.2	46.4	0.10	0.2	3.1	4.6	3.0	16.4	30.7	0.33	0.81	2 858	6.10	0.0	0.51
24	5-10-0102	大豆粕 soybean meal (sol.)	0.03	0.05	0.28	1.72	185	24.0	28.0	46.4	0.06	0.2	3.1	4.6	3.0	16.4	30.7	0.33	0.81	2 858	6.10	0.0	0.51
25	5-10-0118	棉籽饼 cottonseed meal (exp.)	0.04	0.14	0.52	1.20	266	11.6	17.8	44.9	0.11	0.2	16.0	6.4	5.1	10.0	38.0	0.53	1.65	2 753	5.30	0.0	2.47
26	5-10-0119	棉籽粕 cottonseed meal (sol.)	0.04	0.04	0.40	1.16	263	14.0	18.7	55.5	0.15	0.2	15.0	7.0	5.5	12.0	40.0	0.30	2.51	2 933	5.10	0.0	1.51
27	5-10-0117	棉籽粕 cottonseed meal (sol.)	0.04	0.04	0.40	1.16	263	14.0	18.7	55.5	0.15	0.2	15.0	7.0	5.5	12.0	40.0	0.30	2.51	2 933	5.10	0.0	1.51
28	5-10-0183	菜籽 rapeseed meal (exp.)	0.02			1.34	687	7.2	78.1	59.2	0.29												
29	5-10-0121	菜籽粕 rapeseed meal (sol.)	0.09	0.11	0.51	1.40	653	7.1	82.2	67.5	0.16		54.0	5.2	3.7	9.5	160.0	0.98	0.95	6 700	7.20	0.0	0.42
30	5-10-0116	花生仁饼 peanut meal (exp.)	0.04	0.03	0.33	1.14	347	23.7	36.7	52.5	0.06		3.0	7.1	5.2	47.0	166.0	0.33	0.40	1 655	10.00	0.0	1.43
31	5-10-0115	花生仁粕 peanut meal (sol.)	0.07	0.03	0.31	1.23	368	25.1	38.9	55.7	0.06		3.0	5.7	11.0	53.0	173.0	0.39	0.39	1 854	10.00	0.0	0.24
32	1-10-0031	向日葵仁饼 sunflower meal (exp.)	0.02	0.01	0.75	1.17	424	45.6	41.5	62.1	0.09		0.9	18.0		4.0	86.0	1.40	0.40	800			

（续）

序号	中国饲料号 CFN	饲料名称 Feed Name	钠 Na (%)	氯 Cl (%)	镁 Mg (%)	钾 K (%)	铁 Fe (mg/kg)	铜 Cu (mg/kg)	锰 Mn (mg/kg)	锌 Zn (mg/kg)	硒 Se (mg/kg)	胡萝卜素 (mg/kg)	维生素 E (mg/kg)	维生素 B1 (mg/kg)	维生素 B2 (mg/kg)	泛酸 (mg/kg)	烟酸 (mg/kg)	生物素 (mg/kg)	叶酸 (mg/kg)	胆碱 (mg/kg)	维生素 B6 (mg/kg)	维生素 B12 (μg/kg)	亚油酸 (%)
33	5-10-0242	向日葵仁粕 sunflower meal (sol.)	0.20	0.01	0.75	1.00	226	32.8	34.5	82.7	0.06		0.7	4.6	2.3	39.0	22.0	1.70	1.60	3260	17.20		
34	5-10-0243	向日葵仁粕 sunflower meal (sol.)	0.20	0.10	0.68	1.23	310	35.0	35.0	80.0	0.08			3.0	3.0	29.9	14.0	1.40	1.14	3100	11.10		0.98
35	5-10-0119	亚麻仁饼 linseed meal (exp.)	0.09	0.04	0.58	1.25	204	27.0	40.3	36.0	0.18		7.7	2.6	4.1	16.5	37.4	0.36	2.90	1672	6.10		1.07
36	5-10-0120	亚麻仁粕 linseed meal (sol.)	0.14	0.05	0.56	1.38	219	25.5	43.3	38.7	0.18	0.2	5.8	7.5	3.2	14.7	33.0	0.41	0.34	1512	6.00	200.0	0.36
37	5-10-0246	芝麻饼 sesame meal (exp.)	0.04	0.05	0.50	1.39	1780	50.4	32.0	2.4	0.21	0.2	0.3	2.8	3.6	6.0	30.0	2.40	-	1536	12.50	0.0	1.90
38	5-11-0001	玉米蛋白粉 corn gluten meal	0.01	0.05	0.08	0.30	230	1.9	5.9	19.2	0.02	44.0	25.5	0.3	2.2	3.0	55.0	0.15	0.20	330	6.90	50.0	1.17
39	5-11-0002	玉米蛋白粉 corn gluten meal	0.02			0.35	332	10.0	78.0	49.0													
40	5-11-0008	玉米蛋白饲料 corn gluten meal	0.02	0.08	0.05	0.40	400	28.0	7.0		1.00	16.0	19.9	0.2	1.5	9.6	54.5	0.15	0.22	330			
41	5-11-0003	玉米蛋白饲料 corn gluten feed	0.12	0.22	0.42	1.30	282	10.7	77.1	59.2	0.23	8.0	14.8	2.0	2.4	17.8	75.5	0.22	0.28	1700	13.00	250.0	1.43
42	4-10-0026	玉米胚芽饼 corn germ meal (exp.)	0.01	0.12	0.10	0.30	99	12.8	19.0	108.1		2.0	87.0		3.7	3.3	42.0			1936			1.47
43	4-10-0244	玉米胚芽粕 corn germ meal	0.01	0.16	0.69		214	7.7	23.3	126.6	0.33	2.0	80.8	1.1	4.0	4.4	37.7	0.22	0.20	2000			1.47
44	5-11-0007	distiller dried grains with solubles	0.24	0.17	0.91	0.28	98	5.4	15.2	52.3		3.5	40.0	3.5	8.6	11.0	75.0	0.30	0.88	2637	2.28	10.0	2.15
45	5-11-0009	蚕豆粉浆蛋白粉 broad bean gluten meal	0.01		0.06			22.0	16.0														
46	5-11-0004	麦芽根 barley malt sprouts	0.06	0.59	0.16	2.18	198	5.3	67.8	42.4	0.60	4.2		0.7	1.5	8.6	43.3		0.20	1548			0.46

（续）

序号	中国饲料号 CFN	饲料名称 Feed Name	钠 Na (%)	氯 Cl (%)	镁 Mg (%)	钾 K (%)	铁 Fe (mg/kg)	铜 Cu (mg/kg)	锰 Mn (mg/kg)	锌 Zn (mg/kg)	硒 Se (mg/kg)	胡萝卜素 (mg/kg)	维生素 E (mg/kg)	维生素 B₁ (mg/kg)	维生素 B₂ (mg/kg)	泛酸 (mg/kg)	烟酸 (mg/kg)	生物素 (mg/kg)	叶酸 (mg/kg)	胆碱 (mg/kg)	维生素 B₆ (mg/kg)	维生素 B₁₂ (pg/kg)	亚油酸 (%)
47	5-13-0044	鱼粉（CP 67%）fish meal	1.04	0.71	0.23	0.74	337	8.4	11	102	2.70		5.0	2.8	5.8	9.3	82	1.30	0.90	5 603	2.3	210	0.20
48	5-13-0046	鱼粉（CP 60.2%）fish meal	0.97	0.61	0.16	1.10	80	8.0	10.0	80.0	1.50		7.0	0.5	4.9	9.0	55.0	0.20	0.30	3053	4.00	104.0	0.12
49	5-13-0077	鱼粉（CP 53.5%）fish meal	1.15	0.61	0.16	0.94	292	8.0	9.7	88.0	1.94		5.6	0.4	8.8	8.8	65.0			3 0C0		143.0	
50	5-13-0036	血粉 blood meal	0.31	0.27	0.16	0.90	2 100	8.0	2.3	14.0	0.70		1.0	0.4	1.6	1.2	23.0	0.09	0.11	800	4.40	50.0	0.10
51	5-13-0037	羽毛粉 feather meal	0.31	0.26	0.20	0.18	73	6.8	8.8	53.8	0.80		7.3	0.1	2.0	10.0	27.0	0.04	0.20	880	3.00	71.0	0.83
52	5-13-0038	皮革粉 leather meal					131	11.1	25.2	89.8													
53	5-13-0047	肉骨粉 meat and bone meal	0.73	0.75	1.13	1.40	500	1.5	12.3	90.0	0.25		0.8	0.2	5.2	4.4	59.4	0.14	0.60	2 000	4.60	100.0	0.72
54	5-13-0048	肉粉 meat meal	0.80	0.97	0.35	0.57	440	10.0	10.0	94.0	0.37		1.2	0.6	4.7	5.0	57.0	0.08	0.50	2 077	2.40	80.0	0.80
55	1-05-0074	苜蓿草粉（CP 19%）alfalfa meal	0.09	0.38	0.30	2.08	372	9.1	30.7	17.1	0.46	94.6	144.0	5.8	15.5	34.0	40.0	0.35	4.36	1 419	8.00		0.44
56	1-05-0075	苜蓿草粉（CP 17%）alfalfa meal	0.17	0.46	0.36	2.40	361	9.7	30.7	21.0	0.46	94.6	125.0	3.4	13.6	29.0	38.0	0.30	4.20	1 401	6.50		0.35
57	1-05-0076	苜蓿草粉(CP 14%～15%) alfalfa meal	0.11	0.46	0.36	2.22	437	9.1	33.2	22.6	0.48	63.0	98.0	3.0	10.6	20.8	41.8	0.25	1.54	1 548			
58	5-11-0005	啤酒糟 brewers dried grain	0.25	0.12	0.19	0.08	274	20.1	35.6	104.0	0.41	0.20	27.0	0.6	1.5	8.6	43.0	0.24	0.24	1723	0.70		2.94
59	7-15-0001	啤酒酵母 brewers dried yeast	0.10	0.12	0.23	1.70	248	61.0	22.3	86.7	1.00		2.2	91.8	37.0	109.0	448.0	0.63	9.90	3 984	42.80	999.9	0.04
60	4-13-0075	乳清粉 whey, dehydrated	2.11	0.14	0.13	1.81	160	43.1	4.6	3.0	0.06		0.3	3.9	29.9	47.0	10.0	0.34	0.66	1 500	4.00	20.0	0.01
61	5-01-0162	酪蛋白 casein	0.01	0.04	0.01	0.01	13	3.6	3.6	27.0	0.15			0.4	1.5	2.7	1.0	0.04	0.51	205	0.40		
62	5-14-0503	明胶 gelatin			0.05																		
63	4-06-0076	牛奶乳糖 milk lactose	0.15			2.40																	

附表 2-5 猪用饲料蛋白质及氨基酸标准回肠消化率（参考）

序号	饲料名称 Feed Name	干物质 DM(%)	粗蛋白质 CP(%)	精氨酸 Arg(%)	组氨酸 His(%)	异亮氨酸 Ile(%)	亮氨酸 Leu(%)	赖氨酸 Lys(%)	蛋氨酸 Met(%)	胱氨酸 Cys(%)	苯丙氨酸 Phe(%)	酪氨酸 Tyr(%)	苏氨酸 Thr(%)	色氨酸 Trp(%)	缬氨酸 Val(%)
1	玉米 corn grain	86.0	80	87	83	82	87	74	83	80	85	79	77	80	82
2	高粱 sorghum grain	86.0	77	80	74	78	83	74	79	67	83	75	75	74	77
3	小麦 wheat grain（硬质）	87.0	88	91	88	89	89	82	88	89	90	88	84	88	88
4	大麦 barley grain	87.0	79	85	81	79	81	75	82	82	81	78	76	82	80
5	黑麦 rye	88.0	83	79	79	78	79	76	81	82	72	76	74	76	77
6	糙米 rough rice	87.0	-	89	84	81	83	77	85	73	84	86	76	77	78
7	粟（谷子）millet grain	86.5	88	89	90	89	91	83	75	88	91	86	86	97	87
8	饮粉 wheat middling and red dog	88.0	-	91	84	79	80	78	82	76	84	83	73	81	81
9	小麦麸 wheat bran	87.0	78	90	76	75	73	73	72	77	83	56	64	73	79
10	米糠 rice bran	87.0	-	89	87	69	70	78	77	68	73	81	71	73	69
11	全脂大豆 soybeans, full-fat	88.0	79	87	81	78	78	81	80	76	79	81	76	82	77
12	大豆粕 soybean meal (sol.)	89.0	85	92	86	88	86	88	89	84	87	86	83	90	84
13	棉籽粕 cottonseed meal (sol.)	88.0	77	88	74	70	73	63	73	76	81	76	68	71	73
14	菜籽饼 rapeseed meal (exp.)	88.0	75	83	78	78	78	71	83	76	80	74	70	73	73
15	菜籽粕 rapeseed meal (sol.)	88.0	74	85	78	76	78	74	85	74	77	77	70	71	74
16	花生仁粕 peanut meal (exp.)	88.0	87	93	81	81	81	76	83	81	88	92	74	76	78
17	花生仁粕 peanut meal (sol.)	88.0	87	93	81	81	81	76	83	81	88	92	74	76	78

（续）

序号	饲料名称 Feed Name	干物质 DM(%)	粗蛋白质 CP(%)	精氨酸 Arg(%)	组氨酸 His(%)	异亮氨酸 Ile(%)	亮氨酸 Leu(%)	赖氨酸 Lys(%)	蛋氨酸 Met(%)	胱氨酸 Cys(%)	苯丙氨酸 Phe(%)	酪氨酸 Tyr(%)	苏氨酸 Thr(%)	色氨酸 Trp(%)	缬氨酸 Val(%)
18	向日葵仁粕 sunflower meal (sol.)	88.0	83	93	83	82	82	80	90	80	86	88	80	84	79
19	芝麻粕 sesame meal (sol.)	92.0	-	96	84	87	92	85	92	92	93	91	90	85	89
20	玉米蛋白粉 corn gluten meal	90.1	75	91	87	93	96	81	93	88	94	94	87	77	91
21	玉米蛋白饲料 corn gluten feed	88.0	-	86	75	80	85	66	82	62	85	84	71	66	77
22	玉米胚芽粕 corn germ meal (sol.)	90.0	-	83	78	75	78	62	80	63	81	79	70	66	73
23	玉米 DDG Corn DDG	90.0	76	83	84	83	86	78	89	81	87	80	78	71	81
24	玉米 DDGS Corn DDGS	89.2	74	81	78	76	84	61	82	73	81	81	71	71	75
25	鱼粉 (CP 67%) fish meal	92.4	85	86	84	83	83	86	87	64	82	74	81	76	83
26	血粉 blood meal	88.0	89	92	91	73	93	93	88	86	92	88	87	91	92
27	羽毛粉 feather meal	88.0	68	81	56	76	77	56	73	73	79	79	71	63	75
28	肉骨粉 meat and bone meal	93.0	72	83	71	73	76	73	84	56	79	68	69	62	76
29	肉粉 meat meal	94.0	76	84	75	78	77	78	82	62	79	78	74	76	76
30	苜蓿草粉 (CP 17%) alfalfa meal	87.0	-	74	59	68	71	56	71	37	70	66	63	46	64
31	啤酒糟 brewers dried grain	88.0	-	93	83	87	86	80	87	76	90	93	80	81	84
32	乳清粉 whey, de-hydrated	94.0	100	98	96	96	98	97	98	93	98	97	90	97	96
33	酪蛋白 casein	91.0	100	99	99	96	99	99	99	92	99	99	96	98	96

附表 2-6　鸡饲料蛋白质及氨基酸真消化率（参考）

序号	饲料名称 Feed Name	干物质 DM (%)	粗蛋白质 CP (%)	精氨酸 Arg (%)	组氨酸 His (%)	异亮氨酸 Ile (%)	亮氨酸 Leu (%)	赖氨酸 Lys (%)	蛋氨酸 Met (%)	胱氨酸 Cys (%)	苯丙氨酸 Phe (%)	酪氨酸 Tyr (%)	苏氨酸 Thr (%)	色氨酸 Trp (%)	缬氨酸 Val (%)
1	玉米 corn grain，普通	86.0	87	92	83	83	90	85	93	90	92	92	84	89	88
2	玉米,高赖氨酸 corn high lysine	86.0	88	92	95	85	91	86	90	86	91	90	78	91	85
3	高粱 sorghum grain	86.0	88	89	88	91	94	85	89	86	95	95	89	85	90
4	小麦 wheat grain（硬质）	87.0	87	90	87	89	89	82	89	88	90	89	81	85	86
5	大麦 barley grain	87.0	-	83	84	80	83	78	80	83	84	81	76	79	80
6	黑麦 rye	88.0	87	93	89	88	88	84	90	82	89	85	83	89	86
7	糙米 rough rice	87.0	79	88	75	80	82	82	79	68	77	78	76	79	79
8	谷子 millet grain	87.0	91	97	96	92	95	91	93	-	95	94	86	93	91
9	次粉 wheat middling and red dog	88.0	84	98	81	90	91	83	87	90	94	94	90	90	87
10	小麦麸 wheat bran	87.0	77	96	94	95	94	76	74	75	79	79	72	80	72
11	米糠 rice bran	87.0	78	86	84	75	75	77	78	73	74	79	72	76	76
12	全脂大豆 soybeans, full-fat	88.0	90	93	94	91	92	93	92	87	92	96	87	92	89
13	大豆粕 soybean meal(sol.)	89.0	91	95	93	91	91	92	92	88	93	93	88	91	89
14	棉籽粕 cottonseed meal(sol.)	88.0	79	89	78	70	78	73	79	74	86	81	73	71	73
15	菜籽粕 rapeseed meal(sol.)	88.0	78	90	89	80	83	85	90	90	88	86	83	86	86
16	花生仁粕 peanut meal(sol.)	88.0	85	89	89	87	90	78	87	83	91	91	84	86	88
17	向日葵仁粕 sunflower meal (sol.)	88.0	85	92	87	90	89	82	91	86	90	89	83	85	88
18	玉米蛋白粉 corn gluten meal	90.1	94	96	94	94	97	91	96	93	95	97	92	91	94
19	玉米蛋白饲料 corn gluten feed	88.0	78	89	83	83	90	73	85	-	87	86	76	77	83
20	玉米胚芽粕 corn germ meal (sol.)	90.0	86	95	91	86	91	85	88	84	89	92	77	87	85
21	鱼粉（CP 67%）fish meal	92.4	87	88	85	89	86	88	89	84	88	88	84	87	88
22	血粉 blood meal	88.0	76	79	79	65	79	77	80	72	81	81	77	80	77
23	羽毛粉 feather meal	88.0	72	76	70	80	77	71	77	59	81	75	68	73	75
24	肉骨粉 meat and bone meal	93.0	55	86	79	83	85	82	81	79	85	85	78	83	82
25	酒精酵母 Alcohol Distillery	88.0	58	72	57	54	57	71	58	49	51	51	50	54	56
26	啤酒酵母 yeast Brewery	94.0	64	75	68	65	67	73	61	49	70	70	53	59	63
27	酪蛋白 casein	91.0	98	99	99	98	99	96	96	96	100	100	94	97	98

附表 2-7　常用矿物质饲料中矿物元素的含量（以饲喂状态为基础）

序号	中国饲料号 CFN	饲料名称 Feed Name	化学分子式 Chemical formular	钙 Ca[a] (%)	磷 P (%)	磷利用率[b]	钠 Na (%)	氯 Cl (%)	钾 K (%)	镁 Mg (%)	硫 S (%)	铁 Fe (%)	锰 Mn (%)
01	6-14-0001	碳酸钙,饲料级轻质 calcium carbonate	$CaCO_3$	38.42	0.02		0.08	0.02	0.08	1.610	0.08	0.06	0.02
02	6-14-0002	磷酸氢钙，无水 calcium phosphate (dibasic), anhydrous	$CaHPO_4$	29.60	22.77	95~100	0.18	0.47	0.15	0.800	0.80	0.79	0.14
03	6-14-0003	磷酸氢钙,2个结晶水 calcium phosphate (dibasic), dehydrate	$CaHPO_4 \cdot 2H_2O$	23.29	18.00	95~100							
04	6-14-0004	磷酸二氢钙 calcium phosphate (monobasic) mono hydrate	$Ca(H_2PO_4)_2 \cdot H_2O$	15.90	24.58	100	0.20		0.16	0.900	0.80	0.75	0.01
05	6-14-0005	磷酸三钙（磷酸钙）calcium phosphate (tribasic)	$Ca_3(PO_4)_2$	38.76	20.0								
06	6-14-0006	石粉[c]、石灰石、方解石等 limestone,calcite etc.		35.84	0.01		0.06	0.02	0.11	2.060	0.04	0.35	0.02
07	6-14-0007	骨粉，脱脂 bone meal,		29.80	12.50	80~90	0.04		0.20	0.300	2.40		0.03
08	6-14-0008	贝壳粉 shell meal		32~35									
09	6-14-0009	蛋壳粉 egg shell meal		30~40	0.1~0.4								
10	6-14-0010	磷酸氢铵 ammonium phosphate (dibasic)	$(NH_4)_2HPO_4$	0.35	23.48	100	0.20		0.16	0.750	1.50	0.41	0.01
11	6-14-0011	磷酸二氢铵 ammonium phosphate (monobasic)	$NH_4H_2PO_4$		26.93	100							
12	6-14-0012	磷酸氢二钠 sodium phosphate (dibasic)	Na_2HPO_4	0.09	21.82	100	31.04						
13	6-14-0013	磷酸二氢钠 sodium phosphate (monobasic)	NaH_2PO_4		25.81	100	19.17	0.02	0.01	0.010			
14	6-14-0014	碳酸钠 sodium carbonate	Na_2CO_3				43.30						

（续）

序号	中国饲料号 CFN	饲料名称 Feed Name	化学分子式 Chemical formular	钙 Ca[a] (%)	磷 P (%)	磷利用率[b]	钠 Na (%)	氯 Cl (%)	钾 K (%)	镁 Mg (%)	硫 S (%)	铁 Fe (%)	锰 Mn (%)
15	6-14-0015	碳酸氢钠 sodium bicarbonate	$NaHCO_3$	0.01			27.00		0.01				
16	6-14-0016	氯化钠 sodium chloride	$NaCl$	0.30			39.50	59.00		0.005	0.20	0.01	
17	6-14-0017	氯化镁 magnesium chloride hexahydrate	$MgCl_2 \cdot 6H_2O$							11.950			
18	6-14-0018	碳酸镁 magnesium carbonate	$MgCO_3 \cdot Mg(OH)_2$	0.02						34.000			0.01
19	6-14-0019	氧化镁 magnesium oxide	MgO	1.69					0.02	55.000	0.10	1.06	
20	6-14-0020	硫酸镁，7 个结晶水 magnesium sulfate heptahydrate	$MgSO_4 \cdot 7H_2O$	0.02			0.01			9.860	13.01		
21	6-14-0021	氯化钾 potassium chloride	KCl	0.05			1.00	47.56	52.44	0.230	0.32	0.06	0.001
22	6-14-0022	硫酸钾 potassium sulfate	K_2SO_4	0.15			0.09	1.50	44.87	0.600	18.40	0.07	0.001

注：①数据来源于《中国饲料学》（张子仪，2000），《猪营养需要》（NRC，2012）。

②饲料中使用的矿物质添加剂一般不是化学纯化合物，其组成成分的变异较大。如果能得到，一般应采用原料供给商的分析结果。例如，饲料级的磷酸氢钙原料中往往含有一些磷酸二氢钙，而磷酸二氢钙中含有一些磷酸氢钙。[a]在大多数来源的磷酸氢钙、磷酸二氢钙、磷酸三钙、脱氟磷酸钙、碳酸钙、硫酸钙和方解石石粉中，估计钙的生物学利用率为 90%～100%，在高镁含量的石粉或白云石石粉中钙的生物学效价较低，为 50%～80%；[b]生物学效价估计值通常以相当于磷酸氢钠或磷酸氢钙中的磷的生物学效价表示；[c]大多数方解石石粉中含有 38% 或高于表中所示的钙和低于表中所示的镁。

附表 2-8   无机来源的微量元素和估测的生物学利用率[a]

微量元素与来源[b]	化学分子式	元素含量 (%)	相对生物学利用率 (%)
铁（Fe）			
一水硫酸亚铁 Ferrous sulfate (monohydrate)	$FeSO_4 \cdot H_2O$	30.0	100
七水硫酸亚铁 Ferrous sulfate (heptahydrate)	$FeSO_4 \cdot 7H_2O$	20.0	100
碳酸亚铁 Ferrous carbonate	$FeCO_3$	38.0	15～80
三氧化二铁 *Ferric oxide*	Fe_2O_3	69.9	
六水氯化铁 *Ferric chloride (hexahydrate)*	$FeCl_3 \cdot 6H_2O$	20.7	40～100
氧化亚铁 *Ferrous oxide*	FeO	77.8	
铜（Cu）			

（续）

微量元素与来源[b]	化学分子式	元素含量（%）	相对生物学利用率（%）
五水硫酸铜 Cupric sulfate (pentahydrate)	$CuSO_4 \cdot 5H_2O$	25.2	100
碱式氯化铜 Cupric chloride，tribasic	$Cu(OH)_3Cl$	58.0	100
氧化铜 Cupric oxide	CuO	75.0	0～10
一水碱式碳酸铜 *Cupric carbonate（monohydrate）*	$Cu_2(OH)_2CO_3 \cdot H_2O$	50.0～55.0	60～100
无水硫酸铜 *Cupric sulfate（anhydrous）*	$CuSO_4$	39.9	100
锰（Mn）			
一水硫酸锰 Manganous sulfate (monohydrate)	$MnSO_4 \cdot H_2O$	29.5	100
氧化锰 Manganous oxide	MnO	60.0	70
二氧化锰 *Manganous dioxide*	MnO_2	63.1	35～95
碳酸锰 *Manganous carbonate*	$MnCO_3$	46.4	30～100
四水氯化锰 *Manganous chloride（tetrahydrate）*	$MnCl_2 \cdot 4H_2O$	27.5	100
锌（Zn）			
一水硫酸锌 Zinc sulfate (monohydrate)	$ZnSO_4 \cdot H_2O$	35.5	100
氧化锌 Zinc oxide	ZnO	72.0	50～80
七水硫酸锌 *Zinc sulfate（heptahydrate）*	$ZnSO_4 \cdot 7H_2O$	22.3	100
碳酸锌 *Zinc carbonate*	$ZnCO_3$	56.0	100
氯化锌 *Zinc chloride*	$ZnCl_2$	48.0	100
碘（L）			
乙二胺双氯碘化物 Ethylenedi amine dihydroiodide(EDDI)	$C_2H_8N_2 2HI$	79.5	100
碘酸钙 Calcium iodate	$Ca(IO_3)_2$	63.5	100
碘化钾 Potassium iodide	KI	68.8	100
碘酸钾 *Potassium iodate*	KIO_3	59.3	100
碘化铜 Cupric iodide	CuI	66.6	100
硒（Se）			
亚硒酸钠 Sodium selenite	Na_2SeO_3	45.0	100
十水硒酸钠 *Sodium selenite（decahydrate）*	$Na_2SeO_4 \cdot 10H_2O$	21.4	100
钴（Co）			
六水氯化钴 Cobalt dichloride (hexahydrate)	$CoCl_2 \cdot 6H_2O$	24.3	100
七水硫酸钴 *Cobalt sulfate（heptahydrate）*	$CoSO_4 \cdot 7H_2O$	21.0	100
一水硫酸钴 *Cobalt sulfate（monohydrate）*	$CoSO_4 \cdot H_2O$	34.1	100
一水氯化钴 *Cobalt dichloride（monohydrate）*	$CoCl_2 \cdot H_2O$	39.9	100

注：表中数据来源于《中国饲料学》（张子仪，2000）及《猪营养需要》（NRC，2012）中相关数据。

a　列于每种微量元素下的第一种元素来源通常作为标准，其他来源与其相比较估算相对生物学利用率。

b　斜体字表示较少使用的微量元素来源。

附表 2-9　牛、羊常用饲料（青绿、青贮及粗饲料）的典型养分（干基）[1]

序号	饲料原料	DM (%)	NEm (MJ/kg)	NEm (Mcal/kg)	NEg (MJ/kg)	NEg (Mcal/kg)	NEl (MJ/kg)	NEl (Mcal/kg)	CP (%)	UIP (%CP)	CF (%)	ADF (%)	NDF (%)	eNDF (%NDF)	EE (%)	ASH (%)	Ca (%)	P (%)	K (%)	Cl (%)	S (%)	Zn (mg/kg)
1	全棉籽	91	8.83	2.11	6.02	1.44	8.16	1.95	23	38	29	39	47	100	17.8	4	0.14	0.64	1.1	0.06	0.24	34
2	棉籽壳	90	4.14	0.99	0.29	0.07	4.06	0.97	5	45	48	68	87	100	1.9	3	0.15	0.08	1.1	0.02	0.05	10
3	大豆秸秆	88	3.97	0.95	—	—	3.68	0.88	5	—	44	54	70	100	1.4	6	1.59	0.06	0.6	—	0.26	—
4	大豆壳	90	7.57	1.81	4.81	1.15	7.28	1.74	13	28	38	46	62	28	2.6	3	0.55	0.17	1.4	0.02	0.12	38
5	向日葵壳	90	3.89	0.93	—	—	3.51	0.84	4	65	52	63	73	90	2.2	5	0.00	0.11	0.2	—	0.19	200
6	花生壳	91	3.31	0.79	—	—	1.67	0.4	7	—	63	65	74	98	1.5	5	0.20	0.07	0.9	—	—	—
7	苜蓿块	91	5.27	1.26	2.30	0.55	5.27	1.26	18	30	29	36	46	40	2	11	1.30	0.23	1.9	0.37	0.33	20
8	鲜苜蓿	24	5.73	1.37	2.85	0.68	5.61	1.34	19	18	27	34	46	41	3	10	1.35	0.27	2.6	0.40	0.29	18
9	苜蓿干草，初花期	90	5.44	1.30	2.59	0.62	5.44	1.3	19	20	28	35	45	92	2.5	8	1.41	0.26	2.5	0.38	0.28	22
10	苜蓿干草，中花期	89	5.36	1.28	2.38	0.57	5.36	1.28	17	23	30	36	47	92	2.3	9	1.40	0.24	2.0	0.38	0.27	24
11	苜蓿干草，盛花期	88	4.98	1.19	1.84	0.44	4.98	1.19	16	25	34	40	52	92	2	8	1.20	0.23	1.7	0.37	0.25	23
12	苜蓿干草，成熟期	88	4.60	1.10	1.09	0.26	4.52	1.08	13	30	38	45	59	92	1.3	8	1.18	0.19	1.5	0.35	0.21	23
13	苜蓿青贮	30	5.06	1.21	1.92	0.46	5.06	1.21	18	19	28	37	49	82	3	9	1.40	0.29	2.6	0.41	0.29	26
14	苜蓿叶粉	89	6.53	1.56	3.97	0.95	6.44	1.54	28	15	15	25	34	35	2.7	15	2.88	0.34	2.2	—	0.32	39
15	苜蓿茎	89	4.35	1.04	0.63	0.15	4.23	1.01	11	44	44	51	68	100	1.3	6	0.90	0.18	2.5	—	—	—
16	带穗玉米秸秆	80	6.07	1.45	3.39	0.81	6.07	1.45	9	45	25	29	48	100	2.4	7	0.50	0.25	0.9	0.20	0.14	22
17	玉米秸秆，成熟期	80	5.15	1.23	2.13	0.51	5.15	1.23	3	30	35	44	70	100	1.3	6	0.35	0.19	1.1	0.30	0.14	22
18	玉米青贮，乳化期	26	6.07	1.45	3.39	0.81	6.07	1.45	8	18	26	32	54	60	2.8	6	0.40	0.27	1.6	—	0.11	20
19	玉米青贮，成熟期	34	6.90	1.65	4.35	1.04	6.82	1.63	8	28	21	27	46	70	3.1	5	0.28	0.26	1.1	0.20	0.12	22
20	甜玉米青贮	24	6.07	1.45	3.39	0.81	6.07	1.45	11	—	20	32	57	60	5.0	5	0.24	0.26	1.2	0.17	0.16	39
21	玉米和玉米芯粉	87	8.20	1.96	5.44	1.30	7.82	1.87	9	52	9	10	26	56	3.7	3	0.06	0.28	0.5	0.05	0.13	16
22	玉米芯	90	4.44	1.06	0.84	0.20	4.35	1.04	3	70	36	39	88	56	0.5	3	0.12	0.04	0.8	—	0.40	5
23	大麦干草	90	5.27	1.26	2.30	0.55	5.27	1.26	9	28	28	37	65	98	2.1	8	0.30	0.28	1.6	0.19	0.19	25
24	大麦青贮，成熟期	35	5.36	1.28	2.38	0.57	5.36	1.28	12	25	30	34	50	61	3.5	8	0.30	0.20	1.5	0.20	0.15	25
25	大麦秸秆	90	4.06	0.97	—	—	3.89	0.93	4	70	42	52	78	100	1.9	7	0.33	0.08	2.1	0.67	0.16	7
26	小麦干草	90	5.27	1.26	2.30	0.55	5.27	1.26	9	25	29	38	66	98	2.0	8	0.21	0.22	1.4	0.50	0.19	23

（续）

序号	饲料原料	DM (%)	NEm MJ/kg	NEm Mcal/kg	NEg MJ/kg	NEg Mcal/kg	NEl MJ/kg	NEl Mcal/kg	CP (%)	UIP (%CP)	CF (%)	ADF (%)	NDF (%)	eNDF (%NDF)	EE (%)	ASH (%)	Ca (%)	P (%)	K (%)	Cl (%)	S (%)	Zn (mg/kg)
27	小麦青贮	33	5.44	1.30	2.59	0.62	5.44	1.30	12	21	28	37	62	61	3.2	8	0.40	0.28	2.1	0.50	0.21	27
28	小麦秸秆	91	3.97	0.95	—	—	3.68	0.88	3	60	43	58	81	98	1.8	8	0.16	0.05	1.3	0.32	0.17	6
29	氨化麦秸	85	4.60	1.10	1.09	0.26	4.52	1.08	9	25	40	55	76	98	1.5	9	0.15	0.05	1.3	0.30	0.16	6
30	黑麦干草	90	5.36	1.28	2.38	0.57	5.36	1.28	10	30	33	38	65	98	3.3	8	0.45	0.30	2.2	—	0.18	27
31	黑麦草青贮	32	5.44	1.30	2.59	0.62	5.44	1.30	14	25	22	37	59	61	3.3	6	0.43	0.38	2.9	0.73	0.23	29
32	黑麦秸秆	89	4.06	0.97	0.08	0.02	3.97	0.95	4	—	44	55	71	100	1.5	6	0.24	0.09	1.0	0.24	0.11	—
33	燕麦干草	90	4.98	1.19	1.84	0.44	4.98	1.19	10	25	31	39	63	98	2.3	8	0.40	0.27	1.6	0.42	0.21	28
34	燕麦青贮	35	5.52	1.32	2.76	0.66	5.52	1.32	12	21	31	39	59	61	3.2	10	0.34	0.30	2.4	0.50	0.25	27
35	燕麦秸秆	91	4.44	1.06	0.84	0.20	4.35	1.04	4	40	41	48	73	98	2.3	8	0.24	0.07	2.4	0.78	0.22	6
36	燕麦壳	93	3.89	0.93	—	—	3.51	0.84	4	25	32	40	75	90	1.5	7	0.16	0.15	0.6	0.08	0.14	31
37	高粱干草	87	5.06	1.21	1.92	0.46	5.06	1.21	5	—	33	41	65	100	1.9	10	0.49	0.12	1.2	—	—	—
38	高粱青贮	32	5.44	1.30	2.59	0.62	5.44	1.30	9	25	27	38	59	70	2.7	6	0.48	0.21	1.7	0.45	0.11	30
39	干甜菜渣	91	7.28	1.74	4.60	1.10	7.11	1.70	11	44	21	21	41	33	0.7	6	0.65	0.08	1.4	0.40	0.22	22
40	胡萝卜碎渣	14	5.82	1.39	3.05	0.73	5.82	1.39	6	—	19	23	40	0	7.8	9	—	—	—	—	—	—
41	鲜胡萝卜	12	8.28	1.98	5.52	1.32	7.91	1.89	10	—	9	11	20	0	1.4	10	0.60	0.30	2.4	0.5	0.17	—
42	胡萝卜缨/叶	16	7.11	1.70	4.44	1.06	6.90	1.65	13	—	18	23	45	41	3.8	15	1.94	0.19	1.9	—	—	—
43	牧草青贮	30	5.73	1.37	2.85	0.68	5.61	1.34	11	24	32	39	60	61	3.4	8	0.70	0.24	2.1	—	0.22	29
44	草地干草	90	4.60	1.10	1.09	0.26	4.52	1.08	7	23	33	44	70	98	2.5	9	0.61	0.18	1.6	—	0.17	24
45	羊草	91	4.60	1.10	1.09	0.26	4.52	1.08	7	37	34	47	67	98	2.0	8	0.40	0.15	1.1	0.06	0.06	34
46	稻草	91	3.89	0.93	—	—	3.51	0.84	4	25	40	55	72	100	1.4	12	0.25	0.08	1.1	0.06	0.11	—
47	氨化稻草	87	4.14	0.99	0.29	0.07	4.06	0.97	9	—	39	53	68	100	1.3	12	0.25	0.08	1.1	—	0.11	—
48	甘蔗渣	91	3.60	0.86	—	—	3.14	0.75	1	—	49	59	86	100	0.7	3	0.25	0.29	2.5	—	—	—

注：¹DM-原样干物质含量；NEm-维持净能；NEg-增重净能；NEl-泌乳净能；CP-粗蛋白质；UIP-粗蛋白质中的过瘤胃蛋白质比例；CF-粗纤维；ADF-酸性洗涤纤维；NDF-中性洗涤纤维；eNDF-有效NDF；EE-粗脂肪；ASH-粗灰分；Ca-钙；P-磷；K-钾；Cl-氯；S-硫；Zn-锌。表中数据库除DM外，其他均为干物质中含量。

附表 2-10　鸭用饲料能值的参考值① (饲喂状态)

序号	饲料名称 Feed Name	干物质 DM(%)	粗蛋白质 CP (%)	AME Mcal/kg	AME MJ/kg	AMEn Mcal/kg	AMEn MJ/kg	TME Mcal/kg	TME MJ/kg	TMEn Mcal/kg	TMEn MJ/kg
	谷物类 Grain										
1	普通玉米 Corn	87.0	7.0	3.11	13.01	3.1	12.97	3.31	13.85	3.27	13.68
2	低植酸玉米 Low-phytin corn	89.1	8.6	3.41	14.27	3.39	14.18	4.05	16.95	3.85	16.11
3	高油玉米 High-oil corn	88.8	9.0	3.56	14.90	3.5	14.64	4.2	17.57	3.96	16.57
4	大麦 Barley	88.0	11.0	2.62	10.96	2.73	11.42	2.97	12.43	2.86	11.97
5	脱壳燕麦 Oats dehulled	87.8	10.9	3.56	14.90	3.48	14.56	3.76	15.73	3.64	15.23
6	珍珠黍 Pearl millet	89.9	13.1	3.39	14.18	3.35	14.02	3.61	15.10	3.48	14.56
7	稻米 Rice	90.3	10.1	3.42	14.31	3.45	14.43	3.74	15.65	3.61	15.10
8	黑麦 Rye	89.2	10.7	2.63	11.00	2.69	11.25	2.95	12.34	2.85	11.92
9	高粱 Sorghum	87.0	8.6	3.09	12.93	3.09	12.93	3.42	14.31	3.39	14.18
10	黑小麦 Triticale	90.2	11.6	2.8	11.72	2.76	11.55	3.17	13.26	3.07	12.84
11	小麦 Wheat	87.2	13.1	3.26	13.64	3.14	13.14	3.46	14.48	3.3	13.81
	粕及其副产品类 Meal and byproducts										
12	大麦粗粉 Barley meal	89.8	10.7	3.73	15.61	3.76	15.73	4.13	17.28	3.9	16.32
13	小麦麸 Wheat middling	89.1	15.7	2.34	9.79	2.28	9.54	2.79	11.67	2.59	10.84
14	小麦次粉 Wheat red dog	86.1	16.6	2.39	10.00	2.52	10.54	3.12	13.05	2.9	12.13
15	菜籽粕 Canola meal	90.5	33.1	2.18	9.12	2.19	9.16	2.76	11.55	2.44	10.21
16	玉米蛋白粉 Com gluten meal	92.3	53.9	4.04	16.90	3.7	15.48	4.37	18.28	3.93	16.44
17	低植酸大豆粕 Low-phytin soybean meal	92.4	52.9	3.02	12.64	2.58	10.79	3.54	14.81	2.96	12.38
18	普通大豆粕（未去皮）soybean meal	89.9	45.2	2.86	11.97			3.49	14.61		
19	肉骨粉 Meat and Bone	92.1	49.7	1.78	7.45	1.77	7.41	1.96	8.20		
20	鱼粉 fish meal	90.0	67.5	3.68	15.40			4.05	16.95		

①数据来源于 Olayiwola Adeola（2006）和侯水生（2011）。

附表 2-11　部分饲料中的脂肪酸含量 (参考)*

序号	中国饲料号 CFN	饲料名称 Feed Name	干物质 DM (%)	粗蛋白质 CP (%)	粗脂肪 EE (%)	月桂酸 C12：0 %TFA	豆蔻酸 C14：0 %TFA	棕榈酸 C16：0 %TFA	棕榈油酸 C16：0 %TFA	硬脂酸 C18：0 %TFA	油酸 C18：1 %TFA	亚油酸 C18：2 %TFA	亚麻酸 C18：3 %TFA	总脂肪酸 TFA %EE
1	4-07-0279	玉米	86.0	8.7	3.6		0.1	11.1	0.4	1.8	26.9	56.5	1.0	84.6
2	4-07-0272	高粱	86.0	9.0	3.4		0.2	13.5	3.2	2.3	33.3	33.8	2.6	89.5
3	4-07-0270	小麦	87.0	13.4	1.7		0.1	17.8	0.4	0.8	15.2	56.4	5.9	75.2
4	4-07-0277	大麦(皮)	87.0	11.0	1.7		1.2	22.2		1.5	12.0	55.4	5.6	75.3
5	4-07-0275	碎米	88.0	10.4	2.2	0.1	0.7	18.1	0.3	1.9	40.2	35.9	1.5	90.6
6	4-04-0067	木薯干	87.0	2.5	0.7	3.9	1.7	31.9	0.7	2.9	35.2	16.7	7.6	79.1
7	4-04-0068	甘薯干	87.0	4.0	0.8			28.0		2.9	5.3	53.6	9.7	69.4
8	4-08-0105	次粉	87.0	13.6	2.1		0.1	17.8	0.4	0.8	15.2	56.4	5.9	79.2
9	4-08-0070	小麦麸	87.0	14.3	4.0		0.1	17.8	0.4	0.8	15.2	56.4	5.9	79.9
10	4-08-0041	米糠	87.0	12.8	16.5	0.1	0.7	18.1	0.3	1.9	40.2	35.9	1.5	77.2

（续）

序号	中国饲料号 CFN	饲料名称 Feed Name	干物质 DM (%)	粗蛋白质 CP (%)	粗脂肪 EE (%)	月桂酸 C12:0 %TFA	豆蔻酸 C14:0 %TFA	棕榈酸 C16:0 %TFA	棕榈油酸 C16:0 %TFA	硬脂酸 C18:0 %TFA	油酸 C18:1 %TFA	亚油酸 C18:2 %TFA	亚麻酸 C18:3 %TFA	总脂肪酸 TFA %EE
11	5 09 0128	全脂大豆	88.0	35.5	18.7		0.1	10.5	0.2	3.8	21.7	53.1	7.4	94.4
12	5-10-0102	大豆粕	89.0	44.2	1.9		0.1	10.5	0.2	3.8	21.7	53.1	7.4	76.0
13	5-10-0117	棉籽粕	90.0	43.5	0.5	0.5	0.9	23.0	0.9	2.4	17.2	52.3	0.2	74.9
14	5-10-0121	菜籽粕	88.0	38.6	1.4		0.1	4.2	0.4	1.8	58.0	20.5	9.8	79.4
15	5-10-0115	花生仁粕	88.0	47.8	1.4		0.1	10.2	0.5	2.4	46.8	29.8	0.8	73.7
16	5-10-0120	亚麻仁粕	88.0	34.8	1.8		0.1	6.4	0.1	3.4	18.7	14.7	54.2	74.5
17	5-11-0001	玉米蛋白粉	90.1	63.5	5.4		0.1	11.1	0.4	1.8	26.9	56.5	1.0	80.5
18	5-13-0044	鱼粉	90.0	67.0	5.6		6.0	17.8	7.2	3.6	12.3	2.1	1.9	73.6
19	5-13-0037	羽毛粉	88.0	77.9	2.2		2.0	34.8	6.2	13.8	39.9	3.3		47.8
20	5-13-0047	肉骨粉	93.0	50.0	8.5	0.2	2.7	27.5	3.7	19.2	40.7	3.6	0.9	68.2
21	5-13-0048	肉粉	94.0	54.0	12	0.2	2.7	27.5	3.7	19.2	40.7	3.6	0.9	68.3
22	1-05-0074	苜蓿草粉	87.0	19.1	2.3	2.0	1.9	25.6	1.4	3.8	4.4	19.3	37.0	48.0
23	4-13-0075	乳清粉	94.0	12.0	0.7	1.2	10.2	32.1	3.3	9.6	24.7	2.5	0.9	92.6
24	4-17-0001	牛脂	99.0		98.0	0.1	3.0	24.4	3.8	17.9	41.6	1.1	0.5	88.0
25	4-17-0002	猪油	99.0		98.0	0.2	1.3	23.8	2.7	13.5	41.2	10.2	1.0	88.0
26	4-17-0003	家禽脂肪	99.0		98.0	0.1	1.1	21.0	5.0	7.1	41.7	20.6	1.6	88.0
27	4-17-0005	菜籽油	99.0		98.0	0.1	0.1	4.4	0.3	2.1	57.3	19.0	7.6	88.0
28	4-17-0006	椰子油	99.0		98.0	46.4	17.7	8.9	0.4	3.0	6.5	1.8	0.1	88.0
29	4-07-0007	玉米油	99.0		98.0			11.1		1.6	26.9	58.9	1.1	88.0
30	4-17-0008	棉籽油	99.0		98.0		0.8	26.0	0.6	3.0	20.2	48.9	0.1	88.0
31	4-17-0009	掠榈油	99.0		98.0	0.3	0.6	43.0	0.2	4.4	37.1	9.9	0.3	88.0
32	4-17-0010	花生油	99.0		98.0			13.1	0.4	1.9	27.4	54.7	1.5	88.0
33	4-17-0012	大豆油	99.0		98.0	0.1	0.1	10.8	0.1	3.9	22.8	53.7	8.2	88.0
34	4-17-0013	葵花油	99.0		98.0			7.3	0.1	10.6	43.4	35.5	0.8	88.0

＊数据参考来源于 INRA（2004）、CNPCS6.0（2008）、NRC（2012、1998、1994）等。

二、奶牛常用饲料

附表 2-12　青

编　号	饲料名称	样品说明	原　样　中						
			干物质 %	粗蛋白质 %	钙 %	磷 %	总能量 MJ/kg	奶牛能量单位 NND/kg	可消化粗蛋白质 g/kg
2-01-601	岸杂一号	2省3样平均值	23.9	3.7	—	—	4.43	0.42	22
2-01-602	绊根草	大地绊根草，营养期	23.8	2.7	0.13	0.03	4.09	0.39	16
2-01-604	白茅		35.8	1.5	0.11	0.04	6.42	0.49	9
2-01-605	冰草	中间冰草	23.0	3.1	0.13	0.06	4.15	0.40	19
2-01-606	冰草	西伯利亚冰草	24.6	4.1	0.18	0.07	4.42	0.42	25
2-01-607	冰草	蒙古冰草	28.8	3.8	0.12	0.09	5.17	0.50	23
2-01-608	冰草	沙生冰草	27.2	4.2	0.14	0.08	4.91	0.47	25
2-01-017	蚕豆苗	小胡豆，花前期	11.2	2.7	0.07	0.05	2.08	0.24	16
2-01-018	蚕豆苗	小胡豆，盛花期	12.3	2.2	0.08	0.04	2.23	0.24	13
2-01-026	大白菜	小白口	4.4	1.1	0.06	0.04	0.78	0.10	7
2-01-027	大白菜	大青口	4.6	1.1	0.04	0.04	0.83	0.10	7
2-01-609	大白菜		4.5	1.0	0.11	0.03	0.72	0.09	6
2-01-030	大白菜	大麻叶齐心白菜	7.0	1.8	0.10	0.05	1.19	0.15	11
2-01-610	大麦青割	五月上旬	15.7	2.0	—	—	2.78	0.29	12
2-01-611	大麦青割	五月下旬	27.9	1.8	—	—	4.84	0.52	11
2-01-614	大豆青割	全株	35.2	3.4	0.36	0.29	5.76	0.59	20
2-01-238	大豆青割	全株	25.7	4.3	—	0.30	4.85	0.51	26
2-01-615	大豆青割	茎叶	25.0	5.4	0.11	0.03	4.46	0.49	32
2-01-616	大早熟禾		33.0	3.4	0.15	0.07	5.93	0.52	20
2-01-617	多叶老芒麦		30.0	5.2	0.17	0.08	5.51	0.53	31
2-01-618	甘薯蔓		11.2	1.0	0.23	0.06	1.89	0.19	6
2-01-619	甘薯蔓		12.4	2.1	—	0.26	2.29	0.23	13
2-01-062	甘薯蔓	加蓬红薯藤营养期	11.8	2.4	—	—	2.06	0.21	14
2-01-620	甘薯蔓	夏甘薯藤	12.7	2.2	—	—	2.44	0.25	13
2-01-621	甘薯蔓	秋甘薯藤	14.5	1.7	—	—	2.50	0.26	10
2-01-622	甘薯蔓	成熟期	30.0	1.9	0.60	0.01	5.03	0.44	11
2-01-068	甘薯蔓	南瑞苕成熟期	12.1	1.4	0.17	0.05	2.08	0.21	8
2-01-071	甘薯蔓	红薯藤成熟期	10.9	1.7	0.27	0.03	1.85	0.18	10
2-01-072	甘薯蔓	11省市15样平均值	13.0	2.1	0.20	0.05	2.25	0.22	13
2-01-623	甘蔗尾		24.6	1.5	0.07	0.01	4.32	0.37	9

成分及营养价值表

绿饲料类

		干　物　质　中											
总能量 MJ/kg	消化能 MJ/kg	产奶净能		奶牛能 量单位 NND/kg	粗蛋 白质 %	可消化粗 蛋白质 g/kg	粗脂 肪 %	粗纤 维 %	无氮浸 出物 %	粗灰 分 %	钙 %	磷 %	胡萝卜素 mg/kg
		MJ/kg	Mcal/kg										
18.51	11.22	5.44	1.32	1.76	15.5	93	5.0	33.1	36.8	9.6	—	—	—
17.19	10.50	5.13	1.23	1.64	11.3	68	2.1	34.5	39.9	12.2	0.55	0.13	—
17.93	8.87	4.33	1.03	1.37	4.2	25	2.0	44.4	43.0	6.4	0.31	0.11	—
18.05	11.11	5.48	1.30	1.74	13.5	81	3.0	31.7	43.0	8.7	0.57	0.26	—
17.97	10.92	5.45	1.28	1.71	16.7	100	2.0	30.9	41.5	8.9	0.73	0.28	—
17.96	11.09	5.38	1.30	1.74	13.2	79	2.1	32.6	44.1	8.0	0.42	0.31	—
18.09	11.04	5.40	1.30	1.73	15.4	93	2.2	31.3	43.0	8.1	0.51	0.29	—
18.64	13.54	6.79	1.61	2.14	24.1	145	5.4	20.5	39.3	10.7	0.63	0.45	—
18.13	12.39	6.18	1.46	1.95	17.9	107	3.3	28.5	40.7	9.8	0.65	0.33	—
17.66	14.33	6.82	1.70	2.27	25.0	150	4.5	9.1	47.7	13.6	1.36	0.91	—
17.99	13.73	7.39	1.63	2.17	23.9	143	4.3	8.7	52.2	10.9	0.87	0.87	—
16.05	12.68	6.67	1.50	2.00	22.2	133	4.4	11.1	40.0	22.2	2.44	0.67	0.57
17.13	13.54	6.71	1.61	2.14	25.7	154	4.3	11.4	41.4	17.1	1.43	0.71	—
17.72	11.76	5.92	1.39	1.85	12.7	76	3.2	29.9	43.9	10.2	—	—	—
17.36	11.86	5.88	1.40	1.86	6.5	39	1.4	27.2	58.1	6.8	—	—	—
16.37	10.73	5.26	1.26	1.68	9.7	58	6.0	28.7	35.2	20.5	1.02	0.82	290.43
18.89	12.59	6.19	1.49	1.98	16.7	100	8.2	27.6	36.2	11.3	—	1.17	—
17.82	12.44	6.20	1.47	1.96	21.6	130	2.9	22.0	42.0	11.6	0.44	0.12	289.86
17.98	10.12	4.97	1.18	1.58	10.3	62	2.1	35.5	44.8	7.3	0.45	0.21	—
18.37	11.27	5.60	1.33	1.77	17.3	104	4.3	25.7	43.7	9.0	0.57	0.27	—
16.88	10.85	5.27	1.27	1.70	8.9	54	4.5	19.6	53.6	13.4	2.05	0.54	38.06
18.52	11.81	5.81	1.39	1.85	16.9	102	6.5	19.4	47.6	9.7	—	2.10	—
17.43	11.35	5.68	1.33	1.78	20.3	122	5.1	16.9	42.4	15.3	—	—	—
19.27	12.49	6.30	1.48	1.97	17.3	104	7.9	18.1	49.6	7.1	—	—	—
17.28	11.43	5.52	1.34	1.79	11.7	70	3.4	17.2	57.2	10.3	—	—	81.6
16.77	9.46	4.63	1.10	1.47	6.3	38	3.3	24.3	53.7	12.3	2.00	0.03	—
17.14	11.09	5.21	1.30	1.74	11.6	69	4.1	19.0	52.9	12.4	1.40	0.41	—
16.97	10.58	5.41	1.24	1.65	15.6	94	4.6	18.3	45.9	15.6	2.48	0.28	—
17.29	10.82	5.54	1.27	1.69	16.2	97	3.8	19.2	47.7	13.1	1.54	0.38	—
17.59	9.69	4.80	1.13	1.50	6.1	37	2.0	31.3	53.7	6.9	0.28	0.04	—

编　号	饲料名称	样品说明	原　样　中						
			干物质 %	粗蛋 白质 %	钙 %	磷 %	总能量 MJ/kg	奶牛能量 单位 NND/kg	可消化粗 蛋白质 g/kg
2-01-625	甘蓝包		7.8	1.3	0.06	0.04	1.24	0.15	8
2-01-626	甘蓝包	甘蓝包外叶	7.6	1.2	0.12	0.02	1.27	0.13	7
2-01-627	甘蓝包	甘蓝包外叶	10.9	1.3	—	—	1.82	0.23	8
2-01-628	葛藤	爪哇葛藤	20.5	4.5	—	—	4.04	0.30	27
2-01-629	葛藤	沙葛藤	20.9	3.5	0.13	0.01	3.98	0.30	21
2-01-630	狗尾草	卡松古鲁种	10.1	1.1	—	—	1.74	0.15	7
2-01-631	黑麦草	阿文士意大利黑麦草	16.3	3.5	0.10	0.04	2.86	0.34	21
2-01-632	黑麦草	伯克意大利黑麦草	18.0	3.3	0.13	0.05	3.15	0.37	20
2-01-633	黑麦草	菲期塔多年生黑麦草	19.2	3.3	0.15	0.05	3.36	0.40	20
2-01-634	黑麦草		16.3	2.1	—	—	2.92	0.34	13
2-01-635	黑麦草	抽穗期	22.8	1.7	—	—	3.97	0.36	10
2-01-636	黑麦草	第一次收割	13.2	2.2	0.18	—	2.35	0.23	13
2-01-099	胡萝卜秧	4省市4样平均值	12.0	2.0	0.38	0.05	2.07	0.23	13
2-01-638	花生藤		29.3	4.5	—	—	5.30	0.47	27
2-01-639	花生藤		24.6	2.5	0.53	0.02	4.48	0.33	15
2-01-640	坚尼草	抽穗期	25.3	2.0	—	—	4.39	0.43	12
2-01-641	坚尼草	拔节期	23.4	1.6	—	—	4.07	0.35	10
2-01-642	坚尼草	初穗期	32.7	1.2	—	—	5.67	0.47	7
2-01-131	聚合草	始花期	11.8	2.1	0.28	0.01	1.87	0.20	13
2-01-643	萝卜叶		10.6	1.9	0.04	0.01	1.52	0.19	11
2-01-177	马铃薯秧		11.6	2.3	—	—	2.15	0.15	14
2-01-644	芒草	拔节期	34.5	1.6	0.16	0.02	6.26	0.52	10
2-01-645	苜蓿	盛花期	26.2	3.8	0.34	0.01	4.73	0.40	23
2-01-646	苜蓿	五月中旬	17.5	1.5	—	—	3.08	0.25	9
2-01-197	苜蓿	亚洲苜蓿，营养期	25.0	5.2	0.52	0.04	4.55	0.47	31
2-01-647	苜蓿		21.9	4.6	0.31	0.09	4.05	0.41	28
2-01-201	苜蓿	杂花，初花期	28.8	5.1	0.35	0.09	5.36	0.56	31
2-01-648	苜蓿	紫花苜蓿	20.2	3.6	0.47	0.06	3.55	0.36	22
2-01-209	苜蓿	黄花苜蓿，现蕾期	13.9	3.1	0.13	0.05	2.68	0.31	19
2-01-649	牛尾草	梅尔多牛尾草	21.3	4.5	0.19	0.05	3.81	0.45	27
2-01-227	荞麦苗	初花期	19.8	2.8	0.69	0.14	3.57	0.36	17
2-01-226	荞麦苗	盛花期	17.4	2.0	—	0.05	3.05	0.31	12
2-01-650	青菜		19.1	2.9	0.36	0.05	2.67	0.32	17

（续）

干物质中													
总能量 MJ/kg	消化能 MJ/kg	产奶净能 MJ/kg	产奶净能 Mcal/kg	奶牛能量单位 NND/kg	粗蛋白质 %	可消化粗蛋白质 g/kg	粗脂肪 %	粗纤维 %	无氮浸出物 %	粗灰分 %	钙 %	磷 %	胡萝卜素 mg/kg
15.93	12.22	6.03	1.44	1.92	16.7	100	1.3	12.8	52.6	16.7	0.77	0.51	—
16.72	10.93	5.53	1.28	1.71	15.8	95	3.9	15.8	48.7	15.8	1.58	0.26	4.56
16.66	13.34	6.61	1.58	2.11	11.9	72	4.6	11.9	56.9	14.7		—	
19.71	9.74	4.73	1.10	1.46	22.0	132	5.4	35.6	30.7	6.3			
19.04	9.56	4.64	1.08	1.44	16.7	100	4.3	30.6	42.6	5.7	0.62	0.05	
17.27	10.17	5.05	1.11	1.49	10.9	65	5.0	31.7	37.6	14.9			
17.54	12.83	6.44	1.56	2.09	21.5	129	4.3	20.9	38.7	14.7	0.61	0.25	
17.51	13.02	6.56	1.54	2.06	18.3	110	3.3	23.3	42.2	12.8	0.72	0.28	
17.48	13.18	6.56	1.56	2.08	17.2	103	3.1	25.0	42.2	12.5	0.78	0.26	
17.92	13.57	6.69	1.56	2.09	12.9	77	4.9	24.5	47.2	10.4	—	—	342.72
17.41	10.14	4.96	1.18	1.58	7.5	45	3.1	29.8	50.0	9.6			
17.79	11.13	5.45	1.31	1.74	16.7	100	2.3	28.0	43.2	9.8	1.36	—	
17.21	12.18	6.00	1.44	1.92	18.3	110	5.0	18.3	42.5	15.8	3.17	0.42	171.52
18.09	10.29	5.02	1.20	1.60	15.4	92	2.7	21.2	53.9	6.8			
18.24	8.71	4.27	1.01	1.34	10.2	61	3.7	35.4	43.1	7.7	2.15	0.08	
17.36	10.87	5.30	1.27	1.70	7.9	47	2.4	33.6	46.2	9.9	—	—	
17.38	9.64	4.66	1.12	1.50	6.8	41	1.7	38.9	43.2	9.4			
17.33	9.29	4.50	1.08	1.44	3.7	22	1.8	40.4	45.3	8.9			
15.88	10.84	5.34	1.27	1.69	17.8	107	1.7	11.9	50.8	17.8	2.37	0.08	
14.07	11.43	5.57	1.34	1.79	17.9	108	3.8	8.5	40.6	29.2	0.38	0.09	300.00
18.50	8.42	4.05	0.97	1.29	19.8	119	6.0	23.3	39.7	11.2			
18.15	9.71	4.75	1.13	1.51	4.6	28	2.9	33.9	53.9	4.6	0.46	0.06	
18.06	9.83	4.81	1.15	1.53	14.5	87	1.1	35.9	41.2	7.3	1.30	0.04	
17.58	9.23	4.57	1.07	1.43	8.6	51	2.3	32.6	48.0	8.6	—	—	
18.22	11.96	5.88	1.41	1.88	20.8	125	1.6	31.6	37.2	8.8	2.08	0.24	
19.22	11.91	5.94	1.40	1.87	21.0	126	2.7	32.0	35.6	8.7	1.42	0.41	216.60
18.61	12.35	6.11	1.46	1.94	17.7	106	3.1	26.4	46.5	6.3	1.22	0.31	—
17.56	11.37	5.59	1.34	1.78	17.8	107	1.5	32.2	37.1	11.4	2.33	0.30	—
19.25	14.07	6.98	1.67	2.23	22.3	134	7.2	19.4	42.4	8.6	0.94	0.36	—
17.89	13.36	6.53	1.58	2.11	21.1	127	3.8	23.0	39.9	12.2	0.89	0.23	—
18.01	11.58	5.71	1.36	1.82	14.1	85	3.5	24.2	42.4	10.6	3.48	0.71	—
17.52	11.36	5.57	1.34	1.78	11.5	69	2.3	30.5	46.0	9.8	—	0.29	—
14.00	10.72	5.29	1.26	1.68	15.2	91	1.0	40.8	10.5	32.5	1.88	0.26	—

编　号	饲料名称	样品说明	原　样　中						
			干物质 %	粗蛋白质 %	钙 %	磷 %	总能量 MJ/kg	奶牛能量单位 NND/kg	可消化粗蛋白质 g/kg
2-01-652	雀麦草	坦波无芒雀麦草	25.3	4.1	0.64	0.07	4.45	0.48	25
2-01-246	三叶草	苏联三叶草	19.7	3.3	0.26	0.06	3.65	0.39	20
2-01-247	三叶草	新西兰红三叶，现蕾期	11.4	1.9	—	—	2.04	0.24	11
2-01-248	三叶草	新西兰红三叶，初花期	13.9	2.2	—	—	2.51	0.27	13
2-01-250	三叶草	地中海红三叶，盛花期	12.7	1.8	—	—	2.36	0.25	11
2-01-653	三叶草	分枝期	13.0	2.1	—	—	2.22	0.26	13
2-01-654	三叶草	初花期	19.6	2.4	—	—	3.45	0.38	14
2-01-254	三叶草	红三叶，6样平均值	18.5	3.7	—	—	3.46	0.38	22
2-01-655	沙打旺		14.9	3.5	0.20	0.05	2.61	0.30	21
2-01-343	苕子	初花期	15.0	3.2	—	—	2.86	0.29	19
2-01-658	苏丹草	拔节期	18.5	1.9	—	—	3.34	0.33	11
2-01-659	苏丹草	抽穗期	19.7	1.7	—	—	3.60	0.35	10
2-01-333	甜菜叶		8.7	2.0	0.11	0.04	1.39	0.17	12
2-01-661	通心菜		9.9	2.3	0.10	—	1.63	0.20	14
2-01-663	象草		16.4	2.4	0.04	—	3.11	0.31	14
2-01-664	象草		20.0	2.0	0.05	0.02	3.70	0.36	12
2-01-665	向日葵托		10.3	0.5	0.10	0.01	1.69	0.17	3
2-01-666	向日葵叶	2省市2样品平均值	17.0	2.7	0.74	0.04	2.63	0.29	16
2-01-667	小冠花		20.0	4.0	0.31	0.06	3.59	0.40	24
2-01-668	小麦青割		29.8	4.8	0.27	0.03	5.43	0.57	29
2-01-669	鸭茅	杰斯柏鸭茅	20.6	3.2	0.49	0.06	3.70	0.34	19
2-01-670	鸭茅	伦内鸭茅	21.2	2.8	0.11	0.06	3.64	0.32	17
2-01-671	燕麦青割	刚抽穗	19.7	2.9	0.11	0.07	3.65	0.40	17
2-01-672	燕麦青割		25.5	4.1	9.00	0.06	4.68	0.45	25
2-01-673	燕麦青割	扬花期	22.1	2.4	—	—	3.93	0.38	14
2-01-674	燕麦青割	灌浆期	19.6	2.2	—	—	3.50	0.32	13
2-01-677	野青草	狗尾草为主	25.3	1.7	—	0.12	4.36	0.40	10
2-01-678	野青草	稗草为主	34.5	3.8	0.14	0.11	5.81	0.54	23
2-01-680	野青草	混杂草	29.6	2.3	—	—	5.26	0.49	14
2-01-681	野青草	沟边草	32.8	2.3	—	—	5.73	0.53	14
2-01-682	拟高粱		18.4	2.2	0.13	0.03	3.22	0.34	13
2-01-683	拟高粱	拔节期	18.5	1.2	0.21	0.08	3.29	0.31	7
2-01-243	玉米青割	乳熟期，玉米叶	17.9	1.1	0.06	0.04	3.37	0.32	7

（续）

干　物　质　中													
总能量 MJ/kg	消化能 MJ/kg	产奶净能		奶牛能量单位 NND/kg	粗蛋白质 %	可消化粗蛋白质 g/kg	粗脂肪 %	粗纤维 %	无氮浸出物 %	粗灰分 %	钙 %	磷 %	胡萝卜素 mg/kg
		MJ/kg	Mcal/kg										
17.60	12.06	5.97	1.42	1.90	16.2	97	2.8	30.0	39.1	11.9	2.53	0.28	—
18.52	12.56	6.19	1.48	1.98	16.8	101	2.5	28.9	45.7	6.1	1.32	0.30	—
17.96	13.32	6.67	1.58	2.11	16.7	100	6.1	18.4	46.5	12.3	—	—	—
18.07	12.33	6.04	1.46	1.94	15.8	95	5.0	23.7	44.6	10.8	—	—	—
18.59	12.49	6.30	1.48	1.97	14.2	85	7.1	26.0	42.5	10.2	—	—	—
17.14	12.68	6.15	1.50	2.00	16.2	97	3.1	20.0	47.7	13.1	—	—	—
17.60	12.31	6.02	1.45	1.94	12.2	73	3.1	25.5	49.5	9.7	—	—	148.58
18.73	13.01	6.38	1.54	2.05	20.0	120	4.9	22.2	44.9	8.1	—	—	184.14
17.52	12.76	6.24	1.51	2.01	23.5	141	3.4	15.4	44.3	13.4	1.34	0.34	—
19.09	12.28	6.20	1.45	1.93	21.3	128	4.0	32.7	34.7	7.3	—	—	—
18.05	11.38	5.68	1.34	1.78	10.3	62	4.3	29.2	47.6	8.6	—	—	—
18.26	11.33	5.53	1.33	1.78	8.6	52	3.6	31.5	50.3	6.1	—	—	—
15.96	12.40	6.32	1.47	1.95	23.0	138	3.4	11.5	40.2	21.8	1.26	0.46	—
16.45	12.80	6.36	1.52	2.02	23.2	139	3.0	10.1	45.5	18.2	1.01	—	—
18.97	12.02	6.16	1.42	1.89	14.6	88	9.1	29.3	35.4	12.8	0.24	—	—
18.53	11.47	5.65	1.35	1.80	10.0	60	3.0	35.0	47.0	5.0	0.25	0.10	—
16.36	10.57	5.34	1.24	1.65	4.9	29	2.9	19.4	60.2	12.6	0.97	0.10	—
15.46	10.91	5.18	1.28	1.71	15.9	95	3.5	10.6	48.2	21.8	4.35	0.24	—
17.94	12.68	6.30	1.50	2.00	20.0	120	3.0	21.0	46.0	10.0	1.55	0.30	—
18.21	12.15	6.04	1.43	1.91	16.1	97	2.3	28.9	45.3	7.4	0.91	0.10	—
17.96	10.57	5.29	1.24	1.65	15.5	93	3.9	28.6	41.3	10.7	2.38	0.29	—
17.17	9.72	4.76	1.13	1.51	13.2	79	3.8	28.3	40.6	14.2	0.52	0.28	—
18.54	12.86	6.40	1.52	2.03	14.7	88	4.6	27.4	45.7	7.6	0.56	0.36	—
18.36	11.26	5.61	1.32	1.76	16.1	96	3.1	28.2	45.1	7.5	35.3	0.24	0.25
17.78	10.99	5.52	1.29	1.72	10.9	65	2.7	30.8	47.1	8.6	—	—	—
17.65	10.46	5.15	1.22	1.63	11.2	67	2.6	33.2	44.4	8.7	—	—	—
17.20	10.15	4.98	1.19	1.58	6.7	40	2.8	28.1	52.6	9.9	—	0.47	—
16.85	10.06	4.99	1.17	1.57	11.0	66	2.0	29.9	44.1	13.0	0.41	0.32	—
17.78	10.60	5.24	1.24	1.66	7.8	47	2.7	35.1	46.3	8.1	—	—	—
17.47	10.36	5.12	1.21	1.62	7.0	42	2.1	35.1	47.0	8.8	—	—	—
17.49	11.76	5.71	1.39	1.85	12.0	72	2.7	28.3	46.7	10.3	0.71	0.16	—
17.77	10.72	5.24	1.26	1.68	6.5	39	2.2	33.0	51.9	6.5	1.14	0.43	—
18.84	11.40	5.64	1.34	1.79	6.1	37	2.8	29.1	55.3	6.7	0.34	0.22	—

编　号	饲料名称	样品说明	原　样　中						
			干物质 %	粗蛋白质 %	钙 %	磷 %	总能量 MJ/kg	奶牛能量 单位 NND/kg	可消化粗 蛋白质 g/kg
2-01-685	玉米青割		22.9	1.5	—	0.02	4.11	0.41	9
2-01-686	玉米青割	未抽穗	12.8	1.2	0.08	0.06	2.30	0.23	7
2-01-687	玉米青割	抽穗期	17.6	1.5	0.09	0.05	3.16	0.31	9
2-01-688	玉米青割	有玉丝穗	12.9	1.1	0.04	0.03	2.26	0.22	7
2-01-689	玉米青割	乳熟期占1/2	18.5	1.5	0.06	—	3.20	0.32	9
2-01-241	玉米青割	西德2号，抽穗期	24.1	3.1	0.08	0.08	4.19	0.48	19
2-01-690	玉米全株	晚	27.1	0.8	0.09	0.10	4.72	0.49	5
2-01-693	紫云英		16.2	3.2	0.21	0.05	2.94	0.33	19
2-01-695	紫云英	盛花期	9.0	1.3	—	—	1.68	0.19	8
2-01-429	紫云英	8省市8样平均值	13.0	2.9	0.18	0.07	2.42	0.28	17

附表 2-13　青

编　号	饲料名称	样品说明	原　样　中						
			干物质 %	粗蛋白质 %	钙 %	磷 %	总能量 MJ/kg	奶牛能量 单位 NND/kg	可消化粗 蛋白质 g/kg
3-03-002	草木樨青贮	已结籽，pH4.0	31.6	5.1	0.53	0.08	5.55	0.53	31
3-03-601	冬大麦青贮	7样平均值	22.2	2.6	0.05	0.03	3.82	0.40	16
3-03-602	甘薯藤青贮	秋甘薯藤	33.1	2.0	0.46	0.15	5.14	0.47	12
3-03-004	甘薯藤青贮	窖贮6个月	21.7	2.8	—	—	3.77	0.34	17
3-03-005	甘薯藤青贮		18.3	1.7	—	—	2.98	0.24	10
3-03-021	甜菜叶青贮		37.5	4.6	0.39	0.10	6.05	0.69	28
3-03-025	玉米青贮	收获后黄干贮	25.0	1.4	0.10	0.02	4.35	0.25	8
3-03-031	玉米青贮	乳熟期	25.0	1.5	—	—	4.35	0.39	9
3-03-603	玉米青贮	红色草原牧场	29.2	1.6	0.09	0.08	5.28	0.47	10
3-03-605	玉米青贮	4省市5样平均值	22.7	1.6	0.10	0.06	3.96	0.36	10
3-03-606	玉米大豆青贮		21.8	2.1	0.15	0.06	3.46	0.35	13
3-03-010	胡萝卜青贮		23.6	2.1	0.25	0.03	3.29	0.44	13
3-03-011	胡萝卜青贮	起薹	19.7	3.1	0.35	0.03	3.21	0.33	19
3-03-019	苜蓿青贮	盛花期	33.7	5.3	0.50	0.10	6.25	0.52	32

（续）

总能量 MJ/kg	消化能 MJ/kg	产奶净能		奶牛能 量单位 NND/kg	粗蛋白 质 %	可消化粗 蛋白质 g/kg	粗脂 肪 %	粗纤 维 %	无氮浸 出物 %	粗灰 分 %	钙 %	磷 %	胡萝卜素 mg/kg
		MJ/kg	Mcal/kg										
17.94	11.42	5.68	1.34	1.79	6.6	39	1.7	30.1	57.2	4.4	—	0.09	63.40
17.97	11.46	5.63	1.35	1.80	9.4	56	3.1	32.8	46.9	7.8	0.63	0.47	—
17.98	11.24	5.51	1.32	1.76	8.5	51	2.3	33.0	50.0	6.3	0.51	0.28	—
17.51	10.90	5.58	1.28	1.71	8.5	51	2.3	34.1	45.7	9.3	0.31	0.23	—
17.31	11.05	5.46	1.30	1.73	8.1	49	2.2	29.2	51.4	9.0	0.32		
17.41	12.63	6.27	1.49	1.99	12.9	77	1.7	27.4	48.5	9.5	0.33	0.33	
17.40	11.52	5.72	1.36	1.81	3.0	18	1.5	29.2	60.9	5.5	0.33	0.37	
18.14	12.90	6.48	1.53	2.04	19.8	119	3.7	25.3	40.7	10.5	1.30	0.31	
18.63	13.35	7.00	1.58	2.11	14.4	87	6.7	16.7	54.4	7.8	—	—	
18.60	13.61	6.77	1.62	2.15	22.3	134	5.4	19.2	43.1	10.0	1.38	0.54	

贮类饲料

总能量 MJ/kg	消化能 MJ/kg	产奶净能		奶牛能 量单位 NND/kg	粗蛋 白质 %	可消化粗 蛋白质 g/kg	粗脂 肪 %	粗纤 维 %	无氮浸 出物 %	粗灰 分 %	钙 %	磷 %	胡萝卜素 mg/kg
		MJ/kg	Mcal/kg										
17.57	10.84	5.32	1.26	1.68	16.1	97	3.2	32.3	35.4	13.0	1.68	0.25	—
17.23	11.59	5.68	1.35	1.80	11.7	70	3.2	29.7	42.8	12.6	0.23	0.14	—
15.54	9.28	4.56	1.06	1.42	6.0	36	2.7	18.4	55.3	17.5	1.39	0.45	—
17.37	10.17	4.84	1.18	1.57	12.9	77	5.1	21.7	47.0	13.4	—	—	—
16.27	8.63	4.15	0.98	1.31	9.3	56	6.0	24.6	39.9	20.2	—	—	—
16.13	11.82	5.81	1.38	1.84	12.3	74	6.4	19.7	38.9	22.7	1.04	0.27	—
17.38	6.75	3.20	0.75	1.00	5.6	34	1.2	35.6	50.0	7.6	0.40	0.08	—
17.38	10.13	4.88	1.17	1.56	6.0	36	4.4	30.8	47.6	11.2	—		—
18.09	10.43	5.03	1.21	1.61	5.5	33	2.4	31.5	55.5	5.1	0.31	0.27	—
17.45	10.29	4.98	1.19	1.59	7.0	42	2.6	30.4	51.1	8.8	0.44	0.26	—
15.90	10.40	5.00	1.20	1.61	9.6	58	2.3	31.7	37.6	18.8	0.69	0.28	—
13.92	11.96	5.89	1.40	1.86	8.9	53	2.1	18.6	42.8	27.5	1.06	0.13	—
16.30	10.82	5.33	1.26	1.68	15.7	94	6.6	28.9	24.4	24.4	1.78	0.15	—
18.54	10.03	4.87	1.16	1.54	15.7	94	4.2	38.0	30.6	11.6	1.48	0.30	—

附表 2-14　块根、

编　号	饲料名称	样品说明	原 样 中						
			干物质 %	粗蛋白质 %	钙 %	磷 %	总能量 MJ/kg	奶牛能量单位 NND/kg	可消化粗蛋白质 g/kg
4-04-601	甘薯		24.6	1.1	—	0.07	4.08	0.58	7
4-04-602	甘薯		24.4	1.1	—	—	4.12	0.57	7
4-04-018	甘薯		23.0	1.1	0.14	0.06	3.86	0.54	7
4-04-200	甘薯	7省市8样平均值	25.0	1.0	0.13	0.05	4.25	0.59	7
4-04-207	甘薯	8省市甘薯干40样平均值	90.0	3.9	0.15	0.12	1.52	2.14	25
4-04-603	胡萝卜		9.3	0.8	0.05	0.03	1.58	0.23	5
4-04-604	胡萝卜	红色胡萝卜	13.7	1.4	0.06	0.05	2.33	0.33	9
4-04-605	胡萝卜	黄色胡萝卜	13.4	1.3	0.07	—	2.32	0.33	8
4-04-606	胡萝卜	2样平均值	11.6	0.9	0.16	0.04	2.05	0.29	6
4-04-077	胡萝卜		10.8	1.0	—	0.04	1.85	0.27	7
4-04-208	胡萝卜	12省市13样平均值	12.0	1.1	0.15	0.09	2.04	0.29	7
4-04-092	萝卜	白萝卜	8.2	0.6	0.05	0.03	1.32	0.20	4
4-04-094	萝卜	长大萝卜	7.0	0.9	—	0.03	1.17	0.17	7
4-04-210	萝卜	11省市11样平均值	7.0	0.9	0.05	0.03	1.15	0.17	6
4-04-607	马铃薯		21.2	1.1	0.01	0.05	3.53	0.51	7
4-04-110	马铃薯		18.8	1.3	—	—	3.15	0.44	8
4-04-114	马铃薯	米粒种	15.2	1.1	0.02	0.06	2.59	0.36	7
4-04-211	马铃薯	10省市10样平均值	22.0	1.6	0.02	0.03	3.72	0.52	10
4-04-608	木薯粉		94.0	3.1	—	—	1.61	2.26	20
4-04-136	南瓜	柿饼瓜青皮	6.4	0.7			1.12	0.15	5
4-04-212	南瓜	9省市9样平均值	10.0	1.0	0.04	0.02	1.71	0.24	7
4-04-610	甜菜	2样平均值	9.9	1.4	0.03	—	1.75	0.22	9
4-04-157	甜菜	贵州威宁，糖用	13.5	0.9	0.03	0.04	2.33	0.32	6
4-04-213	甜菜	8省市9样平均值	15.0	2.0	0.06	0.04	2.59	0.31	13
4-04-611	甜菜丝干		88.6	7.3	0.66	0.07	1.54	1.97	47
4-04-162	芜菁甘蓝	洋萝卜新西兰2号	10.0	1.1	0.05	0.01	1.77	0.25	7
4-04-164	芜菁甘蓝	洋萝卜新西兰3号	10.0	1.0	0.06	微	1.71	0.25	7
4-04-161	芜菁甘蓝	洋萝卜新西兰4号	10.0	1.0	0.05	微	1.69	0.25	7
4-04-215	芜菁甘蓝	3省5样平均值	10.0	1.0	0.06	0.02	1.71	0.25	7
4-04-168	西瓜皮		6.6	0.6	0.02	0.02	1.71	0.14	4

块茎及瓜果类饲料

		干　物　质　中											
总能量 MJ/kg	消化能 MJ/kg	产奶净能		奶牛能量单位 NND/kg	粗蛋白质 %	可消化粗蛋白质 g/kg	粗脂肪 %	粗纤维 %	无氮浸出物 %	粗灰分 %	钙 %	磷 %	胡萝卜素 mg/kg
		MJ/kg	Mcal/kg										
16.58	14.94	7.32	1.77	2.36	4.5	29	0.8	3.3	86.2	5.3	—	0.28	—
16.90	14.81	7.38	1.75	2.34	4.5	29	1.2	4.1	86.1	4.1	—	—	—
16.76	14.88	7.48	1.76	2.35	4.8	31	0.9	3.0	87.0	4.3	0.61	0.26	—
16.99	14.95	7.56	1.77	2.36	4.0	26	1.2	3.6	88.0	3.2	0.52	0.20	39.82
16.92	15.06	7.44	1.78	2.38	4.3	28	1.4	2.6	88.8	2.9	0.17	0.13	—
17.01	15.64	7.74	1.85	2.47	8.6	56	2.2	8.6	73.1	7.5	0.54	0.32	—
17.01	15.25	7.66	1.81	2.41	10.2	66	1.5	10.2	70.8	7.3	0.44	0.36	—
17.33	15.57	7.84	1.85	2.46	9.7	63	2.2	12.7	68.7	6.7	0.52	—	348.08
17.67	15.80	8.02	1.87	2.50	7.8	50	5.2	12.1	67.2	7.8	1.38	0.34	—
17.08	15.80	7.78	1.88	2.50	9.3	60	1.9	7.4	75.0	6.5			—
16.99	15.30	7.75	1.81	2.42	9.2	60	2.5	10.0	70.0	8.3	1.25	0.75	—
16.04	15.43	7.68	1.83	2.44	7.3	48	微	9.8	73.2	9.8	0.61	0.37	2.00
16.73	15.37	7.86	1.82	2.43	12.9	84	1.4	10.0	65.7	10.0			—
16.49	15.37	7.29	1.82	2.43	12.9	84	1.4	10.0	64.3	11.4	0.71	0.43	—
16.68	15.23	7.50	1.80	2.41	5.2	34	0.5	1.9	88.2	4.2	0.05	0.24	0.41
16.75	14.84	7.39	1.76	2.34	6.9	45	0.5	2.7	85.1	4.8	—	—	—
17.03	15.00	7.43	1.78	2.37	7.2	47	0.7	2.0	86.8	3.3	0.13	0.39	—
16.89	14.98	7.45	1.77	2.36	7.3	47	0.5	3.2	39.5	4.1	0.09	0.14	—
17.11	15.22	7.57	1.80	2.40	3.3	21	0.7	2.4	92.1	1.4	—	—	—
17.43	14.86	7.34	1.76	2.34	10.9	71	3.1	4.7	65.6	7.8			—
17.06	15.20	7.60	1.80	2.40	10.0	65	3.0	12.0	68.0	7.0	0.40	0.20	64.29
17.67	14.12	7.27	1.67	2.22	14.1	92	3.0	15.2	59.6	8.1	0.30	—	—
17.26	15.02	7.48	1.78	2.37	6.7	43	4.4	5.2	81.5	2.2	0.22	0.30	—
17.28	13.18	6.47	1.55	2.07	13.3	87	2.7	11.3	60.7	12.0	0.40	0.27	—
17.36	14.13	7.00	10.67	2.22	8.2	54	0.7	22.1	63.9	5.1	0.74	0.08	—
17.73	15.80	8.00	1.88	2.50	11.0	71	1.0	13.0	67.0	8.0	0.50	0.10	—
17.13	15.80	8.00	1.88	2.50	10.0	65	微	16.0	66.0	8.0	0.60	微	—
16.93	15.80	8.00	1.88	2.50	10.0	65	1.0	15.0	66.0	3.0	0.50	微	—
17.09	15.80	8.00	1.88	2.50	10.0	65	2.0	13.0	67.0	8.0	0.60	0.20	—
17.79	13.51	7.12	1.59	2.12	9.1	59	3.0	19.7	53.0	15.2	0.30	0.30	

附表 2-15　青

编　号	饲料名称	样品说明	原　样　中						
			干物质 %	粗蛋白质 %	钙 %	磷 %	总能量 MJ/kg	奶牛能量单位 NND/kg	可消化粗蛋白质 g/kg
1-05-601	白茅	地上茎叶	90.9	7.4	0.28	0.09	1.68	1.23	44
1-05-602	稗草		93.4	5.0	—	—	1.62	1.07	30
1-05-603	绊根草	营养期茎叶	92.6	9.6	0.52	0.13	1.68	1.33	58
1-05-604	草木樨	整株	88.3	16.8	2.42	0.02	1.50	1.36	101
1-05-605	大豆干草		94.6	11.8	1.50	0.70	1.70	1.44	71
1-05-606	大米草	整株	83.2	12.8	0.42	0.02	1.50	1.26	77
1-05-608	黑麦草		90.8	11.6	—	—	1.63	1.50	70
1-05-609	胡枝子		94.7	16.6	0.93	0.11	1.90	1.42	100
1-05-610	混合牧草	夏季，以禾本科为主	90.1	13.9	—	—	1.76	1.36	83
1-05-611	混合牧草	秋季，以禾本科为主	92.2	9.6	—	—	1.68	1.41	58
1-05-612	混合牧草	冬季状态	88.7	2.3	—	—	1.54	0.97	14
1-05-614	苃苃草	结实期	89.3	10.7	—	—	1.65	1.19	64
1-05-615	碱草	营养期	90.3	19.0	—	—	1.72	1.54	114
1-05-616	碱草	抽穗期	90.1	13.4	—	—	1.69	1.40	80
1-05-617	碱草	结实期	91.7	7.4	—	—	1.68	1.03	44
1-05-619	芦苇	抽穗前地面 10cm 以上	91.3	8.8	0.11	0.11	1.61	1.27	53
1-05-620	芦苇	2省市 2样平均值	95.7	5.5	0.08	0.10	1.66	1.15	33
1-05-621	米儿蒿	结籽期	89.2	11.9	1.09	0.81	1.59	1.48	71
1-05-622	苜蓿干草	苏联苜蓿 2 号	92.4	16.8	1.95	0.28	1.63	1.64	101
1-05-623	苜蓿干草	上等	86.1	15.8	2.08	0.25	1.55	1.54	95
1-05-624	苜蓿干草	中等	90.1	15.2	1.43	0.24	1.63	1.37	91
1-05-625	苜蓿干草	下等	88.7	11.6	1.24	0.39	1.61	1.27	70
1-05-626	苜蓿干草	花苜蓿	93.9	17.9	—	—	1.68	1.86	107
1-05-627	苜蓿干草	野生	93.1	13.0	—	—	1.71	1.60	78
1-05-029	苜蓿干草	公农 1 号苜蓿，现蕾期一茬	87.4	19.8	—	—	1.60	1.74	119
1-05-031	苜蓿干草	公农 1 号苜蓿，营养期一茬	87.7	18.3	1.47	0.19	1.63	1.64	110
1-05-040	苜蓿干草	盛花期	88.4	15.5	1.10	0.22	1.60	1.58	93
1-05-044	苜蓿干草	紫花苜蓿，盛花期	91.3	18.7	1.31	0.18	1.73	1.74	112
1-05-628	苜蓿干草	和田苜蓿 2 号	92.8	15.1	2.19	0.20	1.63	1.63	91
1-05-629	披碱草	5～9 月	94.9	7.7	0.30	0.01	1.75	1.24	46
1-05-630	披碱草	抽穗期	88.8	6.3	0.39	0.29	1.55	1.23	38
1-05-631	披碱草		89.8	4.8	0.11	0.10	1.57	1.19	29

干草类饲料

		干　物　质　中										
总能量 MJ/kg	消化能 MJ/kg	产奶净能		奶牛能量单位 NND/kg	粗蛋白质 %	可消化粗蛋白质 g/kg	粗脂肪 %	粗纤维 %	无氮浸出物 %	粗灰分 %	钙 %	磷 %	胡萝卜素 mg/kg
		MJ/kg	Mcal/kg										
4.48	8.88	4.24	1.01	1.35	8.1	49	3.3	32.3	51.8	4.4	0.31	0.10	—
18.16	9.38	4.52	1.08	1.44	10.4	62	2.8	30.5	50.2	6.0	0.56	0.14	
16.99	10.01	4.84	1.16	1.54	19.0	114	1.8	31.6	31.9	15.6	2.74	0.02	—
17.99	9.89	4.78	1.14	1.52	12.5	75	1.2	30.3	50.2	5.8	1.59	0.74	35.77
17.41	9.85	4.74	1.14	1.51	15.4	92	3.2	36.4	30.5	14.4	0.50	0.02	
17.93	10.77	5.17	1.24	1.65	12.8	77	3.2	30.1	44.9	9.0	—	—	
20.09	9.76	5.07	1.12	1.50	17.5	105	7.1	38.6	31.7	5.1	0.98	0.12	
19.49	9.82	4.74	1.13	1.51	15.4	93	6.3	38.2	33.4	6.7	—	—	
18.25	9.94	4.82	1.15	1.53	10.4	62	5.1	29.5	46.4	8.6	—	—	
17.33	7.32	3.45	0.82	1.09	2.6	16	4.5	40.5	40.4	7.1	—	—	
18.42	8.76	4.18	1.00	1.33	12.0	72	2.5	43.9	34.3	7.4	—	—	
19.00	11.01	5.38	1.28	1.71	21.0	126	4.1	28.7	39.1	7.1	—	—	
18.71	10.09	4.88	1.17	1.55	14.9	89	2.9	35.0	41.5	5.8	—	—	
18.27	7.49	3.52	0.84	1.12	8.1	48	3.4	45.0	35.4	8.1	—	—	
17.62	9.11	4.36	1.04	1.39	9.6	58	2.3	35.4	43.4	9.3	0.12	0.12	
17.38	7.97	3.76	0.90	1.20	5.7	34	2.0	36.3	47.1	8.9	0.08	0.10	
17.83	10.73	5.21	1.24	1.66	13.3	80	2.4	27.7	48.3	8.3	1.22	0.91	
17.60	11.42	5.57	1.33	1.77	18.2	109	1.4	31.9	37.3	11.1	2.11	0.30	
18.06	11.51	5.64	1.34	1.79	18.4	110	1.7	29.0	42.4	8.5	2.42	0.29	500.00
18.11	9.89	4.78	1.14	1.52	16.9	101	1.1	42.1	30.9	9.1	1.59	0.27	
18.20	9.36	4.53	1.07	1.43	13.1	78	1.4	48.8	28.2	8.6	1.40	0.44	
17.88	12.67	6.28	1.49	1.98	19.1	114	2.7	26.4	41.3	10.5	—	—	190.23
18.32	11.09	5.40	1.29	1.72	14.0	84	1.9	37.1	40.3	6.8	—	—	
17.84	12.73	6.27	1.49	1.99	22.7	136	1.8	29.1	34.8	11.7	—	—	179.46
18.59	12.00	5.87	1.40	1.87	20.9	125	1.5	35.9	34.4	7.3	1.68	0.22	500.77
18.09	11.50	5.59	1.34	1.79	17.5	105	2.6	28.7	42.1	9.0	1.24	0.25	14.27
18.92	12.21	6.01	1.43	1.91	20.5	123	3.9	31.5	37.7	7.4	1.43	0.20	—
17.52	11.31	5.51	1.32	1.76	16.3	98	1.3	34.4	37.0	11.1	2.36	0.22	—
18.48	8.60	4.11	0.98	1.31	8.1	49	1.9	46.8	38.0	5.2	0.32	0.01	
17.48	9.07	4.34	1.04	1.39	7.1	43	2.0	36.3	45.7	8.9	0.44	0.33	—
17.43	8.71	4.15	0.99	1.33	5.3	32	1.6	37.3	47.8	8.0	0.12	0.11	

编 号	饲料名称	样品说明	原 样 中						
			干物质 %	粗蛋白质 %	钙 %	磷 %	总能量 MJ/kg	奶牛能量单位 NND/kg	可消化粗蛋白质 g/kg
1-05-632	雀麦草	无芒雀麦，抽穗期野生	9.16	2.7	—	—	1.67	1.39	16
1-05-633	雀麦草	无芒雀麦，结果期野生	93.2	10.3	—	—	1.66	1.37	62
1-05-634	雀麦草		94.3	5.7	—	—	1.68	1.26	34
1-05-635	雀麦草	雀麦草叶	90.9	14.9	0.64	0.13	1.60	1.69	89
1-05-637	苕子	初花期	90.5	19.1			1.73	1.73	115
1-05-638	苕子	盛花期	95.6	17.8			1.77	1.79	107
1-05-640	苏丹草	抽穗期	90.0	6.3	—	—	1.67	1.32	38
1-05-641	苏丹草		91.5	6.9	—	—	1.61	1.39	41
1-05-642	燕麦干草		86.5	7.7	0.37	0.31	1.50	1.31	46
1-05-644	羊草	三级草	88.3	3.2	0.25	0.18	1.56	1.15	19
1-05-645	羊草	4样平均值	91.6	7.4	0.37	0.18	1.70	1.38	44
1-05-646	野干草	秋白草	85.2	6.8	0.41	0.31	1.43	1.25	41
1-05-647	野干草	水涝池	90.8	2.9	0.50	0.10	1.54	1.22	17
1-05-648	野干草	禾本科野草	93.1	7.4	0.61	0.39	1.65	1.38	44
1-05-054	野干草	海金山	91.4	6.2	—	—	1.64	1.32	37
1-05-055	野干草	山草	90.6	8.9	0.54	0.09	1.63	1.27	53
1-05-056	野干草	沿化，野生杂草	92.1	7.6	0.45	0.07	1.61	1.30	46
1-05-649	野干草	次杂草	90.9	6.3	0.31	0.29	1.38	1.14	38
1-05-650	野干草	杂草	90.8	5.8	0.41	0.19	1.49	1.25	35
1-05-060	野干草	杂草	90.8	6.9	0.51	0.22	1.53	1.29	41
1-05-651	野干草	杂草	84.0	3.3	0.03	0.02	1.47	1.11	20
1-05-003	野干草	草原野干草	91.7	6.8	0.61	0.08	1.67	1.27	41
1-05-062	野干草	羽茅草为主	90.2	7.7	—	0.08	1.66	1.21	46
1-05-063	野干草	芦苇为主	89.0	6.2	0.04	0.12	1.53	1.13	37
1-05-652	针茅	沙生针茅，抽穗期	86.4	7.9	—	—	1.64	1.10	47
1-05-653	针茅	贝尔加针茅，结实期	88.8	8.4	—	—	1.70	1.15	50
1-05-081	紫云英	盛花，全株	88.0	22.3	3.63	0.53	1.68	1.91	134
1-05-082	紫云英	结荚，全株	90.8	19.4	—	—	1.71	1.67	116

（续）

		干 物 质 中										
总能量 MJ/kg	消化能 MJ/kg	产奶净能		奶牛能量单位 NND/kg	粗蛋白质 %	可消化粗蛋白质 g/kg	粗脂肪 %	粗纤维 %	无氮浸出物 %	粗灰分 %	钙 %	磷 %	胡萝卜素 mg/kg
		MJ/kg	Mcal/kg									
18.21	9.87	4.76	1.14	1.52	2.9	18	3.4	30.0	44.7	8.1	—	—	—
17.80	9.59	4.62	1.10	1.47	11.1	66	3.0	33.0	43.6	9.3	—	—	—
17.86	8.78	4.22	1.00	1.34	6.0	36	2.3	36.2	48.9	6.6	—	—	—
17.63	11.93	5.85	1.39	1.86	16.4	98	2.3	25.0	46.2	10.1	0.70	0.14	—
19.12	12.25	6.01	1.43	1.91	21.1	127	4.3	32.9	34.1	7.5	—	—	—
18.52	12.01	5.87	1.40	1.87	18.6	112	2.3	33.1	38.7	7.3	—	—	—
18.51	9.57	4.61	1.10	1.47	7.0	42	1.6	37.9	51.1	2.4	—	—	—
17.57	9.88	4.81	1.14	1.52	7.5	45	3.4	30.4	49.4	9.3	—	—	—
17.32	9.85	4.75	1.14	1.51	8.9	53	1.6	32.8	47.3	9.4	0.43	0.36	—
17.65	8.57	4.08	0.98	1.30	3.6	22	1.5	36.8	52.3	5.8	0.28	0.20	—
18.51	9.81	4.71	1.13	1.51	8.1	48	3.9	32.1	50.9	5.0	0.40	0.20	—
16.83	9.57	4.58	1.10	1.47	8.0	48	1.3	32.3	47.1	11.4	0.48	0.36	—
16.97	8.52	4.20	1.01	1.34	3.2	19	1.2	37.8	48.3	9.5	0.55	0.11	—
17.70	9.66	4.63	1.11	1.48	7.9	48	2.8	28.0	53.8	7.4	0.66	0.42	—
17.94	9.43	4.54	1.08	1.44	6.8	41	2.7	33.4	50.7	6.5	—	—	—
18.02	9.17	4.39	1.05	1.40	9.8	59	2.2	37.2	43.5	7.3	0.60	0.10	—
17.44	9.23	4.41	1.06	1.41	8.3	50	2.1	33.7	46.9	9.1	0.49	0.08	—
15.13	8.28	3.96	0.94	1.25	6.9	42	1.8	23.1	48.3	19.9	0.34	0.32	—
16.38	9.02	4.43	1.03	1.38	6.4	38	1.7	27.8	51.2	12.9	0.45	0.21	—
16.82	9.29	4.47	1.07	1.42	7.6	46	2.2	31.4	46.5	12.3	0.56	0.24	—
17.46	8.69	4.14	0.99	1.32	3.9	24	1.4	34.5	53.6	6.5	0.04	0.02	—
18.26	9.07	4.34	1.04	1.38	7.4	44	2.7	40.1	43.6	6.1	0.67	0.09	—
18.43	8.81	4.22	1.01	1.34	8.5	51	1.9	37.5	48.2	3.9	—	0.09	—
17.24	8.38	4.00	0.95	1.27	7.0	42	2.8	32.8	46.7	10.7	0.04	0.13	—
18.96	8.40	4.03	0.95	1.27	9.1	55	2.4	51.6	32.4	4.3	—	—	—
19.16	8.53	4.05	0.97	1.30	9.5	57	4.1	51.4	29.6	5.6	—	—	—
19.11	13.81	6.81	1.63	2.17	25.3	152	5.5	22.2	38.2	8.9	4.13	0.60	—
18.85	11.81	5.76	1.38	1.84	21.4	128	5.5	22.2	42.1	8.7	—	—	—

编　号	饲料名称	样品说明	原　样　中						
			干物质 %	粗蛋白质 %	钙 %	磷 %	总能量 MJ/kg	奶牛能量单位 NND/kg	可消化粗蛋白质 g/kg
1-06-602	大麦秸		95.2	5.8	0.13	0.02	16.19	1.31	15
1-06-603	大麦秸		88.4	4.9	0.05	0.06	15.62	1.04	12
1-06-632	大麦秸		90.0	4.9	0.12	0.11	15.81	1.17	14
1-06-604	大豆秸		89.7	3.2	0.61	0.03	16.32	1.10	8
1-06-605	大豆秸		93.7	4.8	—	—	17.17	1.12	12
1-06-606	大豆秸		92.7	9.1	1.23	0.20	17.11	1.09	23
1-06-630	稻草		90.0	2.7	0.11	0.05	13.41	1.04	7
1-06-612	风柜谷尾	瘪稻谷	88.5	5.6	0.16	0.21	14.29	0.79	14
1-06-613	甘薯蔓	土多	90.5	13.2	1.72	0.26	14.66	1.25	42
1-06-038	甘薯蔓	25 样平均值	90.0	7.6	1.63	0.08	15.78	1.39	24
1-06-100	甘薯蔓	7 省市 13 样平均值	88.0	8.1	1.55	0.11	15.29	1.34	26
1-06-615	谷草	小米秆	90.7	4.5	0.34	0.03	15.54	1.33	10
1-06-617	花生藤	伏花生	91.3	11.0	2.46	0.04	16.11	1.54	28
1-06-618	穈草	糯小米秆	91.7	5.2	0.25	—	15.78	1.34	11
1-06-619	荞麦秸	固原	95.4	4.2	0.11	0.02	15.74	1.07	9
1-06-620	小麦秸	冬小麦	90.0	3.9	0.25	0.03	7.49	0.99	10
1-06-623	燕麦秸	甜燕麦秸，青海种	93.0	7.0	0.17	0.01	16.92	1.33	15
1-06-624	莜麦秸	油麦秸	95.2	8.8	0.29	0.10	17.39	1.27	19
1-06-631	黑麦秸		90.0	3.5	—	—	16.25	1.11	9
1-06-629	玉米秸		90.0	5.8	—	—	15.22	1.21	18

副产品类饲料

						干 物 质 中							
总能量 MJ/kg	消化能 MJ/kg	产奶净能		奶牛能量单位 NND/kg	粗蛋白质 %	可消化粗蛋白质 g/kg	粗脂肪 %	粗纤维 %	无氮浸出物 %	粗灰分 %	钙 %	磷 %	胡萝卜素 mg/kg
		MJ/kg	Mcal/kg										
17.01	9.02	4.36	1.03	1.38	6.1	15	1.9	35.5	45.6	10.9	0.14	0.02	—
17.67	7.82	3.70	0.88	1.18	5.5	14	3.3	38.2	43.8	9.2	0.06	0.07	—
17.44	8.51	4.08	0.98	1.30	5.5	16	1.8	71.8	10.4	10.6	0.13	0.12	—
18.20	8.12	3.84	0.92	1.23	3.6	9	0.6	52.1	39.7	4.1	0.68	0.03	—
18.32	7.93	3.76	0.90	1.20	5.1	13	0.9	54.1	35.1	4.8	—	—	—
18.50	7.81	3.66	0.88	1.18	9.8	25	2.0	48.1	33.5	6.6	1.33	0.22	—
16.10	8.61	3.65	0.87	1.16	3.1	8	1.2	66.3	13.9	15.6	0.12	0.05	—
16.15	6.10	2.79	0.67	0.89	6.3	16	2.3	27.0	49.4	15.0	0.18	0.24	—
16.20	9.05	4.35	1.04	1.38	14.6	47	3.4	25.3	37.2	19.4	1.90	0.29	—
17.54	10.04	4.84	1.16	1.54	8.4	27	3.2	34.1	43.9	10.3	1.81	0.09	—
17.39	9.90	4.81	1.14	1.52	9.2	30	3.1	32.4	44.3	11.0	1.76	0.13	—
17.13	9.56	4.62	1.10	1.47	5.0	11	1.3	35.9	48.7	9.0	0.37	0.03	—
17.64	10.89	5.28	1.27	1.69	12.0	31	1.6	32.4	45.2	8.7	2.69	0.04	—
17.21	9.53	4.61	1.10	1.46	5.7	12	1.3	32.9	51.8	8.3	0.27	—	—
16.50	7.48	3.55	0.84	1.12	4.4	10	0.8	41.6	41.6	13.0	0.12	0.02	—
17.22	8.35	3.45	0.83	1.10	4.4	11	0.6	78.2	6.1	10.8	0.28	0.03	—
18.20	9.35	4.51	1.07	1.43	7.5	16	2.4	28.4	58.0	3.9	0.18	0.01	—
18.27	8.77	4.22	1.00	1.33	9.2	20	1.4	46.2	37.1	6.0	0.30	0.11	—
17.07	9.72	3.86	0.92	1.23	3.9	10	1.2	75.3	9.1	10.5	—	—	—
16.92	10.71	4.22	1.01	1.34	6.5	20	0.9	68.9	17.0	6.8	—	—	—

编　号	饲料名称	样品说明	原　样　中						
			干物质 %	粗蛋白质 %	钙 %	磷 %	总能量 MJ/kg	奶牛能量单位 NND/kg	可消化粗蛋白质 g/kg
4-07-029	大米	糙米，4 样平均值	87.0	8.8	0.04	0.25	15.55	2.28	57
4-07-601	大米	广场 131	87.1	6.8	—	—	15.30	2.24	44
4-07-602	大米		86.1	9.1	—	—	15.34	2.24	59
4-07-038	大米	9 省市 16 样籼稻米平均值	87.5	8.5	0.06	0.21	15.54	2.29	55
4-07-034	大米	碎米，较多谷头	88.2	8.8	0.05	0.28	15.77	2.26	57
4-07-603	大米	3 省市 3 样平均值	86.6	7.1	0.02	0.10	15.39	2.26	46
4-07-604	大麦	春大麦	88.8	11.5	0.23	0.46	16.41	2.08	75
4-07-022	大麦	20 省市，49 样平均值	88.8	10.8	0.12	0.29	15.80	2.13	70
4-07-041	稻谷	粳稻	88.8	7.7	0.06	0.16	15.72	2.05	50
4-07-043	稻谷	早稻	87.0	9.1	—	0.31	15.23	1.94	59
4-07-048	稻谷	中稻	90.3	6.8			15.63	1.98	44
4-07-068	稻谷	杂交晚稻	91.6	8.6	0.05	0.16	15.92	2.04	56
4-07-074	稻谷	9 省市 34 样籼稻平均值	90.6	8.3	0.13	0.28	15.68	2.04	54
4-07-605	高粱	红高粱	87.0	8.5	0.09	0.36	15.79	2.05	55
4-07-075	高粱	杂交多穗	88.4	8.0	0.05	0.34	15.62	2.04	52
4-07-081	高粱		87.3	8.0	0.02	0.38	15.79	2.06	52
4-07-083	高粱	小粒高粱	86.0	6.9	0.12	0.20	14.85	1.93	45
4-07-091	高粱	10 样平均值	93.0	9.8	—		16.94	2.20	64
4-07-606	高粱	多穗高粱	85.2	8.2	0.01	0.16	15.18	1.97	53
4-07-103	高粱	蔗高粱	85.2	6.3	0.03	0.31	15.10	1.98	41
4-07-104	高粱	17 省市高粱 38 样平均值	89.3	8.7	0.09	0.28	16.12	2.09	57
4-07-607	荞麦		89.6	10.0	—	0.14	16.49	2.08	65
4-07-120	荞麦	苦荞，带壳	86.2	7.3	0.02	0.30	15.72	1.62	47
4-07-123	荞麦	11 省市 14 样平均值	87.1	9.9	0.09	0.30	15.82	1.94	64
4-07-608	小麦	次等	87.5	8.8	0.07	0.48	15.50	2.30	57
4-07-157	小麦	加拿大进口	90.0	11.6	0.03	0.18	16.07	2.37	75
4-07-609	小麦	小麦穗	96.6	15.4	0.31	0.00	17.56	2.51	100
4-07-164	小麦	15 省市 28 样平均值	91.8	12.1	0.11	0.36	16.43	2.39	79
4-07-610	小米	小米粉	86.2	9.2	0.04	0.28	15.50	2.23	60
4-07-173	小米	8 省 9 样平均值	86.8	8.9	0.05	0.32	15.69	2.24	58

实类饲料

总能量 MJ/kg	消化能 MJ/kg	产奶净能 MJ/kg	产奶净能 Mcal/kg	奶牛能量单位 NND/kg	干物质中								胡萝卜素 mg/kg
					粗蛋白质 %	可消化粗蛋白质 g/kg	粗脂肪 %	粗纤维 %	无氮浸出物 %	粗灰分 %	钙 %	磷 %	
17.88	16.53	8.23	1.97	2.62	10.1	66	2.3	0.8	85.3	1.5	0.05	0.29	—
17.57	16.23	8.07	1.93	2.57	7.8	51	1.4	2.2	87.3	1.4	—	—	—
17.82	16.41	8.16	1.95	2.60	10.6	69	1.7	1.5	84.8	1.4	—	—	—
20.73	16.51	8.18	1.96	2.62	9.7	63	1.8	0.9	86.2	1.4	0.07	0.24	—
17.87	16.17	8.07	1.92	2.56	10.0	65	2.7	2.7	82.2	2.4	0.06	0.32	—
17.77	16.46	8.22	1.96	2.61	8.2	53	2.4	0.8	87.1	1.5	0.02	0.12	—
18.47	14.85	7.35	1.76	2.34	13.0	84	4.8	8.7	69.5	4.1	0.26	0.52	—
17.80	15.19	7.55	1.80	2.40	12.2	79	2.3	5.3	76.7	9.1	0.14	0.33	—
17.71	14.64	7.22	1.73	2.31	8.7	56	2.1	9.7	75.9	3.6	0.07	0.18	—
17.51	14.17	6.98	1.67	2.23	10.5	68	2.8	10.2	70.3	6.2	—	0.36	—
17.31	13.95	6.87	1.64	2.19	7.5	49	2.1	12.3	72.4	5.6	—	—	—
17.38	14.22	7.04	1.68	2.24	9.4	61	2.2	9.9	72.8	5.7	0.05	0.17	—
17.31	14.30	7.08	1.69	2.25	9.2	60	1.7	9.4	74.5	5.3	0.14	0.31	—
18.14	14.93	7.41	1.77	2.36	9.8	64	4.1	1.7	82.0	2.4	0.10	0.41	—
17.66	14.64	7.25	1.73	2.31	9.0	59	1.6	2.7	85.0	1.7	0.06	0.38	—
18.08	14.95	7.39	1.77	2.36	9.2	60	3.8	1.7	83.3	2.1	0.02	0.44	—
17.27	14.26	7.06	1.68	2.24	8.0	52	3.3	2.3	80.6	5.8	0.14	0.23	—
18.21	14.99	7.43	1.77	2.37	10.5	68	3.9	1.5	82.2	1.9	—	—	—
17.81	14.67	7.28	1.73	2.31	9.6	63	2.7	2.1	83.1	2.5	0.01	0.19	—
17.72	14.74	7.28	1.74	2.32	7.4	48	2.2	2.7	86.2	1.5	0.04	0.36	—
18.06	14.84	7.31	1.76	2.34	9.7	63	3.7	2.5	81.6	2.5	0.10	0.31	—
18.41	14.72	7.29	1.74	2.32	11.2	73	2.9	11.2	73.2	1.6	—	0.16	—
18.24	12.06	5.93	1.41	1.88	8.5	55	2.3	17.6	69.7	1.9	0.02	0.35	—
18.17	14.15	7.01	1.67	2.23	11.4	74	2.6	13.2	69.7	3.1	0.10	0.34	—
17.72	16.57	8.23	1.97	2.63	10.1	65	1.6	0.9	85.9	1.5	0.08	0.55	—
17.86	16.60	8.28	1.97	2.63	12.9	84	1.6	0.9	82.9	1.8	0.03	0.20	—
18.18	16.39	8.15	1.95	2.60	15.9	104	2.8	3.5	74.4	3.3	0.32	—	—
17.90	16.42	8.21	1.95	2.60	13.2	86	2.0	2.6	79.7	2.5	0.12	0.39	—
17.99	16.32	8.11	1.94	2.59	10.7	69	3.4	0.9	83.2	1.9	0.05	0.32	—
18.07	16.29	8.10	1.94	2.58	10.3	67	3.1	1.5	83.5	1.6	0.06	0.37	—

编号	饲料名称	样品说明	原 样 中						
			干物质 %	粗蛋白质 %	钙 %	磷 %	总能量 MJ/kg	奶牛能量单位 NND/kg	可消化粗蛋白质 g/kg
4-07-176	燕麦	玉麦当地种	93.5	11.7	0.15	0.43	17.85	2.16	76
4-07-188	燕麦	11省市17样平均值	90.3	11.6	0.15	0.33	16.86	2.13	75
4-07-193	玉米	白玉米1号	88.2	7.8	0.02	0.21	16.03	2.27	51
4-07-194	玉米	黄玉米	88.0	8.5	0.02	0.21	16.18	2.35	55
4-07-611	玉米	龙牧一号	89.2	9.8			16.72	2.40	64
4-07-247	玉米	碎玉米	89.8	9.1	—	0.21	15.80	2.30	59
4-07-253	玉米	黄玉米，6样品平均值	88.7	7.6	0.02	0.22	16.34	2.31	49
4-07-254	玉米	白玉米，6样品平均值	89.9	8.8	0.05	0.19	16.65	2.33	57
4-07-222	玉米	32样玉米平均值	87.6	8.6	0.09	0.18	15.92	2.26	56
4-07-263	玉米	23省市120样玉米平均值	88.4	8.6	0.08	0.21	16.14	2.28	56

附表 2-18 豆

编 号	饲料名称	样品说明	原 样 中						
			干物质 %	粗蛋白质 %	钙 %	磷 %	总能量 MJ/kg	奶牛能量单位 NND/kg	可消化粗蛋白质 g/kg
5-09-601	蚕豆	等外	89.0	27.5	0.11	0.39	17.03	2.29	179
5-09-012	蚕豆	次蚕豆	88.0	28.5	—	0.18	16.70	2.29	185
5-09-200	蚕豆	7样平均值	88.0	23.8	0.10	0.47	16.55	2.24	155
5-09-201	蚕豆	全国14样平均值	88.0	24.9	0.15	0.40	16.45	2.25	162
5-09-026	大豆		90.2	40.0	0.28	0.61	21.21	2.94	260
5-09-202	大豆	2样平均值	90.0	36.5	0.05	0.42	21.43	2.97	237
5-09-082	大豆	次品	90.8	31.7	0.31	0.48	21.75	2.61	206
5-09-206	大豆		88.0	40.5	—	0.47	20.54	2.85	263
5-09-207	大豆	9样平均值	90.0	37.8	0.33	0.41	21.08	2.92	246
5-09-047	大豆		88.0	39.6	—	0.26	20.44	2.84	257
5-09-602	大豆	本地黄豆	88.0	37.5	0.17	0.55	20.11	2.74	244
5-09-217	大豆	全国16省市40样平均值	88.0	37.0	0.27	0.48	20.55	2.76	241
5-09-028	黑豆		94.7	40.7	0.27	0.60	21.63	2.97	265
5-09-031	黑豆		92.3	34.7	—	0.69	21.04	2.83	226
5-09-082	榄豆		85.6	21.5	0.39	0.47	15.58	2.16	140

（续）

						干　物　质　中							
总能量 MJ/kg	消化能 MJ/kg	产奶净能		奶牛能量单位 NND/kg	粗蛋白质 %	可消化粗蛋白质 g/kg	粗脂肪 %	粗纤维 %	无氮浸出物 %	粗灰分 %	钙 %	磷 %	胡萝卜素 mg/kg
		MJ/kg	Mcal/kg										
19.09	14.65	7.25	1.73	2.31	12.5	81	7.4	10.8	65.2	4.1	0.16	0.46	—
18.67	14.95	7.38	1.77	2.36	12.8	83	5.8	9.9	67.2	4.3	0.17	0.37	—
18.18	16.24	8.07	1.93	2.57	8.8	57	3.9	2.4	83.3	1.6	0.02	0.24	—
18.38	16.83	8.38	2.00	2.67	9.7	63	4.9	1.5	82.0	1.9	0.02	0.24	2.50
18.75	16.95	8.45	2.02	2.69	11.0	71	5.8	1.9	79.6	1.7	—	—	—
17.60	16.17	8.02	1.92	2.56	10.1	66	1.7	2.1	83.5	2.6	—	0.23	—
18.43	16.43	8.16	1.95	2.60	8.6	56	4.8	2.5	82.8	1.4	0.02	0.25	2.50
18.55	16.35	8.15	1.94	2.59	9.8	64	5.0	2.8	80.9	1.6	0.06	0.21	—
18.17	16.28	8.08	1.93	2.58	9.8	64	3.4	2.1	83.3	1.4	0.10	0.21	—
18.26	16.28	8.10	1.93	2.58	9.7	63	4.0	2.3	82.5	1.6	0.09	0.24	—

类饲料

						干　物　质　中							
总能量 MJ/kg	消化能 MJ/kg	产奶净能		奶牛能量单位 NND/kg	粗蛋白质 %	可消化粗蛋白质 g/kg	粗脂肪 %	粗纤维 %	无氮浸出物 %	粗灰分 %	钙 %	磷 %	胡萝卜素 mg/kg
		MJ/kg	Mcal/kg										
19.13	16.24	8.09	1.93	2.57	30.9	201	1.7	9.1	54.8	3.5	0.12	0.44	—
18.97	16.42	8.18	1.95	2.60	32.4	211	0.5	9.2	54.5	3.4	—	0.20	—
18.80	16.07	7.99	1.91	2.55	27.0	176	1.7	8.5	59.0	3.8	0.11	0.53	—
18.69	16.14	8.05	1.92	2.56	28.3	184	1.6	8.5	57.8	3.8	0.17	0.45	—
23.51	20.83	10.21	2.44	3.26	44.3	288	18.1	7.0	25.6	5.0	0.31	0.68	—
23.81	20.62	10.38	2.47	3.30	40.6	264	20.6	5.1	29.1	4.7	0.06	0.47	1.16
23.96	18.06	9.04	2.16	2.87	34.9	227	21.4	14.0	25.6	4.2	0.34	0.53	—
23.34	20.25	10.18	2.43	3.24	46.0	299	17.6	7.8	22.2	6.3	—	0.53	—
23.42	20.29	10.19	2.43	3.24	42.0	273	18.8	6.2	27.7	5.3	0.37	0.46	—
23.23	20.19	10.14	2.42	3.23	45.0	292	17.2	5.7	26.7	5.5	—	0.30	—
22.86	19.50	9.75	2.34	3.11	42.6	277	15.6	10.1	26.4	5.3	0.19	0.63	—
23.35	19.64	9.85	2.35	3.14	42.0	273	18.4	5.8	28.5	5.2	0.31	0.55	—
22.84	19.64	9.86	2.35	3.14	43.0	279	15.7	7.3	28.7	5.3	0.29	0.63	0.49
22.80	19.21	9.62	2.30	3.07	37.6	244	16.4	10.0	31.4	4.7	—	0.75	—
18.20	15.94	7.92	1.89	2.52	25.1	163	1.1	6.7	61.9	5.3	0.46	0.55	—

附表 2-19　糠

编　号	饲料名称	样品说明	原　样　中							
			干物质 %	粗蛋白质 %	钙 %	磷 %	总能量 MJ/kg	奶牛能量单位 NND/kg	可消化粗蛋白质 g/kg	总能量 MJ/kg
1-08-001	大豆皮		91.0	18.8	—	0.35	17.16	1.85	113	18.85
4-08-002	大麦麸		87.0	15.4	0.33	0.48	16.00	2.07	92	18.39
4-08-016	高粱糠	2 省 8 样品平均值	91.1	9.6	0.07	0.81	17.42	2.17	58	19.12
4-08-007	黑麦麸	细麸	91.9	13.7	0.04	0.48	16.80	1.98	82	18.29
4-08-006	黑麦麸	粗麸	91.7	8.0	0.05	0.13	16.43	1.45	48	17.82
4-08-601	黄面粉	三等面粉	87.8	11.1	0.12	0.13	15.70	2.33	67	17.89
4-08-602	黄面粉	进口小麦次粉	87.5	16.8	—	0.12	16.55	2.24	101	18.92
4-08-603	黄面粉	土面粉	87.2	9.5	0.08	0.44	17.84	2.28	57	20.46
4-08-018	米糠	玉糠	89.1	10.6	0.10	1.50	17.38	2.09	64	19.50
4-08-003	米糠		88.4	14.2	0.22	—	18.67	2.27	85	21.11
4-08-012	米糠	杂交中稻	92.1	14.0	0.12	1.60	17.84	2.11	84	19.37
1-08-029	米糠		91.0	12.0	0.18	0.83	18.53	2.18	72	20.37
4-08-030	米糠	4 省市 13 样平均值	90.2	12.1	0.14	1.04	18.20	2.16	73	20.18
4-08-058	小麦麸	2 样平均值	87.2	13.9	—	—	16.00	1.88	83	18.36
4-08-049	小麦麸	39 样平均值	89.3	15.0	0.14	0.54	16.27	1.89	90	18.22
4-08-604	小麦麸	进口小麦	88.2	11.7	0.11	0.87	16.22	1.86	70	18.39
4-08-060	小麦麸	3 样平均值	86.0	15.0	0.35	0.80	16.27	1.87	90	18.92
4-08-057	小麦麸	9 样平均值	88.3	15.6	0.21	0.81	16.44	1.95	94	18.62
4-08-067	小麦麸	14 样平均值	87.8	12.7	0.11	0.92	16.06	1.89	76	18.30
4-08-070	小麦麸		90.8	11.8	—	—	16.59	1.69	71	18.27
4-08-045	小麦麸		89.3	13.1	0.25	0.90	16.23	1.93	79	18.17
4-08-077	小麦麸	19 样平均值	89.8	13.9	0.15	0.92	16.55	1.96	83	18.43
4-08-075	小麦麸	七二粉麸皮	89.8	14.2	0.14	1.86	16.24	1.94	85	18.09
4-08-076	小麦麸	八四粉麸皮	88.0	15.4	0.12	0.85	15.90	1.90	92	18.07
4-08-078	小麦麸	全国 115 样平均值	88.6	14.4	0.18	0.78	16.24	1.91	86	18.33
4-08-088	玉米皮		87.9	10.1	—	—	16.74	1.58	61	19.05
4-08-089	玉米皮	玉米糠	87.5	9.9	0.08	0.48	16.07	1.79	59	18.37
4-08-092	玉米皮		89.5	7.8	—	—	16.31	1.87	47	18.22
4-08-094	玉米皮	6 省市 6 样品平均值	88.2	9.7	0.28	0.35	16.17	1.84	58	18.34

麸类饲料

消化能 MJ/kg	产奶净能		奶牛能量单位 NND/kg	干　物　质　中								胡萝卜素 mg/kg
	MJ/kg	Mcal/kg		粗蛋白质 %	可消化粗蛋白质 g/kg	粗脂肪 %	粗纤维 %	无氮浸出物 %	粗灰分 %	钙 %	磷 %	
12.98	6.40	1.52	2.03	20.7	124	2.9	27.6	43.0	5.6	—	0.38	—
15.07	7.46	1.78	2.38	17.7	106	3.7	6.6	67.5	4.6	0.38	0.55	
15.09	7.49	1.79	2.38	10.5	63	10.0	4.4	69.7	5.4	0.08	0.89	
13.71	6.75	1.62	2.15	14.9	89	3.4	8.7	69.0	5.3	0.04	0.52	—
10.26	4.98	1.19	1.58	8.7	52	2.3	20.8	63.1	5.0	0.05	0.14	
16.73	8.35	1.99	2.65	12.6	76	1.5	0.9	83.6	1.4	0.14	0.15	
16.16	8.03	1.92	2.56	19.2	115	5.6	7.1	63.3	4.8	—	0.14	
16.49	8.21	1.96	2.61	10.9	65	0.8	1.5	85.2	1.6	0.09	0.50	
14.87	7.37	1.76	2.35	11.9	71	11.9	7.3	62.1	6.8	0.11	1.68	
16.21	8.05	1.93	2.57	16.1	96	19.6	7.1	47.9	9.4	0.25	—	
14.54	7.19	1.72	2.29	15.2	91	11.8	10.4	53.5	9.0	0.13	1.74	
15.17	7.49	1.80	2.40	13.2	79	18.4	11.9	44.7	11.9	0.20	0.91	
15.16	7.52	1.80	2.39	13.4	80	17.2	10.2	48.0	11.2	0.16	1.15	
13.72	6.77	1.62	2.16	15.9	96	5.0	10.6	61.8	6.7	—	—	
13.49	6.66	1.59	2.12	16.8	101	3.6	11.5	62.0	6.0	0.16	0.60	
13.44	6.64	1.58	2.11	13.3	80	4.8	11.5	65.4	5.1	0.12	0.99	
13.83	6.81	1.63	2.17	17.4	105	5.9	11.5	59.8	5.3	0.41	0.93	
14.04	6.92	1.66	2.21	17.7	106	4.6	9.6	63.0	5.1	0.24	0.92	
13.70	6.78	1.61	2.15	14.5	87	4.6	9.8	65.6	5.9	0.13	1.05	
11.95	5.86	1.40	1.86	13.0	78	5.0	12.9	62.9	6.3	—	—	
13.76	6.80	1.62	2.16	14.7	88	3.8	9.2	67.1	5.3	0.28	1.01	2.93
13.88	6.86	1.64	2.18	15.5	93	4.2	9.7	65.8	4.8	0.17	1.02	—
13.75	6.80	1.62	2.16	15.8	95	3.5	8.1	67.0	5.6	0.16	2.07	
13.74	6.76	1.62	2.16	17.5	105	2.3	9.3	65.9	5.0	0.14	0.97	
13.72	6.81	1.62	2.16	16.3	98	4.2	10.4	63.4	5.8	0.20	0.88	
11.56	5.62	1.35	1.80	11.5	69	5.6	15.7	64.8	2.4	—	—	
13.06	6.41	1.53	2.05	11.3	68	4.1	10.9	70.3	3.4	0.09	0.55	
13.32	6.55	1.57	2.09	8.7	52	3.1	10.9	75.3	2.1	—	—	
13.30	6.55	1.56	2.09	11.0	66	4.5	10.3	70.2	4.0	0.32	0.40	—

附表 2-20　油

编　号	饲料名称	样品说明	原　样　中						
			干物质 %	粗蛋白质 %	钙 %	磷 %	总能量 MJ/kg	奶牛能量单位 NND/kg	可消化粗蛋白质 g/kg
5-10-601	菜籽饼	浸提	89.7	40.0	—	—	17.23	2.22	260
5-10-016	菜籽饼	浸提，2 样平均值	92.5	40.9	0.74	1.07	18.09	2.32	266
5-10-022	菜籽饼	13 省市，机榨，21 样平均值	92.2	36.4	0.73	0.95	18.90	2.43	237
5-10-023	菜籽饼	2 省，土榨，2 样平均值	90.1	34.1	0.84	1.64	18.71	2.33	222
5-10-045	豆饼	2 样平均值	91.1	44.7	0.28	0.61	18.80	2.66	291
5-10-031	豆饼		87.6	43.4	0.30	0.50	18.28	2.57	282
5-10-602	豆饼	溶剂法	89.0	45.8	0.32	0.67	17.66	2.60	298
5-10-036	豆饼	开封，冷榨	95.1	45.6	—	—	19.90	2.80	296
5-10-037	豆饼	开封，热榨	87.3	40.7	0.43	—	18.21	2.57	265
5-10-028	豆饼	热榨	90.0	41.8	0.34	0.77	18.65	2.64	272
5-10-027	豆饼	机榨	91.0	41.8	—	—	19.01	2.41	272
5-10-039	豆饼	机榨	89.0	42.6	0.31	0.49	18.34	2.60	277
5-10-043	豆饼	13 省，机榨，42 样平均值	90.6	43.0	0.32	0.50	18.74	2.64	280
5-10-053	胡麻饼	亚麻仁饼，机榨	91.1	35.9	0.39	0.87	18.41	2.46	233
5-10-057	胡麻饼	亚麻仁饼，机榨	93.8	32.3	0.62	1.00	19.34	2.41	210
5-10-603	胡麻饼	亚麻仁饼	88.8	27.2	—	—	17.89	2.31	177
5-10-061	胡麻饼	新疆，机榨，11 样平均值	92.4	31.9	0.74	0.74	18.64	2.46	207
5-10-062	胡麻饼	8 省市，机榨，11 样平均值	92.0	33.1	0.58	0.77	18.60	2.44	215
5-10-064	花生饼	机榨	89.0	41.7	0.23	0.64	18.59	2.62	271
5-10-065	花生饼	冷榨	91.4	42.5	0.32	0.50	19.48	2.77	276
5-10-066	花生饼	10 样平均值	89.0	49.1	0.30	0.29	19.33	2.75	319
5-10-604	花生饼	浸提	90.1	48.8	—	—	17.99	2.57	317
5-10-605	花生饼		88.5	39.5	0.33	0.55	17.20	2.45	257
5-10-067	花生饼	机榨，6 样平均值	92.0	49.6	0.17	0.59	19.75	2.82	322
5-10-072	花生饼	9 样平均值	89.0	46.7	0.19	0.61	18.79	2.69	304
5-10-606	花生饼	机榨	92.0	45.8	—	0.57	19.49	2.58	298
5-10-607	花生饼	溶剂法	92.0	47.4	0.20	0.65	18.79	2.47	308
5-10-075	花生饼	9 省市，机榨，34 样平均值	89.9	46.4	0.24	0.52	19.22	2.71	302
5-10-077	米糠饼	脱脂米糠	90.8	15.9	—	—	16.49	1.83	103
5-10-608	米糠饼		82.5	15.3	—	—	15.67	1.71	99
5-10-083	米糠饼	浸提	89.9	14.9	0.14	1.02	15.37	1.67	97
5-10-084	米糠饼	7 省市，机榨，13 样平均值	90.7	15.2	0.12	0.18	16.64	1.86	99

饼类饲料

| 总能量 MJ/kg | 消化能 MJ/kg | 产奶净能 | | 奶牛能量单位 NND/kg | 干　物　质　中 | | | | | | | | |
		MJ/kg	Mcal/kg		粗蛋白质 %	可消化粗蛋白质 g/kg	粗脂肪 %	粗纤维 %	无氮浸出物 %	粗灰分 %	钙 %	磷 %	胡萝卜素 mg/kg
19.21	15.65	7.79	1.86	2.47	44.6	290	2.6	13.0	29.1	10.7	—	—	—
19.55	15.85	7.88	1.88	2.51	44.2	287	2.1	14.5	31.1	8.2	0.80	1.16	
20.50	16.62	8.26	1.98	2.64	39.5	257	8.5	11.6	31.8	8.7	0.79	1.03	
20.76	16.32	8.14	1.94	2.59	37.8	246	9.5	15.8	28.2	8.7	0.93	1.82	
20.63	18.33	9.19	2.19	2.92	49.1	319	5.0	6.5	33.2	6.1	0.31	0.67	—
20.87	18.42	9.22	2.20	2.93	49.5	322	5.5	8.0	31.1	5.9	0.34	0.57	
19.85	18.34	9.17	2.19	2.92	51.5	334	1.0	6.7	34.3	6.5	0.36	0.75	0.44
20.92	18.48	9.24	2.21	2.94	47.9	312	6.9	6.2	32.3	6.6	—	—	
20.86	18.48	9.26	2.21	2.94	46.6	303	6.6	6.0	34.8	6.0	0.49		
20.72	18.41	9.21	2.20	2.93	46.4	302	6.0	5.7	36.1	5.8	0.38	0.86	
20.88	16.69	8.33	1.99	2.65	45.9	299	6.6	5.5	36.6	5.4			0.22
20.61	18.34	9.17	2.19	2.92	47.9	311	5.5	5.7	34.5	6.4	0.35	0.55	
20.68	18.30	9.15	2.19	2.91	47.5	308	6.0	6.3	33.8	6.5	0.35	0.55	
20.20	17.02	8.45	2.03	2.70	39.4	256	5.6	9.8	39.1	6.1	0.43	0.95	
20.62	16.22	8.08	1.93	2.57	34.4	224	9.0	12.9	37.0	6.7	0.66	1.07	
20.15	16.41	8.15	1.95	2.60	30.6	199	12.7	11.0	32.9	12.7			0.33
20.17	16.78	8.33	2.00	2.66	34.5	224	8.2	9.0	40.0	8.2	0.80	0.80	
20.22	16.72	8.33	1.99	2.65	36.0	234	8.2	10.7	37.0	8.3	0.63	0.84	
20.89	18.48	9.27	2.21	2.94	46.9	305	8.3	5.5	31.2	8.1	0.26	0.72	
21.31	19.00	9.53	2.27	3.03	46.5	302	7.9	4.3	36.8	4.6	0.35	0.55	
21.73	19.36	9.69	2.32	3.09	55.2	359	8.1	6.0	24.4	6.4	0.34	0.33	
19.96	17.92	8.97	2.14	2.85	54.2	352	0.6	6.1	33.0	6.2	—	—	
19.44	17.42	8.70	2.08	2.77	44.6	290	4.1	4.1	37.5	9.7	0.37	0.62	
21.46	19.21	9.05	2.30	3.07	53.9	350	6.3	5.4	29.5	4.9	0.18	0.64	0.22
21.11	18.95	9.51	2.27	3.02	52.5	341	6.3	4.6	30.4	6.2	0.21	0.69	
21.18	17.63	8.78	2.10	2.80	49.8	324	6.4	12.0	25.7	6.2	—	0.62	
20.43	16.91	8.42	2.01	2.68	51.5	335	1.3	14.1	28.2	4.9	0.22	0.71	
21.38	18.90	9.50	2.26	3.01	51.6	335	7.3	6.5	28.6	6.0	0.27	0.58	
18.16	12.88	6.37	1.51	2.02	17.5	114	7.6	10.2	52.8	11.9	—	—	
19.00	13.22	6.55	1.55	2.07	18.5	121	11.3	12.2	45.2	12.7	—	—	
17.10	11.92	5.82	1.39	1.86	16.6	108	1.8	13.3	57.8	10.5	0.16	1.13	
18.34	13.09	6.46	1.54	2.05	16.8	109	8.0	9.8	54.4	11.0	0.13	0.20	

编　号	饲料名称	样品说明	原　样　中						
			干物质 %	粗蛋 白质 %	钙 %	磷 %	总能量 MJ/kg	奶牛能量 单位 NND/kg	可消化粗 蛋白质 g/kg
5-10-609	棉籽饼		84.4	20.7	0.78	0.63	15.73	1.49	135
5-10-610	棉籽饼	去壳浸提，2样平均值	88.3	39.4	0.23	2.01	17.25	2.24	256
5-10-101	棉籽饼	土榨，棉绒较多	93.8	21.7	0.26	0.55	18.91	1.82	141
5-10-611	棉籽饼	去壳，浸提	92.5	41.0	0.16	1.20	18.15	2.35	267
5-10-612	棉籽饼	4省市，去壳，机榨，6样平均值	89.6	32.5	0.27	0.81	18.00	2.34	211
5-10-110	向日葵饼	去壳浸提	92.6	46.1	0.53	0.35	18.65	2.17	300
5-10-613	向日葵饼		93.3	17.4	0.40	0.94	18.34	1.50	113
5-10-113	向日葵饼	带壳，复浸	92.5	32.1	0.29	0.84	17.87	1.57	209
5-10-124	椰子饼		90.3	16.6	0.04	0.19	19.07	2.20	108
5-10-126	玉米胚芽饼		93.0	17.5	0.05	0.49	18.39	2.33	114
5-10-614	芝麻饼	片状	89.1	38.0	—	—	18.04	2.35	247
5-10-147	芝麻饼		92.0	39.2	2.28	1.19	19.12	2.50	255
5-10-138	芝麻饼	10省市，机榨，13样平均值	90.7	41.1	2.29	0.79	18.29	2.40	267

附表 2-21　动

编　号	饲料名称	样品说明	原　样　中						
			干物质 %	粗蛋 白质 %	钙 %	磷 %	总能量 MJ/kg	奶牛能量 单位 NND/kg	可消化粗 蛋白质 g/kg
5-13-022	牛乳	全脂鲜奶	13.0	3.3	0.12	0.09	3.22	0.50	21
5-13-601	牛乳	全脂鲜奶	12.3	3.1	0.12	0.09	2.98	0.47	20
5-13-602	牛乳	脱脂奶	9.6	3.7	—	—	1.81	0.29	24
5-13-021	牛乳	全脂鲜奶	13.3	3.3	0.12	0.09	3.32	0.52	21
5-13-132	牛乳	全脂鲜奶	12.0	3.2	0.10	0.10	2.93	0.46	21
5-13-024	牛乳粉	全脂乳粉	98.0	26.2	1.03	0.88	24.76	3.78	170

（续）

总能量 MJ/kg	消化能 MJ/kg	产奶净能		奶牛能量单位 NND/kg	粗蛋白质 %	可消化粗蛋白质 g/kg	粗脂肪 %	粗纤维 %	无氮浸出物 %	粗灰分 %	钙 %	磷 %	胡萝卜素 mg/kg
		MJ/kg	Mcal/kg										
18.63	11.37	5.56	1.32	1.77	24.5	159	1.4	24.4	43.4	6.3	0.92	0.75	—
19.54	16.02	7.96	1.90	2.54	44.6	290	2.4	11.8	33.0	8.3	0.26	2.28	—
20.17	12.42	6.08	1.46	1.94	23.1	150	7.2	25.2	39.8	4.7	0.28	0.59	—
19.62	16.04	7.97	1.91	2.54	44.3	288	1.5	13.0	34.5	6.7	0.17	1.30	—
20.09	16.47	8.18	1.96	2.61	36.3	236	6.4	11.9	38.5	6.9	0.30	0.90	—
20.14	14.85	7.37	1.76	2.34	49.8	324	2.6	12.7	27.5	7.3	0.57	0.38	—
19.65	10.42	5.03	1.21	1.61	18.6	121	4.4	42.0	29.8	5.1	0.43	1.01	—
19.32	10.96	5.30	1.27	1.70	34.7	226	1.3	24.6	33.0	6.4	0.31	0.91	—
21.11	15.41	7.65	1.83	2.44	18.4	119	16.7	15.9	40.8	8.2	0.04	0.21	—
19.77	15.83	7.88	1.88	2.51	18.8	122	6.0	16.0	57.3	1.8	0.05	0.53	—
20.25	16.63	8.27	1.98	2.64	42.6	277	9.0	7.2	29.9	11.3	—	—	—
20.78	17.11	8.51	2.04	2.72	42.6	277	11.2	7.8	27.1	11.3	2.48	1.29	0.22
20.16	16.68	8.31	1.98	2.65	45.3	295	9.9	6.5	24.1	14.1	2.52	0.87	—

物性饲料类

总能量 MJ/kg	消化能 MJ/kg	产奶净能		奶牛能量单位 NND/kg	粗蛋白质 %	可消化粗蛋白质 g/kg	粗脂肪 %	粗纤维 %	无氮浸出物 %	粗灰分 %	钙 %	磷 %	胡萝卜素 mg/kg
		MJ/kg	Mcal/kg										
24.79		12.23	2.88	3.85	25.4	165	30.8	—	38.5	5.4	0.92	0.69	—
24.20		11.95	2.87	3.82	25.2	164	28.5	—	40.7	5.7	0.98	0.73	1166.6
18.83		9.69	2.27	3.02	38.5	251	2.1	—	52.1	7.3	—	—	—
24.96		12.33	2.93	3.91	24.8	161	31.6	—	38.3	5.3	0.90	0.68	—
24.43		12.25	2.88	3.83	26.7	173	29.2	—	38.3	5.8	0.83	0.83	—
25.26		12.13	2.89	3.86	26.7	174	31.2	—	38.3	5.8	1.05	0.90	—

附表 2-22 　糟

编　号	饲料名称	样品说明	原　样　中						
			干物质 %	粗蛋白质 %	钙 %	磷 %	总能量 MJ/kg	奶牛能量单位 NND/kg	可消化粗蛋白质 g/kg
1-11-601	豆腐渣	黄豆	10.1	3.1	0.05	0.03	2.10	0.29	20
1-11-602	豆腐渣	2省市4样平均值	11.0	3.3	0.05	0.03	2.27	0.31	21
1-11-032	粉渣	绿豆粉渣	14.0	2.1	0.06	0.03	2.57	0.30	14
4-11-046	粉渣	玉米粉渣	15.0	1.6	0.01	0.05	2.85	0.40	10
4-11-603	粉渣	玉米淀粉渣	8.9	1.0	0.03	0.05	1.66	0.20	7
4-11-058	粉渣	6省7样平均值	15.0	1.8	0.02	0.02	2.79	0.39	12
1-11-044	粉渣	玉米蚕豆粉渣	15.0	1.4	0.13	0.02	2.73	0.28	9
1-11-063	粉渣	蚕豆粉渣	15.0	2.2	0.07	0.01	2.78	0.26	14
1-11-048	粉渣	豌豆粉渣	15.0	3.5	0.13	—	2.67	0.28	23
1-11-059	粉渣	豌豆粉渣	9.9	1.4	0.05	0.02	1.84	0.20	9
4-11-032	粉渣	甘薯粉渣	15.0	0.3	—	—	2.59	0.36	2
1-11-040	粉渣	巴山豆粉渣	10.9	1.7	—	—	2.00	0.26	11
4-11-069	粉渣	3省3样平均值	15.0	1.0	0.06	0.04	2.63	0.29	7
4-11-073	粉渣	玉米粉浆	2.0	0.3	—	0.01	0.41	0.06	2
5-11-083	酱油渣	黄豆2份麸1份	22.4	7.1	0.11	0.03	4.74	0.48	46
5-11-080	酱油渣	豆饼3份麸2份	24.3	7.1	0.11	0.03	5.48	0.66	46
5-11-103	酒糟	高粱酒糟	37.7	9.3	—	—	7.54	0.96	60
5-11-098	酒糟	米酒糟	20.3	6.0	—	—	4.43	0.57	39
4-11-096	酒糟	甘薯干	35.0	5.7	1.14	0.10	5.41	0.53	37
1-11-093	酒糟	甘薯稻谷	35.0	2.8	0.22	0.12	4.97	0.17	18
4-11-113	酒糟	玉米加15%谷壳	35.0	6.4	0.09	0.07	6.92	0.70	42
4-11-092	酒糟	玉米酒糟	21.0	4.0	—	—	4.26	0.43	26
4-11-604	木薯渣	风干样	91.0	3.0	0.32	0.02	15.95	2.15	20
1-11-605	啤酒糟		11.5	3.3	0.06	0.04	8.98	0.26	21
5-11-606	啤酒糟		13.6	3.6	0.06	0.08	2.71	0.27	23
5-11-607	啤酒糟	2省市3样平均值	23.4	6.8	0.09	0.18	4.77	0.51	44
1-11-608	甜菜渣		15.2	1.3	0.11	0.02	2.28	0.30	9
1-11-609	甜菜渣		8.4	0.9	0.08	0.05	1.35	0.16	6
1-11-610	甜菜渣		12.2	1.4	0.12	0.01	2.00	0.24	9
5-11-146	饴糖渣		22.9	7.6	0.10	0.16	4.99	0.56	49
5-11-147	饴糖渣	大米95%、大麦5%	22.6	7.0	0.01	0.04	4.45	0.51	45
4-11-148	饴糖渣	玉米	16.4	1.4	0.02	—	3.22	0.34	9
5-11-611	饴糖渣	麦芽糖渣	28.5	9.0	—	0.13	5.35	0.60	59

渣类饲料

| | | 产奶净能 | | 奶牛能量单位 | 干物质中 | | | | | | | | |
总能量 MJ/kg	消化能 MJ/kg	MJ/kg	Mcal/kg	NND/kg	粗蛋白质 %	可消化粗蛋白质 g/kg	粗脂肪 %	粗纤维 %	无氮浸出物 %	粗灰分 %	钙 %	磷 %	胡萝卜素 mg/kg
20.75	18.04	8.71	2.15	2.87	30.7	200	5.0	23.8	39.6	1.0	0.50	0.30	—
20.64	17.72	8.82	2.11	2.82	30.0	195	7.3	19.1	40.0	0.9	0.45	0.27	—
18.36	13.64	6.64	1.61	2.14	15.0	97	0.7	20.2	62.1	2.1	0.43	0.21	—
19.06	16.80	8.40	2.00	2.67	10.7	69	6.0	9.3	72.7	1.3	0.07	0.33	27.28
18.73	14.27	7.08	1.69	2.25	11.2	73	3.4	15.7	68.5	1.1	0.34	0.56	—
18.62	16.40	8.13	1.95	2.60	12.0	78	4.7	9.3	71.3	2.7	0.13	0.13	—
18.18	11.98	5.87	1.40	1.87	9.3	61	1.3	30.0	55.3	4.0	0.87	0.13	—
18.50	11.17	5.33	1.30	1.73	14.7	95	0.7	35.3	45.3	4.0	0.47	0.07	—
17.78	11.98	5.87	1.40	1.87	23.3	152	10.0	18.0	27.3	21.3	0.87		—
18.55	12.90	6.36	1.52	2.02	14.1	92	1.0	25.3	57.6	2.0	0.51	0.20	—
17.29	15.20	7.53	1.80	2.40	2.0	13	2.0	5.3	88.7	2.0			—
18.35	15.11	7.34	1.79	2.39	15.6	101	0.9	20.2	60.6	2.8			—
17.54	12.38	6.20	1.45	1.93	6.7	43	2.7	8.7	78.0	4.0	0.40	0.27	—
20.67	18.81	8.50	2.25	3.00	15.0	98	15.0	5.0	60.0	5.0		0.50	—
21.17	13.64	6.74	1.61	2.14	31.7	206	8.9	15.2	41.5	2.7	0.49	0.13	—
22.56	17.10	8.64	2.04	2.72	29.2	190	18.5	13.6	32.5	6.2	0.45	0.12	—
20.01	16.08	8.01	1.91	2.55	24.7	160	11.1	9.0	46.7	8.5			—
21.81	17.66	8.87	2.11	2.81	29.6	192	15.8	5.4	43.8	5.4			—
15.47	9.85	4.80	1.14	1.51	16.3	106	4.9	16.9	37.1	24.9	3.26	0.29	—
14.21	3.65	1.57	0.36	0.49	8.0	52	1.7	21.4	43.4	25.4	0.63	0.34	—
19.77	12.78	6.23	1.50	2.00	18.3	119	9.7	14.3	51.4	6.3	0.26	0.02	—
20.31	13.07	6.62	1.54	2.05	19.0	124	10.5	11.0	55.7	3.8	—	—	66.67
17.52	14.97	7.45	1.77	2.36	3.3	21	2.3	6.2	86.5	1.8	0.35	0.02	—
18.06	14.36	7.30	1.70	2.26	28.7	187	11.3	18.3	37.4	4.3	0.52	0.35	—
19.91	12.69	6.47	1.49	1.99	26.5	172	4.4	16.9	46.3	5.9	0.44	0.59	—
20.37	13.87	6.79	1.63	2.18	29.1	189	8.1	16.7	40.6	5.6	0.38	0.77	—
15.00	12.62	6.38	1.48	1.97	8.6	56	0.7	18.4	53.3	19.1	0.72	0.13	—
16.07	12.21	6.07	1.43	1.90	10.7	70	1.2	31.0	40.5	16.7	0.95	0.60	0.22
16.36	12.59	6.23	1.48	1.97	11.5	75	0.8	31.1	41.8	14.8	0.98	0.08	—
21.78	15.47	7.69	1.83	2.45	33.2	216	13.5	9.2	39.3	4.8	0.44	0.70	—
20.11	14.33	7.26	1.69	2.26	31.0	201	5.3	2.2	60.2	1.3	0.04	0.18	—
19.65	13.22	6.40	1.55	2.07	8.5	55	8.5	10.4	72.0	0.6	0.12	—	—
18.77	13.42	6.63	1.58	2.11	31.6	205	5.6	14.4	36.1	12.6	—	0.46	—

附表 2-23　矿物质饲料

编　号	饲料名称	样品说明	干物质 %	钙 %	磷 %
6-14-001	白云石			21.16	0
6-14-002	蚌壳粉		99.3	40.82	0
6-14-003	蚌壳粉		99.8	46.46	—
6-14-004	蚌壳粉		85.7	23.51	
6-14-006	贝壳粉		98.9	32.93	0.03
6-14-007	贝壳粉		98.6	34.76	0.02
6-14-015	蛋壳粉		91.2	29.33	0.14
6-14-016	蛋壳粉		—	37.00	0.15
6-14-017	蛋壳粉	粗蛋白质 6.3%	96.0	25.99	0.10
6-14-018	骨粉		94.5	31.26	14.17
6-14-021	骨粉	脱胶	95.2	36.39	16.37
6-14-022	骨粉		91.0	31.82	13.39
6-14-027	骨粉		93.4	29.23	13.13
6-14-030	蛎粉		99.6	39.23	0.23
6-14-032	磷酸钙	脱氟	—	27.91	14.38
6-14-035	磷酸氢钙	脱氟	99.8	21.85	8.64
6-14-037	马芽石	风干		38.38	0
6-14-038	石粉	白色	97.1	39.49	—
6-14-039	石粉	灰色	99.1	32.54	—
6-14-040	石粉		风干	42.21	微
6-14-041	石粉		风干	55.67	0.11
6-14-042	石粉		92.1	33.98	0
6-14-044	石灰石		99.7	32.0	—
6-14-045	石灰石		99.9	24.48	—
6-14-046	碳酸钙	轻质碳酸钙	99.1	35.19	0.14
6-14-048	蟹壳粉		89.9	23.33	1.59

附表 2-24　奶牛常用矿物质饲料中的元素含量表

饲料名称	化学式	元素含量,%	
碳酸钙	$CaCO_3$	Ca=40	
石灰石粉	$CaCO_3$	Ca=35.89	P=0.02
煮骨粉		Ca=24~25	P=11~18
蒸骨粉		Ca=31~32	P=13~15
磷酸氢二钠	$Na_2HPO_4 \cdot 12H_2O$	P=8.7	Na=12.8
亚磷酸氢二钠	$Na_2HPO_3 \cdot 5H_2O$	P=14.3	Na=21.3
磷酸钠	$Na_3PO_4 \cdot 12H_2O$	P=8.2	Na=12.1

（续）

饲料名称	化学式	元素含量，%	
焦磷酸钠	$Na_4P_2O_7 \cdot 10\ H_2O$	P＝14.1	Na＝10.3
磷酸氢钙	$CaHPO_4 \cdot 2\ H_2O$	P＝18.0	Ca＝23.2
磷酸钙	$Ca_3\ (PO_4)_2$	P＝20.0	Ca＝38.7
过磷酸钙	$Ca\ (H_2PO_4)_2 \cdot H_2O$	P＝24.6	Ca＝15.9
氯化钠	$NaCl$	Na＝39.7	Cl＝60.3
硫酸亚铁	$FeSO_4 \cdot 7\ H_2O$	Fe＝20.1	
碳酸亚铁	$FeCO_3 \cdot H_2O$	Fe＝41.7	
碳酸亚铁	$FeCO_3$	Fe＝48.2	
氯化亚铁	$FeCl_2 \cdot 4\ H_2O$	Fe＝28.1	
氯化铁	$FeCl_3 \cdot 6\ H_2O$	Fe＝20.7	
氯化铁	$FeCl_3$	Fe＝34.4	
硫酸铜	$CuSO_4 \cdot 5\ H_2O$	Cu＝39.8	S＝20.06
氯化铜	$CuCl_2 \cdot 2\ H_2O$（绿色）	Cu＝47.2	Cl＝52.71
氧化镁	MgO	Mg＝60.31	
硫酸镁	$MgSO_4 \cdot 7\ H_2O$	Mg＝20.18	S＝26.58
碳酸铜	$CuCO_3 \cdot Cu(OH)_2 \cdot H_2O$	Cu＝53.2	
碳酸铜（碱式）孔雀石	$CuCO_3 \cdot Cu(OH)_2$	Cu＝57.5	
氢氧化铜	$Cu(OH)_2$	Cu＝65.2	
氯化铜（白色）	$CuCl_2$	Cu＝64.2	
硫酸锰	$MnSO_4 \cdot 5\ H_2O$	Mn＝22.8	
碳酸锰	$MnCO_3$	Mn＝47.8	
氧化锰	MnO	Mn＝77.4	
氯化锰	$MnCl_2 \cdot 4\ H_2O$	Mn＝27.8	
硫酸锌	$ZnSO_4 \cdot 7\ H_2O$	Zn＝22.7	
碳酸锌	$ZnCO_3$	Zn＝52.1	
氧化锌	ZnO	Zn＝80.3	
氯化锌	$ZnCl_2$	Zn＝48.0	
碘化钾	KI	I＝76.4	K＝23.56
二氧化锰	MnO_2	Mn＝63.2	
亚硒酸钠	$Na_2SeO_3 \cdot 5\ H_2O$	Se＝30.0	
硒酸钠	$Na_2SeO_4 \cdot 10\ H_2O$	Se＝21.4	
硫酸钴	$CoSO_4$	Co＝38.02	S＝20.68
碳酸钴	$CoCO_3$	Co＝49.55	
氯化钴	$CoCl_2 \cdot 6\ H_2O$	Co＝24.78	

附录三　技能考核方案

序号	项　目	考　核　点	考　核　标　准
1	常用饲草饲料的识别	①辨认指定的 10 种栽培牧草的名称；识别所提供的 15 种风干饲料名称 ②按国际分类法对所提供的饲料进行分类	优：在规定时间内，识别准确，分类正确 良：识别准确，分类正确，但所需时间较长 中：识别、分类基本正确，需要时间较长
2	青干草的品质鉴定	①品种组成 ②收割时期 ③叶片保有量 ④颜色和气味 ⑤含水量	优：在规定时间内，独立鉴定，结论正确 良：独立鉴定，结论正确，所需时间较长 中：基本完成鉴定，鉴定结论基本正确，所需时间较长
	氨化饲料的品质鉴定	①颜色 ②气味 ③质地 ④温度	
	青贮饲料的品质鉴定	①颜色 ②气味 ③质地 ④pH 测定	
3	饲料样本的采集与处理	①几何法采样 ②"四分法"取样 ③样本制备 ④记录与保存	优：在规定时间内，独立、规范完成操作过程 良：按时独立完成操作过程，但不够规范 中：基本能完成操作，但不够规范，且需要时间较长
4	常用分析仪器的识别和使用	①恒温干燥箱 ②凯氏半微量定氮仪 ③索氏脂肪抽提器 ④电热恒温水浴锅 ⑤真空泵 ⑥高温电炉 ⑦分光光度计 ⑧饲料粉碎机 ⑨分析天平 ⑩滴定管	优：熟知分析仪器的名称及用途，能正确使用 良：熟知分析仪器的名称及用途，基本能正确使用 中：能说明分析仪器的名称，基本会使用仪器设备；但正确度差，不能说出用途
5	日粮配方的设计	①饲养标准的选用 ②饲料原料的搭配 ③计算方法	优：在规定时间内完成，计算、设计方法正确，配方中营养指标与标准差值为±5% 良：计算、设计方法正确，配方中营养指标与标准差值为±5%，但需要时间较长 中：计算、设计方法基本正确，主要营养指标可用于生产，计算、设计时间较长

主要参考文献

白元生 . 1999. 饲料原料学［M］. 北京：中国农业出版社 .

丛立新，张辉 . 2005. 畜牧生产学［M］. 长春：吉林人民出版社 .

甘肃省畜牧学校 . 1989. 家畜饲养学［M］. 北京：中国农业出版社 .

广东基础教育课程资源研究开发中心通用技术教材编写组 . 2009. 营养与饲料［M］. 广州：广东科技出版社 .

河南省基础教育教学研究室，河南科学技术出版社组编 . 2006. 营养与饲料［M］. 郑州：河南科学技术出版社 .

姬连信 . 1987. 家畜饲养学［M］. 北京：农业出版社 .

李军，王利琴 . 2007. 动物营养与饲料［M］. 重庆：重庆大学出版社 .

李尚波，麦波，李兆仁 . 2000. 畜禽十大高效饲料添加剂［M］. 沈阳：辽宁科学技术出版社 .

李勇，万熙卿 . 1998. 饲料添加剂使用与鉴别技术［M］. 北京：中国农业大学出版社 .

刘建新 . 2003. 干草、秸秆青贮饲料加工技术［M］. 北京：中国农业科学技术出版社 .

刘禄之 . 2007. 青贮饲料的调制与利用［M］. 北京：金盾出版社 .

宁金友 . 2001. 畜禽营养与饲料［M］. 北京：中国农业出版社 .

农业部人事劳动司及农业职业技能培训教材编审委员会 . 2004. 饲料检验化验员［M］. 北京：中国农业出版社 .

齐文英 . 1998. 饲料分析［M］. 北京：中国农业出版社 .

邱以亮 . 2006. 畜禽营养与饲料［M］. 第 2 版 . 北京：高等教育出版社 .

全国职业高中动物养殖类专业教材编写组 . 1994. 动物营养与饲料［M］. 北京：高等教育出版社 .

王和民，等 . 1998. 配合饲料配制技术［M］. 北京：中国农业出版社 .

邢廷铣 . 2005. 农作物秸秆饲料加工与应用［M］. 北京：金盾出版社 .

杨凤 . 2005. 动物营养学［M］. 第 2 版 . 北京：中国农业出版社 .

杨久仙，宁金友 . 2006. 动物营养与饲料加工［M］. 北京：中国农业出版社 .

姚军虎 . 2001. 动物营养与饲料［M］. 北京：中国农业出版社 .

张力，郑中朝 . 2000. 饲料添加剂手册［M］. 北京：化学工业出版社 .

张子仪 . 2000. 中国饲料学［M］. 北京：中国农业出版社 .

中国饲料工业协会，中国农业科学院饲料研究所 . 1996. 饲料生物学评定技术［M］. 北京：中国农业出版社 .

图书在版编目（CIP）数据

动物营养与饲料/刘国艳，李华慧主编．—3 版
．—北京：中国农业出版社，2014.3（2017.8 重印）
中等职业教育国家规划教材　中等职业教育农业部规
划教材
ISBN 978-7-109-18895-2

Ⅰ．①动…　Ⅱ．①刘…②李…　Ⅲ．①动物营养－营
养学－中等专业学校－教材②动物－饲料－中等专业学校
－教材　Ⅳ．①S816

中国版本图书馆 CIP 数据核字（2014）第 027483 号

中国农业出版社出版
（北京市朝阳区农展馆北路 2 号）
（邮政编码 100125）
责任编辑　杨金妹

北京中兴印刷有限公司印刷　新华书店北京发行所发行
2001 年 12 月第 1 版　2014 年 6 月第 3 版
2017 年 8 月第 3 版北京第 4 次印刷

开本：787mm×1092mm 1/16　印张：15.25
字数：355 千字
定价：33.50 元
（凡本版图书出现印刷、装订错误，请向出版社发行部调换）